大学数学系列规划教材

线性代数

理工类

第2版

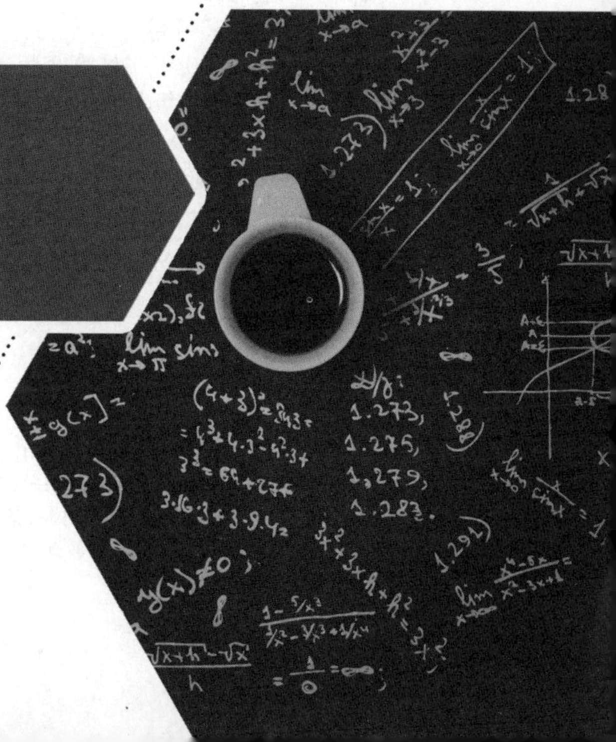

主　编 杜先能 鲍炎红
副主编 汪宏健 王　娟 王　颖
洪海燕 方　辉

北京师范大学出版集团
BEIJING NORMAL UNIVERSITY PUBLISHING GROUP
安徽大学出版社

图书在版编目(CIP)数据

线性代数:理工类/杜先能,鲍炎红主编. —2 版. —合肥:安徽大学出版社,2020.5(2022.7 重印)

大学数学系列规划教材

ISBN 978-7-5664-2043-5

Ⅰ. ①线… Ⅱ. ①杜… ②鲍… Ⅲ. ①线性代数—高等学校—教材 Ⅳ. ①O151.2

中国版本图书馆 CIP 数据核字(2020)第 064601 号

线性代数

(理工类)(第 2 版)

杜先能 鲍炎红 主编

出版发行: 北京师范大学出版集团
安 徽 大 学 出 版 社
(安徽省合肥市肥西路 3 号 邮编 230039)
www.bnupg.com.cn
www.ahupress.com.cn

印　　刷: 合肥远东印务有限责任公司
经　　销: 全国新华书店
开　　本: 170mm×240mm
印　　张: 12.5
字　　数: 255 千字
版　　次: 2020 年 5 月第 2 版
印　　次: 2022 年 7 月第 3 次印刷
定　　价: 30.00 元
ISBN 978-7-5664-2043-5

策划编辑: 刘中飞　张明举　**装帧设计:** 李伯骥　孟献辉
责任编辑: 张明举　**美术编辑:** 李　军
责任校对: 宋　夏　**责任印制:** 陈　如　孟献辉

《大学数学系列规划教材》编写指导委员会

（按姓氏笔画排序）

第2版前言

本书出版以来已多次重印,在本科教学和人才培养中发挥了重要的作用。为了使本书能够体现最新的高等教育理念,故对教材进行修订,试图在课程内容的编排、习题的安排、表述方式的简洁性等方面进行提升。本次修订的内容主要有以下几点.

1.在每节后面增加了习题部分,作为学生学习的课后作业,巩固课堂所学知识.

2.在每章后面增加了复习题,包括填空题、选择题、计算题和证明题,用于提高学生综合解决问题的能力,也可用于学生在学期结束时复习备考.

3.调整了部分教学内容和常用符号,使其更加符合现代数学的习惯与表述.

4.在正文相应章节处介绍线性代数的发展历程和在线性代数发展过程中有着突出贡献的学者,以激发大学生学习的兴趣.

由于编者水平有限,书中的错误和缺陷在所难免,恳切希望读者给予批评指正.

编 者

2019年12月

第 1 版前言

数学是最基础的科学，它是人类理性思维的基本形式．随着人类进入 21 世纪这个信息时代，数学的基础作用越来越明显．

高等数学是理工科、经济、农医类乃至部分文科专业的公共基础课，线性代数是高等数学的重要组成部分，其主要内容都是信息时代各类人才应该掌握的基本工具．

本书依据全国高等学校理工科《高等数学教学大纲》（线性代数部分），同时参照近年《全国硕士研究生入学统一考试数学考试大纲》，在编者多年教学讲义的基础上加工而成．全书共分 7 章，前三章是行列式、矩阵、线性方程组，这三章始终贯穿着线性方程组这条主线；在讨论线性方程组时，引入 n 维向量的概念，并且介绍了它们的运算及线性关系等．第 4 章讨论了 n 维向量空间，主要讨论 $\mathbb{R}^n$ 的结构，并在 $\mathbb{R}^n$ 中引入了内积的概念．第 5 章介绍了矩阵的特征值、特征向量、矩阵相似及其对角化．这些都是矩阵最重要的内容．第 6 章介绍了二次型的理论，重点讨论实二次型以及用正交线性替换化二次型为标准形的问题．第 7 章主要介绍向量空间 $\mathbb{R}^n$ 的线性变换．这是为了要求线性代数内容较多的专业设置的，教师可根据情况做适当舍取．

本书体现了编者以下几方面的努力．

1．针对线性代数概念多、结论多、比较抽象等特点，尽量从学生的立场出发，力求运用简朴的语言描述问题，解释概念．通过例题的讲解，使抽象的概念具体化．

2. 结论的推证尽可能地使用简洁、严谨的方法,并尽量做一些注解,以加深学生对结论的理解.

3. 在过去的教学中学生常反映:线性代数解题方法"灵活多变,难以捉摸".不少学生在学习后内容似乎都懂,但解决问题的能力较差.针对这种情况,本书尽量做到基本理论与解题技巧并重,重点放在基本解题方法的训练和归纳上.

在本书编写过程中,参阅了国内外许多教材,在此恕不一一列出.

由于编者水平有限,本书的错误与缺陷在所难免,恳请同行、读者提出宝贵意见.

编 者
2003 年 7 月

目 录

第 1 章

行列式

在线性代数中，线性方程组是基础部分，也是一个重要部分. 行列式是研究线性方程组的一个重要工具. 它是人们从解方程组的需要中建立起来的，它在数学及其他科学分支（如：物理学、力学等）中都有广泛的应用，已成为科学技术中不可缺少的工具之一.

§1.1　二阶和三阶行列式

我们从解线性方程组入手引出二阶和三阶行列式.

设有二元线性方程组

$$\begin{cases} a_{11}x_1+a_{12}x_2=b_1, \\ a_{21}x_1+a_{22}x_2=b_2. \end{cases} \tag{1.1.1}$$

对式(1.1.1)利用加减消元法，得

$$\begin{cases} (a_{11}a_{22}-a_{12}a_{21})x_1=b_1a_{22}-b_2a_{12}, \\ (a_{11}a_{22}-a_{12}a_{21})x_2=b_2a_{11}-b_1a_{21}. \end{cases} \tag{1.1.2}$$

因此，当 $a_{11}a_{22}-a_{12}a_{21}\neq 0$ 时，式(1.1.1)的解为

$$x_1=\frac{b_1a_{22}-b_2a_{12}}{a_{11}a_{22}-a_{12}a_{21}},\quad x_2=\frac{b_2a_{11}-b_1a_{21}}{a_{11}a_{22}-a_{12}a_{21}}. \tag{1.1.3}$$

为了便于记忆这个公式，我们用符号

$$\begin{vmatrix} a_{11} & a_{12} \\ a_{21} & a_{22} \end{vmatrix} \tag{1.1.4}$$

表示 $a_{11}a_{22}-a_{12}a_{21}$,即

$$\begin{vmatrix} a_{11} & a_{12} \\ a_{21} & a_{22} \end{vmatrix}=a_{11}a_{22}-a_{12}a_{21}. \tag{1.1.5}$$

符号(1.1.4)称为**二阶行列式**,它含有两行两列. 行列式中的数称为二阶行列式的**元素**,a_{ij} 的下标 i 表示该元素所在的行数,下标 j 表示该元素所在的列数. 式(1.1.5)的右端称为二阶行列式的展开式,它是这样两个项的代数和:一个左上角到右下角的对角线(称为**主对角线**)上两个元素的乘积,取正号;另一个是从右上角到左下角的对角线(称为**次对角线**)上两个元素的乘积,取负号.

利用二阶行列式的符号,可将方程组(1.1.1)的惟一解(1.1.3)表示为

$$x_1=\frac{\begin{vmatrix} b_1 & a_{12} \\ b_2 & a_{22} \end{vmatrix}}{\begin{vmatrix} a_{11} & a_{12} \\ a_{21} & a_{22} \end{vmatrix}},\quad x_2=\frac{\begin{vmatrix} a_{11} & b_1 \\ a_{21} & b_2 \end{vmatrix}}{\begin{vmatrix} a_{11} & a_{12} \\ a_{21} & a_{22} \end{vmatrix}}. \tag{1.1.6}$$

类似地,对于含三个未知量的三个方程的线性方程组

$$\begin{cases} a_{11}x_1+a_{12}x_2+a_{13}x_3=b_1, \\ a_{21}x_1+a_{22}x_2+a_{23}x_3=b_2, \\ a_{31}x_1+a_{32}x_2+a_{33}x_3=b_3, \end{cases} \tag{1.1.7}$$

仍可以用加减消元法类似得到

$$Dx_1=D_1,\quad Dx_2=D_2,\quad Dx_3=D_3, \tag{1.1.8}$$

其中

$$\begin{aligned} D=&a_{11}a_{22}a_{33}+a_{12}a_{23}a_{31}+a_{13}a_{21}a_{32}-a_{11}a_{23}a_{32}-a_{12}a_{21}a_{33}- \\ &a_{13}a_{22}a_{31}, \\ D_1=&b_1a_{22}a_{33}+a_{12}a_{23}b_3+a_{13}b_2a_{32}-b_1a_{23}a_{32}-a_{12}b_2a_{33}- \\ &a_{13}a_{22}b_3, \\ D_2=&a_{11}b_2a_{33}+b_1a_{23}a_{31}+a_{13}a_{21}b_3-a_{11}a_{23}b_3-b_1a_{21}a_{33}- \\ &a_{13}b_2a_{31}, \\ D_3=&a_{11}a_{22}b_3+a_{12}b_2a_{31}+b_1a_{21}a_{32}-a_{11}b_2a_{32}-a_{12}a_{21}b_3- \\ &b_1a_{22}a_{31}. \end{aligned}$$

所以，当 $D\neq 0$ 时，方程组(1.1.7)的惟一解为

$$x_1=\frac{D_1}{D},\quad x_2=\frac{D_2}{D},\quad x_3=\frac{D_3}{D}. \tag{1.1.9}$$

同前面一样，为了便于记忆，我们引进三阶行列式的概念.

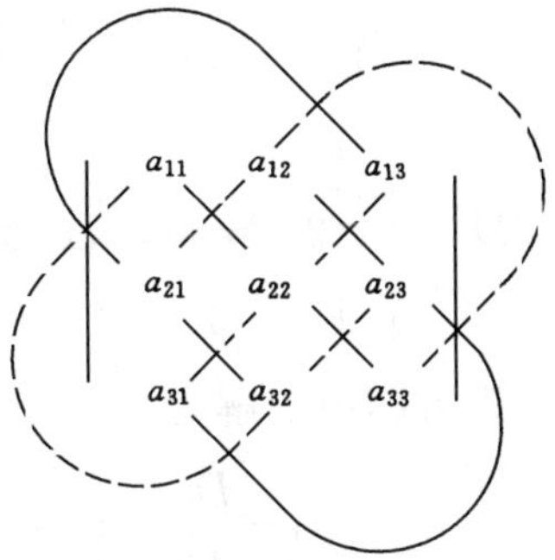

我们定义**三阶行列式**为

$$\begin{vmatrix} a_{11} & a_{12} & a_{13} \\ a_{21} & a_{22} & a_{23} \\ a_{31} & a_{32} & a_{33} \end{vmatrix}=a_{11}a_{22}a_{33}+a_{12}a_{23}a_{31}+a_{13}a_{21}a_{32}-a_{11}a_{23}a_{32}-a_{12}a_{21}a_{33}-a_{13}a_{22}a_{31}. \tag{1.1.10}$$

它含有三行三列，是 6 个项的代数和，这 6 个项我们这样来记忆：其中各实线连接的三个元素的乘积是代数和中取正号的项，各虚线连接的三个元素的乘积是代数和中取负号的项.

例 1 $\begin{vmatrix} 1 & 0 & 1 \\ 2 & 1 & 1 \\ 1 & 3 & 2 \end{vmatrix}=1\times1\times2+0\times1\times1+1\times2\times3-1\times1\times1-0\times2\times2-1\times3\times1=4.$

于是在上面关于 x_1,x_2,x_3 的表示式(1,1.9)中，分母都是行列式

$$D=\begin{vmatrix} a_{11} & a_{12} & a_{13} \\ a_{21} & a_{22} & a_{23} \\ a_{31} & a_{32} & a_{33} \end{vmatrix},$$

而分子分别是行列式 D_1,D_2,D_3，即

$$D_1=\begin{vmatrix} b_1 & a_{12} & a_{13} \\ b_2 & a_{22} & a_{23} \\ b_3 & a_{32} & a_{33} \end{vmatrix},\quad D_2=\begin{vmatrix} a_{11} & b_1 & a_{13} \\ a_{21} & b_2 & a_{23} \\ a_{31} & b_3 & a_{33} \end{vmatrix},\quad D_3=\begin{vmatrix} a_{11} & a_{12} & b_1 \\ a_{21} & a_{22} & b_2 \\ a_{31} & a_{32} & b_3 \end{vmatrix}.$$

例 2 解线性方程组：

$$\begin{cases} x_1+2x_2+x_3=2, \\ -2x_1+x_2-x_3=-1, \\ x_1-4x_2+2x_3=3. \end{cases}$$

解 此时

$$D=\begin{vmatrix}1&2&1\\-2&1&-1\\1&-4&2\end{vmatrix}=11\neq0,\quad D_1=\begin{vmatrix}2&2&1\\-1&1&-1\\3&-4&2\end{vmatrix}=-5,$$

$$D_2=\begin{vmatrix}1&2&1\\-2&-1&-1\\1&3&2\end{vmatrix}=2,\qquad D_3=\begin{vmatrix}1&2&2\\-2&1&-1\\1&-4&3\end{vmatrix}=23.$$

所以方程组的解为

$$x_1=\frac{D_1}{D}=\frac{-5}{11},\quad x_2=\frac{D_2}{D}=\frac{2}{11},\quad x_3=\frac{D_3}{D}=\frac{23}{11}.$$

我们希望对于 n 元线性方程组也有一个类似于上面的求解公式,为此需要引入 n 阶行列式的概念. n 阶行列式在许多学科中被广泛应用. 作为学习 n 阶行列式的准备,下一节我们先介绍排列的概念,然后用它去分析二阶、三阶行列式的结构,找出共同规律,根据这些规律来定义 n 阶行列式.

习题 1.1

1. 计算下列行列式.

(1) $\begin{vmatrix}2&1\\-1&2\end{vmatrix}$; (2) $\begin{vmatrix}-2&-5&1\\3&1&2\\2&0&4\end{vmatrix}$.

2. 当 x 取何值时, $\begin{vmatrix}3&1&x\\4&x&0\\1&0&x\end{vmatrix}=0$.

3. 已知行列式 $\begin{vmatrix}a&3&0\\-1&-4a&1\\2&0&1\end{vmatrix}<0$. 求 a 的取值范围.

4. 证明: $\begin{vmatrix}a&b&c\\c&a&b\\b&c&a\end{vmatrix}=a^3+b^3+c^3-3abc$.

§1.2 排 列

定义1 由 n 个数 $1,2,\cdots,n$ 组成的一个有序数组，称其为一个 n **阶排列**.

例如:1324,3142 都是 4 阶排列,14352 是一个 5 阶排列. 两个 n 阶排列,如果它们数码的排序次序完全一样,就说这两个 n 阶排列相等,否则称它们不相等. 我们知道,n 个数组成的 n 阶排列共有 $n!$ 个.

定义2 在一个排列中,如果一个较大数码排在一个较小数码的前面,就称这两个数码构成了一个**逆序**. 一个排列中逆序的总数称为该排列的**逆序数**.

我们用 $\tau(i_1i_2\cdots i_n)$ 表示排列 $i_1i_2\cdots i_n$ 的逆序数. 例如 $\tau(21534)=3$, $\tau(83714625)=17$.

如何正确迅速地求出一个排列的逆序数呢? 我们可这样做:令 m_1 为排列 $i_1i_2\cdots i_n$ 中数码 1 前面比 1 大的数码个数;m_2 为排列 $i_1i_2\cdots i_n$ 中数码 2 前面比 2 大的数码个数;…;m_{n-1} 为排列 $i_1i_2\cdots i_n$ 中数码 $n-1$ 前面比 $n-1$ 大的数码个数,于是

$$\tau(i_1i_2\cdots i_n)=m_1+m_2+\cdots+m_{n-1}.$$

例1 求 $\tau(6721345)$.

解 因为 $m_1=3, m_2=2, m_3=2, m_4=2, m_5=2, m_6=0$,所以

$$\tau(6721345)=3+2+2+2+2+0=11.$$

例2 求 $\tau(n\ n-1\ \cdots\ 2\ 1)$.

解 因为 $m_1=n-1, m_2=n-2, \cdots, m_{n-1}=1$,所以

$$\tau(n\ n-1\ \cdots\ 2\ 1)=(n-1)+(n-2)+\cdots+1=\frac{n(n-1)}{2}.$$

定义3 设 $i_1i_2\cdots i_n$ 是 n 阶排列. 如果 $\tau(i_1i_2\cdots i_n)$ 为奇数,则称 $i_1i_2\cdots i_n$ 是**奇排列**;如果 $\tau(i_1i_2\cdots i_n)$ 为偶数,则称 $i_1i_2\cdots i_n$ 是**偶排列**.

例3 讨论排列 $n\ n-1\ \cdots\ 2\ 1$ 的奇偶性.

解 因为 $\tau(n\ n-1\ \cdots\ 2\ 1)=\dfrac{n(n-1)}{2}$,所以当 $n=4k$ 或 $4k+1$ 时,这个排列为偶排列;而当 $n=4k+2$ 或 $4k+3$ 时,这个排列

为奇排列.

为了确定 n 阶排列中奇、偶排列的个数,我们引入对换的概念,并讨论对换的性质.

定义 4 将一个排列中某两个数码的位置互相调换,其他数码位置不变,这样一个调换称为一个**对换**.所得新排列称为原排列经过一个对换而得到的.

例如:排列 1472635 经过对换 3,4 得到排列 1372645.

定理 1 任一排列经过一次对换,改变其奇偶性.

证 先看一个特殊的情形,即相邻对换的情形,设排列

$$\overbrace{\cdots}^{A}\, i\, j\, \overbrace{\cdots}^{B} \tag{1.2.1}$$

经过 i,j 对换变成

$$\overbrace{\cdots}^{A}\, j\, i\, \overbrace{\cdots}^{B}. \tag{1.2.2}$$

显然,这样的对换不影响 i,j 与其他数码的次序关系,改变的只是 i,j 的次序.若式(1.2.1)中 i,j 构成逆序,则式(1.2.2)的逆序数就比式(1.2.1)的逆序数减少 1;若式(1.2.1)中 i,j 不构成逆序,则式(1.2.2)的逆序数就比式(1.2.1)的逆序数增加 1.所以在这种情形下,排列的奇偶性改变.

再看一般情形,设排列为

$$\overbrace{\cdots}^{C}\, i\, j_1\, j_2 \cdots j_s\, j\, \overbrace{\cdots}^{D}, \tag{1.2.3}$$

经过 i,j 对换得到排列为

$$\overbrace{\cdots}^{C}\, j\, j_1\, j_2 \cdots j_s\, i\, \overbrace{\cdots}^{D}. \tag{1.2.4}$$

易见式(1.2.3)到式(1.2.4)可以通过一系列的相邻数码的对换来实现:从式(1.2.3)出发,将 j 与 j_s 对换,再与 j_{s-1} 对换,…,再与 j_1 对换,最后与 i 对换,也就是说 j 一位一位地向左移动,共经过 $s+1$ 次相邻位置的对换得到排列

$$\overbrace{\cdots}^{C}\, j\, i\, j_1\, j_2 \cdots j_s \overbrace{\cdots}^{D}. \tag{1.2.5}$$

由式(1.2.5)将 i 一位一位地向右移动,经过 s 次相邻位置的对换得到式(1.2.4).因此,式(1.2.3)到式(1.2.4)可以通过 $2s+1$ 次相邻位置的对换来实现,而每经一次相邻的对换改变一次奇偶性,由于

$2s+1$ 为奇数，所以式(1.2.3)与式(1.2.4)奇偶性相反.

由定理1可得以下两个结论.

推论1 当 $n>1$ 时，在全体 n 阶排列中，奇排列个数与偶排列个数相等，各为$\frac{n!}{2}$个.

证 取排列的第一个与第二个位置的对换，在这一对换下，将 $n!$ 个排列两个配对如下：

$$i_1 i_2 i_3 \cdots i_n \longleftrightarrow i_2 i_1 i_3 \cdots i_n.$$

由定理1知，每一对这样的排列中，恰好一个是奇排列，另一个是偶排列，故 $n!$ 个 n 阶排列中奇偶排列各占一半.

推论2 任一个 n 阶排列都可以经过一系列对换与自然顺序排列 $12\cdots n$ 互变，并且所作对换的个数与这个排列有相同的奇偶性.

证 对排列的阶数 n 用数学归纳法来证明任一个 n 阶排列都可以经过一系列对换变成 $12\cdots n$.

当 $n=1$ 时，结论显然成立.

假设结论对 $n-1$ 阶排列已经成立，现在来证对 n 阶排列的情形结论也成立.

设 $j_1 j_2 \cdots j_n$ 是一个 n 阶排列，如果 $j_n=n$，那么根据归纳假设，$n-1$ 阶排列 $j_1 j_2 \cdots j_{n-1}$ 可经过一系列对换变成 $1\ 2\ \cdots\ n-1$，于是这一系列对换也就把 $j_1 j_2 \cdots j_{n-1} j_n$ 变成 $1\ 2\ \cdots\ n$. 如果 $j_n \neq n$，那么对 $j_1 j_2 \cdots j_n$ 作 j_n, n 对换，它就变成 $j_1' \ \cdots\ j_{n-1}'\ n$. 这就归结成上面的情形，因此结论普遍成立.

类似地，$1\ 2\ \cdots\ n$ 也可用一系列对换变成 $j_1 j_2 \cdots j_n$. 由于 $1\ 2\ \cdots n$ 是偶排列，所以根据定理1，经过偶数个对换得到的排列一定是偶排列，经过奇数个对换得到的排列一定是奇排列，所以所作对换的个数与排列 $j_1 j_2 \cdots j_n$ 有相同的奇偶性.

习题 1.2

1. 分别写出所有4阶奇排列和4阶偶排列.

2. 求下列排列的逆序数.

(1)31254； (2)542316； (3)$24\cdots(2n)13\cdots(2n-1)$.

3. 已知9阶排列 $52i48j916$ 是偶排列，求 i 和 j.

4. 设 n 阶排列 $i_1 i_2 \cdots i_n$ 的逆序数为 k. 求排列 $i_n i_{n-1} \cdots i_2 i_1$ 的逆序数.

§1.3 n 阶行列式

本节先对二阶、三阶行列式的结构作详细研究，找出它们的共同规律，然后根据这些规律来定义 n 阶行列式.

先讨论三阶行列式，由式(1.1.10)我们看到，三阶行列式是 6 (=3!)项的代数和，每一项都是 3 个元素的乘积，这三个元素位于行列式的不同行、不同列，于是式(1.1.10)的任意项可以写成 $a_{1j_1}a_{2j_2}a_{3j_3}$，这里 $j_1j_2j_3$ 是 1,2,3 的一个排列. 三阶行列式的每一项 $a_{1j_1}a_{2j_2}a_{3j_3}$ 前面的符号正是由排列 $j_1j_2j_3$ 的奇偶性所决定：当 $j_1j_2j_3$ 为偶排列时，$a_{1j_1}a_{2j_2}a_{3j_3}$ 前带正号；当 $j_1j_2j_3$ 为奇排列时，$a_{1j_1}a_{2j_2}a_{3j_3}$ 前带负号. 因此式(1.1.10)可以写成

$$\begin{vmatrix} a_{11} & a_{12} & a_{13} \\ a_{21} & a_{22} & a_{23} \\ a_{31} & a_{32} & a_{33} \end{vmatrix} = \sum_{j_1j_2j_3}(-1)^{\tau(j_1j_2j_3)}a_{1j_1}a_{2j_2}a_{3j_3}.$$

上面这些规律对二阶行列式显然也成立，即式(1.1.5)可写成

$$\begin{vmatrix} a_{11} & a_{12} \\ a_{21} & a_{22} \end{vmatrix} = \sum_{j_1j_2}(-1)^{\tau(j_1j_2)}a_{1j_1}a_{2j_2}.$$

现在我们根据上述的规律定义 n 阶行列式.

定义 5 n^2 个元素 a_{ij}，$i,j=1,2,\cdots,n$，排成 n 行 n 列，记成

$$\begin{vmatrix} a_{11} & a_{12} & \cdots & a_{1n} \\ a_{21} & a_{22} & \cdots & a_{2n} \\ \vdots & \vdots & & \vdots \\ a_{n1} & a_{n2} & \cdots & a_{nn} \end{vmatrix}, \tag{1.3.1}$$

称为 n 阶行列式. 它表示所有取自不同行不同列的 n 个元素的乘积

$$a_{1j_1}a_{2j_2}\cdots a_{nj_n} \tag{1.3.2}$$

的代数和，其中 $j_1j_2\cdots j_n$ 是 $1,2,\cdots,n$ 的一个排列. 当 $j_1j_2\cdots j_n$ 为偶排列时，式(1.3.2)前带正号；当 $j_1j_2\cdots j_n$ 为奇排列时，式(1.3.2)前带负号，因此行列式(1.3.1)可表示成

$$\begin{vmatrix} a_{11} & a_{12} & \cdots & a_{1n} \\ a_{21} & a_{22} & \cdots & a_{2n} \\ \vdots & \vdots & & \vdots \\ a_{n1} & a_{n2} & \cdots & a_{nn} \end{vmatrix} = \sum_{j_1 j_2 \cdots j_n} (-1)^{\tau(j_1 j_2 \cdots j_n)} a_{1j_1} a_{2j_2} \cdots a_{nj_n}, \quad (1.3.3)$$

这里 $\sum\limits_{j_1 j_2 \cdots j_n}$ 表示对所有 n 阶排列求和.

我们规定由单独一个元素 a 构成的一阶行列式就是 a 本身.

下面根据定义计算两个简单的 n 阶行列式.

例 1 计算行列式

$$D=\begin{vmatrix} 0 & 0 & \cdots & 0 & a_{1n} \\ 0 & 0 & \cdots & a_{2,n-1} & 0 \\ \vdots & \vdots & & \vdots & \vdots \\ a_{n1} & 0 & \cdots & 0 & 0 \end{vmatrix}.$$

解 由行列式定义,D 的项的一般形式为

$$a_{1j_1}\, a_{2j_2} \cdots a_{nj_n}.$$

由于第一行中,除 a_{1n} 外,其他的元素都等于 0,所以 $j_1 \neq n$ 时,$a_{1j_1}=0$,因此只要考虑含 a_{1n} 的项即可;在第 2 行中,除 $a_{2,n-1}$ 外,其他元素都等于 0,所以在 $j_2 \neq n-1$ 时 $a_{2j_2}=0$,因此只要考虑含 $a_{2,n-1}$ 的项即可;同理可知,只要考虑含 $a_{3,n-2}, \cdots, a_{n-1,2}, a_{n1}$ 的项即可,所以 D 的展开式中除了 $a_{1n}\, a_{2,n-1}\, a_{n-1,2}\, a_{n1}$ 这一项外,其余各项都等于 0,而 $\tau(n\, n-1 \cdots 2\, 1)=\dfrac{n(n-1)}{2}$,所以

$$D=(-1)^{\frac{n(n-1)}{2}} a_{1n} a_{2,n-1} \cdots a_{n-1,2} a_{n1}.$$

例 2 证明上三角形行列式

$$D=\begin{vmatrix} a_{11} & a_{12} & \cdots & a_{1n} \\ 0 & a_{22} & \cdots & a_{2n} \\ \vdots & \vdots & & \vdots \\ 0 & 0 & \cdots & a_{nn} \end{vmatrix} = a_{11} a_{22} \cdots a_{nn}.$$

证 D 的项的一般形式为 $a_{1j_1}\, a_{2j_2} \cdots a_{nj_n}$. 由于在这个行列式的第 n 行中,除 a_{nn} 外,其他的元素都等于 0,所以 $j_n \neq n$ 的项都等于 0,因而只要考虑 $j_n = n$ 的项即可;再看第 $n-1$ 行:这一行除去 $a_{n-1,n-1}$

及 $a_{n-1,n}$ 外,其他的元素都等于 0,因此,只要考虑 $j_{n-1}=n-1,n$ 的项. 但因 $j_n=n$ 且 $j_{n-1}\neq j_n$,所以 $j_{n-1}=n-1$. 这样逐步推上去,D 的展开式中除 $a_{11}a_{22}\cdots a_{nn}$ 这一项外,其他的项都等于 0,而 $\tau(1\ 2\ \cdots\ n)=0$,所以

$$D=(-1)^{\tau(1\ 2\ \cdots\ n)}a_{11}\ a_{22}\cdots\ a_{nn}=a_{11}\ a_{22}\cdots\ a_{nn}.$$

这个例子说明:上三角形行列式等于主对角线(从左上角到右下角这条对角线)上的元素的乘积. 特别地,有

$$\begin{vmatrix} a_1 & 0 & \cdots & 0 \\ 0 & a_2 & \cdots & 0 \\ \vdots & \vdots & & \vdots \\ 0 & 0 & \cdots & a_n \end{vmatrix}=a_1a_2\cdots a_n.$$

在行列式的定义中,为了决定每一项的正负号,我们把 n 个元素按行指标排起来,但是数的乘法是可交换的,因此这 n 个元素的次序是可以任意写的. 一般地,n 阶行列式的项可以写成

$$a_{i_1j_1}\ a_{i_2j_2}\cdots\ a_{i_nj_n}, \tag{1.3.4}$$

其中 $i_1i_2\cdots i_n$,$j_1j_2\cdots j_n$ 都是 $1,2,\cdots,n$ 的排列. 不难证明,式(1.3.4)的符号是

$$(-1)^{\tau(i_1i_2\cdots i_n)+\tau(j_1j_2\cdots j_n)}.$$

由此可见,行列式的行指标与列指标的地位是同等的,因此行列式的定义也可写成以下形式.

定义 5′

$$\begin{vmatrix} a_{11} & a_{12} & \cdots & a_{1n} \\ a_{21} & a_{22} & \cdots & a_{2n} \\ \vdots & \vdots & & \vdots \\ a_{n1} & a_{n2} & \cdots & a_{nn} \end{vmatrix}=\sum_{i_1i_2\cdots i_n}(-1)^{\tau(i_1i_2\cdots i_n)}a_{i_11}a_{i_22}\cdots a_{i_nn}. \tag{1.3.5}$$

习题 1.3

1. 写出 4 阶行列式中所有含有因子 $a_{12}a_{34}$ 的项.

2. 在 5 阶行列式中,求下列各项的符号.

(1)$a_{15}a_{23}a_{31}a_{42}a_{54}$; (2)$a_{52}a_{41}a_{35}a_{24}a_{13}$; (3)$a_{21}a_{32}a_{45}a_{13}a_{54}$.

3. 用行列式定义计算下列行列式.

(1) $\begin{vmatrix} 0 & 1 & 0 & \cdots & 0 \\ 0 & 0 & 2 & \cdots & 0 \\ \vdots & \vdots & \vdots & & \vdots \\ 0 & 0 & 0 & \cdots & n-1 \\ n & 0 & 0 & \cdots & 0 \end{vmatrix}$；(2) $\begin{vmatrix} a_{11} & \cdots & a_{1,n-1} & a_{1n} \\ a_{21} & \cdots & a_{2,n-1} & 0 \\ \vdots & & \vdots & \vdots \\ a_{n1} & \cdots & 0 & 0 \end{vmatrix}$.

4. 设 $a_{ij}=\lambda^{i-j}, i,j=1,2,\cdots,n, \lambda\neq0$. 求行列式 $\begin{vmatrix} a_{11} & a_{12} & \cdots & a_{1n} \\ a_{21} & a_{22} & \cdots & a_{2n} \\ \vdots & \vdots & & \vdots \\ a_{n1} & a_{2n} & \cdots & a_{nn} \end{vmatrix}$.

§ 1.4 *n* 阶行列式的性质

由行列式的定义可知，直接利用定义来计算行列式是很困难的，特别当 n 较大时，直接由定义来计算行列式几乎是不可能的. 这一节我们讨论行列式的基本性质，利用这些性质简化行列式的计算.

性质 1 行列式的行与列互换，行列式不变. 即设

$$D=\begin{vmatrix} a_{11} & a_{12} & \cdots & a_{1n} \\ a_{21} & a_{22} & \cdots & a_{2n} \\ \vdots & \vdots & & \vdots \\ a_{n1} & a_{n2} & \cdots & a_{nn} \end{vmatrix}, \quad D^{\mathrm{T}}=\begin{vmatrix} a_{11} & a_{21} & \cdots & a_{n1} \\ a_{12} & a_{22} & \cdots & a_{n2} \\ \vdots & \vdots & & \vdots \\ a_{1n} & a_{2n} & \cdots & a_{nn} \end{vmatrix},$$

则 $D=D^{\mathrm{T}}$.

证 将 D 的转置行列式记为

$$D^{\mathrm{T}}=\begin{vmatrix} b_{11} & b_{12} & \cdots & b_{1n} \\ b_{21} & b_{22} & \cdots & b_{2n} \\ \vdots & \vdots & & \vdots \\ b_{n1} & b_{n2} & \cdots & b_{nn} \end{vmatrix},$$

其中 $b_{ij}=a_{ji}\ (i,j=1,2,\cdots,n)$. 由定义 5′知

$$D^{\mathrm{T}}=\sum_{i_1 i_2\cdots i_n}(-1)^{\tau(i_1 i_2\cdots i_n)}b_{i_1 1}b_{i_2 2}\cdots b_{i_n n}=$$

$$\sum_{i_1 i_2\cdots i_n}(-1)^{\tau(i_1 i_2\cdots i_n)}a_{1i_1}a_{2i_2}\cdots a_{ni_n}\xlongequal{\text{定义 5}}D.$$

D^{T} 称为行列式 D 的**转置行列式**.

性质 1 表明,在 n 阶行列式中行与列的地位是对称的,因此凡是关于行的性质,对列也同时成立.

由性质 1 及上节例 2 即得下三角形行列式

$$\begin{vmatrix} a_{11} & 0 & 0 & \cdots & 0 \\ a_{21} & a_{22} & 0 & \cdots & 0 \\ \vdots & \vdots & \vdots & & \vdots \\ a_{n1} & a_{n2} & a_{n3} & \cdots & a_{nn} \end{vmatrix} = a_{11}a_{22}\cdots a_{nn}.$$

下面我们所谈的行列式的性质,只对行来证明.

性质 2 把一个行列式的某一行(列)的所有元素同乘以一个数 k,等于以数 k 乘以这个行列式,即

$$\begin{vmatrix} a_{11} & a_{12} & \cdots & a_{1n} \\ \vdots & \vdots & & \vdots \\ ka_{i1} & ka_{i2} & \cdots & ka_{in} \\ \vdots & \vdots & & \vdots \\ a_{n1} & a_{n2} & \cdots & a_{nn} \end{vmatrix} = k \begin{vmatrix} a_{11} & a_{12} & \cdots & a_{1n} \\ \vdots & \vdots & & \vdots \\ a_{i1} & a_{i2} & \cdots & a_{in} \\ \vdots & \vdots & & \vdots \\ a_{n1} & a_{n2} & \cdots & a_{nn} \end{vmatrix}.$$

证 左边 $= \sum\limits_{j_1 j_2 \cdots j_n} (-1)^{\tau(j_1 j_2 \cdots j_n)} a_{1j_1} \cdots a_{i-1 j_{i-1}} (ka_{ij_i}) a_{i+1 j_{i+1}} \cdots a_{nj_n} =$

$k \sum\limits_{j_1 j_2 \cdots j_n} (-1)^{\tau(j_1 j_2 \cdots j_n)} a_{1j_1} \cdots a_{ij_i} \cdots a_{nj_n} =$ 右边.

由性质 2,可以得出以下事实.

推论 1 一个行列式中某一行(列)所有元素的公因子可以提到行列式符号的外边.

推论 2 如果一个行列式中有一行(列)的元素全部是零,则这个行列式等于零.

性质 3 如果行列式中某一行(列)的元素是两项之和,则这个行列式就等于两个新行列式的和:

$$\begin{vmatrix} a_{11} & a_{12} & \cdots & a_{1n} \\ \vdots & \vdots & & \vdots \\ a_{i1}+b_{i1} & a_{i2}+b_{i2} & \cdots & a_{in}+b_{in} \\ \vdots & \vdots & & \vdots \\ a_{n1} & a_{n2} & \cdots & a_{nn} \end{vmatrix}$$

$$=\begin{vmatrix} a_{11} & a_{12} & \cdots & a_{1n} \\ \vdots & \vdots & & \vdots \\ a_{i1} & a_{i2} & \cdots & a_{in} \\ \vdots & \vdots & & \vdots \\ a_{n1} & a_{n2} & \cdots & a_{nn} \end{vmatrix} + \begin{vmatrix} a_{11} & a_{12} & \cdots & a_{1n} \\ \vdots & \vdots & & \vdots \\ b_{i1} & b_{i2} & \cdots & b_{in} \\ \vdots & \vdots & & \vdots \\ a_{n1} & a_{n2} & \cdots & a_{nn} \end{vmatrix}.$$

证 左边 $=\sum_{j_1j_2\cdots j_n}(-1)^{\tau(j_1j_2\cdots j_n)}a_{1j_1}\cdots(a_{ij_i}+b_{ij_i})\cdots a_{nj_n}=$

$$\sum_{j_1j_2\cdots j_n}(-1)^{\tau(j_1j_2\cdots j_n)}a_{1j_1}\cdots a_{ij_i}\cdots a_{nj_n}+$$

$$\sum_{j_1j_2\cdots j_n}(-1)^{\tau(j_1j_2\cdots j_n)}a_{1j_1}\cdots b_{ij_i}\cdots a_{nj_n}=\text{右边}.$$

此性质可以推广到某一行(列)为多组元素和的情形.

性质 4 交换一个行列式的某两行(列),行列式改变符号.

证 设给定行列式为

$$D=\begin{vmatrix} a_{11} & a_{12} & \cdots & a_{1n} \\ \vdots & \vdots & & \vdots \\ a_{i1} & a_{i2} & \cdots & a_{in} \\ \vdots & \vdots & & \vdots \\ a_{k1} & a_{k2} & \cdots & a_{kn} \\ \vdots & \vdots & & \vdots \\ a_{n1} & a_{n2} & \cdots & a_{nn} \end{vmatrix}.$$

交换 D 的第 i 行与第 k 行得

$$D_1=\begin{vmatrix} a_{11} & a_{12} & \cdots & a_{1n} \\ \vdots & \vdots & & \vdots \\ a_{k1} & a_{k2} & \cdots & a_{kn} \\ \vdots & \vdots & & \vdots \\ a_{i1} & a_{i2} & \cdots & a_{in} \\ \vdots & \vdots & & \vdots \\ a_{n1} & a_{n2} & \cdots & a_{nn} \end{vmatrix}.\quad \begin{matrix} (i\text{ 行}) \\ \\ (k\text{ 行}) \end{matrix}$$

D 的任一项可以写成

$$a_{1j_1}\cdots a_{ij_i}\cdots a_{kj_k}\cdots a_{nj_n}, \tag{1.4.1}$$

其中各元素位于 D 的不同行与不同列，显然，它们也位于 D_1 中的不同行与不同列. 因此，式(1.4.1)也是 D_1 的项. 反过来，D_1 中的每一项也是 D 的一项. 因此，D 与 D_1 含有相同的项.

作为 D 中的一项，式(1.4.1)的符号为 $(-1)^{\tau(j_1 j_2 \cdots j_i \cdots j_k \cdots j_n)}$，而作为 D_1 中的项，式(1.4.1)的符号为

$$(-1)^{\tau(1\cdots i\cdots k\cdots n)+\tau(j_1\cdots j_i\cdots j_k\cdots j_n)}=(-1)(-1)^{\tau(1\cdots k\cdots i\cdots n)+\tau(j_1\cdots j_i\cdots j_k\cdots j_n)}=$$
$$(-1)(-1)^{\tau(j_1\cdots j_i\cdots j_k\cdots j_n)}.$$

因此，式(1.4.1)在 D 中和 D_1 中的符号相反，所以 $D=-D_1$.

推论 1 如果一个行列式有两行(列)完全相同，则该行列式等于零.

推论 2 如果一个行列式有两行(列)成比例，则该行列式等于零.

性质 5 把行列式的某一行(列)的倍数加到另一行(列)上，行列式不变.

证

$$\begin{vmatrix} a_{11} & a_{12} & \cdots & a_{1n} \\ \vdots & \vdots & & \vdots \\ a_{i1}+ca_{k1} & a_{i2}+ca_{k2} & \cdots & a_{in}+ca_{kn} \\ \vdots & \vdots & & \vdots \\ a_{k1} & a_{k2} & \cdots & a_{kn} \\ \vdots & \vdots & & \vdots \\ a_{n1} & a_{n2} & \cdots & a_{nn} \end{vmatrix}=$$

$$\begin{vmatrix} a_{11} & a_{12} & \cdots & a_{1n} \\ \vdots & \vdots & & \vdots \\ a_{i1} & a_{i2} & \cdots & a_{in} \\ \vdots & \vdots & & \vdots \\ a_{k1} & a_{k2} & \cdots & a_{kn} \\ \vdots & \vdots & & \vdots \\ a_{n1} & a_{n2} & \cdots & a_{nn} \end{vmatrix}+\begin{vmatrix} a_{11} & a_{12} & \cdots & a_{1n} \\ \vdots & \vdots & & \vdots \\ ca_{k1} & ca_{k2} & \cdots & ca_{kn} \\ \vdots & \vdots & & \vdots \\ a_{k1} & a_{k2} & \cdots & a_{kn} \\ \vdots & \vdots & & \vdots \\ a_{n1} & a_{n2} & \cdots & a_{nn} \end{vmatrix}=$$

$$\begin{vmatrix} a_{11} & a_{12} & \cdots & a_{1n} \\ \vdots & \vdots & & \vdots \\ a_{i1} & a_{i2} & \cdots & a_{in} \\ \vdots & \vdots & & \vdots \\ a_{k1} & a_{k2} & \cdots & a_{kn} \\ \vdots & \vdots & & \vdots \\ a_{n1} & a_{n2} & \cdots & a_{nn} \end{vmatrix}.$$

这里第一步是根据性质 3,第二步是根据性质 4 的推论 2.

行列式的性质对简化行列式计算起着重要作用,我们来看几个例子.

例 1 求证

$$\begin{vmatrix} b+c & c+a & a+b \\ q+r & r+p & p+q \\ y+z & z+x & x+y \end{vmatrix} = 2\begin{vmatrix} a & b & c \\ p & q & r \\ x & y & z \end{vmatrix}.$$

证 左边 $=\begin{vmatrix} b & c+a & a+b \\ q & r+p & p+q \\ y & z+x & x+y \end{vmatrix} + \begin{vmatrix} c & c+a & a+b \\ r & r+p & p+q \\ z & z+x & x+y \end{vmatrix} =$

$$\begin{vmatrix} b & c+a & a \\ q & r+p & p \\ y & z+x & x \end{vmatrix} + \begin{vmatrix} c & a & a+b \\ r & p & p+q \\ z & x & x+y \end{vmatrix} =$$

$$\begin{vmatrix} b & c & a \\ q & r & p \\ y & z & x \end{vmatrix} + \begin{vmatrix} c & a & b \\ r & p & q \\ z & x & y \end{vmatrix} = 2\begin{vmatrix} a & b & c \\ p & q & r \\ x & y & z \end{vmatrix}.$$

例 2 计算 n 阶行列式

$$D=\begin{vmatrix} a & b & b & \cdots & b \\ b & a & b & \cdots & b \\ b & b & a & \cdots & b \\ \vdots & \vdots & \vdots & & \vdots \\ b & b & b & \cdots & a \end{vmatrix}.$$

解 根据性质 5,将 D 的第一行的 -1 倍加到以下各行,即得

$$D=\begin{vmatrix} a & b & b & \cdots & b \\ b-a & a-b & 0 & \cdots & 0 \\ b-a & 0 & a-b & \cdots & 0 \\ \vdots & \vdots & \vdots & & \vdots \\ b-a & 0 & 0 & \cdots & a-b \end{vmatrix},$$

把第2列,第3列,…,第n列都加到第1列,得

$$D=\begin{vmatrix} a+(n-1)b & b & b & \cdots & b \\ 0 & a-b & 0 & \cdots & 0 \\ 0 & 0 & a-b & \cdots & 0 \\ \vdots & \vdots & \vdots & & \vdots \\ 0 & 0 & 0 & \cdots & a-b \end{vmatrix}=$$

$$[a+(n-1)b](a-b)^{n-1}.$$

最后介绍两种特殊的行列式.

在n阶行列式

$$D=\begin{vmatrix} a_{11} & a_{12} & \cdots & a_{1n} \\ a_{21} & a_{22} & \cdots & a_{2n} \\ \vdots & \vdots & & \vdots \\ a_{n1} & a_{n2} & \cdots & a_{nn} \end{vmatrix}$$

中,如果 $a_{ij}=a_{ji}, i,j=1,\cdots,n$,则称 D 为对称行列式;如果 $a_{ij}=-a_{ji}, i,j=1,2,\cdots,n$,则称$D$为反对称行列式.

例3 试证奇数阶反对称行列式等于0.

证 根据$a_{ij}=-a_{ji}$,立即推知,$a_{ii}=0, i=1,2,\cdots,n$.

因此,反对称行列式可以写成

$$D=\begin{vmatrix} 0 & a_{12} & a_{13} & \cdots & a_{1n} \\ -a_{12} & 0 & a_{23} & \cdots & a_{2n} \\ -a_{13} & -a_{23} & 0 & \cdots & a_{3n} \\ \vdots & \vdots & \vdots & & \vdots \\ -a_{1n} & -a_{2n} & -a_{3n} & \cdots & 0 \end{vmatrix}.$$

由性质 1 及推论 1 有

$$D=\begin{vmatrix} 0 & -a_{12} & -a_{13} & \cdots & -a_{1n} \\ a_{12} & 0 & -a_{23} & \cdots & -a_{2n} \\ a_{13} & a_{23} & 0 & \cdots & -a_{3n} \\ \vdots & \vdots & \vdots & & \vdots \\ a_{1n} & a_{2n} & a_{3n} & \cdots & 0 \end{vmatrix}=(-1)^n D.$$

当 n 为奇数时，得 $D=-D$，因而 $D=0$.

习题 1.4

1. 计算行列式.

(1) $\begin{vmatrix} a+x & x & x \\ x & b+x & x \\ x & x & c+x \end{vmatrix}$；(2) $\begin{vmatrix} -ab & ac & ae \\ bd & -cd & de \\ bf & cf & -df \end{vmatrix}$.

2. 将下列行列式化为上三角形行列式，并计算其值.

(1) $\begin{vmatrix} 0 & 1 & 1 & 1 \\ 1 & 0 & 1 & 1 \\ 1 & 1 & 0 & 1 \\ 1 & 1 & 1 & 0 \end{vmatrix}$；(2) $\begin{vmatrix} -2 & 2 & -4 & 0 \\ 4 & 1 & 3 & 5 \\ 3 & 1 & -2 & -3 \\ 2 & 0 & 5 & 1 \end{vmatrix}$.

3. 计算 n 阶行列式 $\begin{vmatrix} 1 & -1 & -1 & \cdots & -1 \\ 1 & 2 & 0 & \cdots & 0 \\ 1 & 0 & 3 & \cdots & 0 \\ \vdots & \vdots & \vdots & & \vdots \\ 1 & 0 & 0 & \cdots & n \end{vmatrix}$.

4. 证明：$\begin{vmatrix} by+az & bz+ax & bx+ay \\ bx+ay & by+az & bz+ax \\ bz+ax & bx+ay & by+az \end{vmatrix}=(a^3+b^3)\begin{vmatrix} x & y & z \\ z & x & y \\ y & z & x \end{vmatrix}$.

§1.5 行列式的展开

行列式的计算是一个重要问题，也是一个复杂问题. 由上节知，利用行列式的性质，往往可以使行列式的计算简化. 由于低阶行列式比高阶行列式计算简便，这一节我们将利用行列式的性质来证明，$n(>1)$阶行列式的计算总可以归结为阶数较低的行列式的计算. 这就需要讨论用较低阶行列式表示高阶行列式的问题.

首先引入余子式和代数余子式的概念.

定义 6 在 n 阶行列式

$$D=\begin{vmatrix} a_{11} & a_{12} & \cdots & a_{1n} \\ a_{21} & a_{22} & \cdots & a_{2n} \\ \vdots & \vdots & & \vdots \\ a_{n1} & a_{n2} & \cdots & a_{nn} \end{vmatrix}$$

中,划去元素 a_{ij} 所在的行与列,剩下的 $(n-1)^2$ 个元素按原来的排法构成一个 $n-1$ 阶行列式,称此行列式为元素 a_{ij} 的**余子式**,记为 M_{ij}. 元素 a_{ij} 的余子式 M_{ij} 附以符号 $(-1)^{i+j}$ 后,称为 a_{ij} 的**代数余子式**,记为 A_{ij},即 $A_{ij}=(-1)^{i+j}M_{ij}$.

例如,三阶行列式

$$D=\begin{vmatrix} a_{11} & a_{12} & a_{13} \\ a_{21} & a_{22} & a_{23} \\ a_{31} & a_{32} & a_{33} \end{vmatrix}$$

中元素 a_{32} 的余子式和代数余子式分别为

$$M_{32}=\begin{vmatrix} a_{11} & a_{13} \\ a_{21} & a_{23} \end{vmatrix}=a_{11}a_{23}-a_{13}a_{21},$$

$$A_{32}=(-1)^{3+2}M_{32}=-M_{32}=a_{13}a_{21}-a_{11}a_{23}.$$

在证明本节主要定理之前,先证两个引理.

引理 1

$$D=\begin{vmatrix} a_{11} & 0 & \cdots & 0 \\ a_{21} & a_{22} & \cdots & a_{2n} \\ \vdots & \vdots & & \vdots \\ a_{n1} & a_{n2} & \cdots & a_{nn} \end{vmatrix}=a_{11}A_{11}.$$

证 $D=\sum\limits_{j_1j_2\cdots j_n}(-1)^{\tau(j_1j_2\cdots j_n)}a_{1j_1}a_{2j_2}\cdots a_{nj_n}=$

$\sum\limits_{1j_2\cdots j_n}(-1)^{\tau(1j_2\cdots j_n)}a_{11}a_{2j_2}\cdots a_{nj_n}=$

$a_{11}\sum\limits_{1j_2\cdots j_n}(-1)^{\tau(1j_2\cdots j_n)}a_{2j_2}\cdots a_{nj_n}=$

$$a_{11}\sum_{j_2\cdots j_n}(-1)^{\tau(j_2\cdots j_n)}a_{2j_2}\cdots a_{nj_n}=a_{11}M_{11}=a_{11}A_{11}.$$

引理 2

$$D=\begin{vmatrix} a_{11} & a_{12} & \cdots & a_{1j} & \cdots & a_{1n} \\ \vdots & \vdots & & \vdots & & \vdots \\ a_{i-1,1} & a_{i-1,2} & \cdots & a_{i-1,j} & \cdots & a_{i-1,n} \\ 0 & 0 & \cdots & a_{ij} & \cdots & 0 \\ a_{i+1,1} & a_{i+1,2} & \cdots & a_{i+1,j} & \cdots & a_{i+1,n} \\ \vdots & \vdots & & \vdots & & \vdots \\ a_{n1} & a_{n2} & \cdots & a_{nj} & \cdots & a_{nn} \end{vmatrix}=a_{ij}A_{ij}.$$

证

$$D\xlongequal{\text{性质 4}}(-1)^{(i-1)+(j-1)}\begin{vmatrix} a_{ij} & 0 & \cdots & 0 & 0 & \cdots & 0 \\ a_{1j} & a_{11} & \cdots & a_{1,j-1} & a_{1,j+1} & \cdots & a_{1n} \\ \vdots & \vdots & & \vdots & \vdots & & \vdots \\ a_{i-1,j} & a_{i-1,1} & \cdots & a_{i-1,j-1} & a_{i-1,j+1} & \cdots & a_{i-1,n} \\ a_{i+1,j} & a_{i+1,1} & \cdots & a_{i+1,j-1} & a_{i+1,j+1} & \cdots & a_{i+1,n} \\ \vdots & \vdots & & \vdots & \vdots & & \vdots \\ a_{nj} & a_{n1} & \cdots & a_{n,j-1} & a_{n,j+1} & \cdots & a_{nn} \end{vmatrix}$$

$$\xlongequal{\text{引理 1}}(-1)^{i+j}a_{ij}M_{ij}=a_{ij}A_{ij}.$$

对于一般的行列式来说，我们有以下定理.

定理 2 行列式 D 等于它任意一行的所有元素与它们的对应代数余子式的乘积的和，即

$$D=a_{i1}A_{i1}+a_{i2}A_{i2}+\cdots+a_{in}A_{in}\quad(i=1,2,\cdots,n).$$

证 设

$$D=\begin{vmatrix} a_{11} & a_{12} & \cdots & a_{1n} \\ a_{21} & a_{22} & \cdots & a_{2n} \\ \vdots & \vdots & & \vdots \\ a_{n1} & a_{n2} & \cdots & a_{nn} \end{vmatrix}.$$

根据性质 3 及引理 2 可得

$$D=\begin{vmatrix} a_{11} & a_{12} & \cdots & a_{1n} \\ \vdots & \vdots & & \vdots \\ a_{i1}+0+\cdots+0 & 0+a_{i2}+\cdots+0 & \cdots & 0+\cdots+0+a_{in} \\ \vdots & \vdots & & \vdots \\ a_{n1} & a_{n2} & \cdots & a_{nn} \end{vmatrix}=$$

$$\begin{vmatrix} a_{11} & a_{12} & \cdots & a_{1n} \\ \vdots & \vdots & & \vdots \\ a_{i1} & 0 & \cdots & 0 \\ \vdots & \vdots & & \vdots \\ a_{n1} & a_{n2} & \cdots & a_{nn} \end{vmatrix}+\begin{vmatrix} a_{11} & a_{12} & \cdots & a_{1n} \\ \vdots & \vdots & & \vdots \\ 0 & a_{i2} & \cdots & 0 \\ \vdots & \vdots & & \vdots \\ a_{n1} & a_{n2} & \cdots & a_{nn} \end{vmatrix}+\cdots+$$

$$\begin{vmatrix} a_{11} & a_{12} & \cdots & a_{1n} \\ \vdots & \vdots & & \vdots \\ 0 & 0 & \cdots & a_{in} \\ \vdots & \vdots & & \vdots \\ a_{n1} & a_{n2} & \cdots & a_{nn} \end{vmatrix}=$$

$$a_{i1}A_{i1}+a_{i2}A_{i2}+\cdots+a_{in}A_{in} \quad (i=1,2,\cdots,n).$$

这个定理称为**行列式按一行展开公式**.

由于行列式中行与列的对称性,所以,同时也可以将行列式按一列展开,即

定理 2′ n 阶行列式

$$D=\begin{vmatrix} a_{11} & a_{12} & \cdots & a_{1n} \\ a_{21} & a_{22} & \cdots & a_{2n} \\ \vdots & \vdots & & \vdots \\ a_{n1} & a_{n2} & \cdots & a_{nn} \end{vmatrix}$$

等于它任意一列的所有元素与它们的对应代数余子式的乘积的和,即

$$D=a_{1j}A_{1j}+a_{2j}A_{2j}+\cdots+a_{nj}A_{nj} \quad (j=1,2,\cdots,n).$$

定理 2 和定理 2′虽然把 n 阶行列式的计算归结为 n 个 $n-1$ 阶行列式的计算,但是当行列式的某一行(列)的元素都不为零时,按这一行(列)展开并不能减少计算量.因此我们总是在给定的行列式有一行(列)含有较多的零时,才应用定理 2 或定理 2′.常用的方法

是，先利用行列式的性质把行列式的某一行(列)化为只含有一个非零元素的行(列)，然后再按此行(列)展开.

例1 计算四阶行列式

$$D=\begin{vmatrix} 3 & 1 & -1 & 2 \\ -5 & 1 & 3 & -4 \\ 2 & 0 & 1 & -1 \\ 1 & -5 & 3 & -3 \end{vmatrix}.$$

解 D 的第 3 行已有一个元素为零，由第 1 列减去第 3 列的 2 倍，再把第 3 列加到第 4 列上，得

$$D=\begin{vmatrix} 5 & 1 & -1 & 1 \\ -11 & 1 & 3 & -1 \\ 0 & 0 & 1 & 0 \\ -5 & -5 & 3 & 0 \end{vmatrix}.$$

按第 3 行展开得

$$D=1\times(-1)^{3+3}\begin{vmatrix} 5 & 1 & 1 \\ -11 & 1 & -1 \\ -5 & -5 & 0 \end{vmatrix}.$$

把所得的三阶行列式的第 1 行加到第 2 行，得

$$D=\begin{vmatrix} 5 & 1 & 1 \\ -6 & 2 & 0 \\ -5 & -5 & 0 \end{vmatrix}=1\times(-1)^{1+3}\begin{vmatrix} -6 & 2 \\ -5 & -5 \end{vmatrix}=40.$$

例2 计算 n 阶行列式

$$D=\begin{vmatrix} a & b & 0 & \cdots & 0 & 0 \\ 0 & a & b & \cdots & 0 & 0 \\ \vdots & \vdots & \vdots & & \vdots & \vdots \\ 0 & 0 & 0 & \cdots & a & b \\ b & 0 & 0 & \cdots & 0 & a \end{vmatrix}.$$

解 将 D 按第 1 列展开，得

$$D=a\begin{vmatrix} a & b & \cdots & 0 & 0 \\ 0 & a & \cdots & 0 & 0 \\ \vdots & \vdots & & \vdots & \vdots \\ 0 & 0 & \cdots & a & b \\ 0 & 0 & \cdots & 0 & a \end{vmatrix}+(-1)^{n+1}b\begin{vmatrix} b & 0 & \cdots & 0 & 0 \\ a & b & \cdots & 0 & 0 \\ \vdots & \vdots & & \vdots & \vdots \\ 0 & 0 & \cdots & b & 0 \\ 0 & 0 & \cdots & a & b \end{vmatrix}=$$

$a^n+(-1)^{n+1}b^n$.

例 3 行列式

$$\begin{vmatrix} 1 & 1 & 1 & \cdots & 1 \\ a_1 & a_2 & a_3 & \cdots & a_n \\ a_1^2 & a_2^2 & a_3^2 & \cdots & a_n^2 \\ \vdots & \vdots & \vdots & & \vdots \\ a_1^{n-1} & a_2^{n-1} & a_3^{n-1} & \cdots & a_n^{n-1} \end{vmatrix}$$

称为 n 阶**范德蒙(Vandermonde)行列式**,记为 $V(a_1,a_2,\cdots,a_n)$.

证明 $V(a_1,a_2,\cdots,a_n)=\prod\limits_{1\leqslant j<i\leqslant n}(a_i-a_j)$.

证 对 n 用数学归纳法.

当 $n=2$ 时

$$V(a_1,a_2)=\begin{vmatrix} 1 & 1 \\ a_1 & a_2 \end{vmatrix}=a_2-a_1,$$

结果是对的.设对于 $n-1$ 阶的范德蒙行列式结论成立,现在来看 n 阶的情形.

在 $V(a_1,a_2,\cdots,a_n)$ 中,从第 n 行开始,由下而上依次地从每行减去它的上一行的 a_1 倍,有

$$V(a_1,a_2,\cdots,a_n)=\begin{vmatrix} 1 & 1 & 1 & \cdots & 1 \\ 0 & a_2-a_1 & a_3-a_1 & \cdots & a_n-a_1 \\ 0 & a_2^2-a_1a_2 & a_3^2-a_1a_3 & \cdots & a_n^2-a_1a_n \\ \vdots & \vdots & \vdots & & \vdots \\ 0 & a_2^{n-1}-a_1a_2^{n-2} & a_3^{n-1}-a_1a_3^{n-2} & \cdots & a_n^{n-1}-a_1a_n^{n-2} \end{vmatrix}=$$

$$\begin{vmatrix} a_2-a_1 & a_3-a_1 & \cdots & a_n-a_1 \\ a_2^2-a_1a_2 & a_3^2-a_1a_3 & \cdots & a_n^2-a_1a_n \\ \vdots & \vdots & & \vdots \\ a_2^{n-1}-a_1a_2^{n-2} & a_3^{n-1}-a_1a_3^{n-2} & \cdots & a_n^{n-1}-a_1a_n^{n-2} \end{vmatrix}=$$

$$(a_2-a_1)(a_3-a_1)\cdots(a_n-a_1)\begin{vmatrix} 1 & 1 & \cdots & 1 \\ a_2 & a_3 & \cdots & a_n \\ a_2^2 & a_3^2 & \cdots & a_n^2 \\ \vdots & \vdots & & \vdots \\ a_2^{n-2} & a_3^{n-2} & \cdots & a_n^{n-2} \end{vmatrix}=$$

$$(a_2-a_1)(a_3-a_1)\cdots(a_n-a_1)V(a_2,a_3,\cdots,a_n).$$

由归纳法假设

$$V(a_2,a_3,\cdots,a_n)=\prod_{2\leqslant j<i\leqslant n}(a_i-a_j),$$

因此

$$V(a_1,a_2,\cdots,a_n)=$$
$$(a_2-a_1)(a_3-a_1)\cdots(a_n-a_1)V(a_2,a_3,\cdots,a_n)=$$
$$(a_2-a_1)(a_3-a_1)\cdots(a_n-a_1)\prod_{2\leqslant j<i\leqslant n}(a_i-a_j)=\prod_{1\leqslant j<i\leqslant n}(a_i-a_j).$$

容易看出，$V(a_1,a_2,\cdots,a_n)=0$ 的充分必要条件是 $a_1,a_2,\cdots,a_n$ 中至少有两个相等.

上面定理 2 说明 D 的第 i 行中各元素分别与它的代数余子式的乘积的和是 D. 现在我们要问：D 的第 j 行的各元素分别与第 i $(i\neq j)$ 行对应元素的代数余子式相乘，它们的和

$$a_{j1}A_{i1}+a_{j2}A_{i2}+\cdots+a_{jn}A_{in}\quad (i\neq j)$$

应该是什么？我们有下面定理.

定理 3 n 阶行列式的某一行（列）的每个元素与另一行（列）中对应元素的代数余子式乘积的和等于 0，即

$$a_{k1}A_{i1}+a_{k2}A_{i2}+\cdots+a_{kn}A_{in}=0\quad (i\neq k),\qquad (1.5.1)$$

$$a_{1k}A_{1i}+a_{2k}A_{2i}+\cdots+a_{nk}A_{ni}=0\quad (i\neq k).\qquad (1.5.2)$$

证 在行列式

$$D=\begin{vmatrix} a_{11} & a_{12} & \cdots & a_{1n} \\ \vdots & \vdots & & \vdots \\ a_{i1} & a_{i2} & \cdots & a_{in} \\ \vdots & \vdots & & \vdots \\ a_{k1} & a_{k2} & \cdots & a_{kn} \\ \vdots & \vdots & & \vdots \\ a_{n1} & a_{n2} & \cdots & a_{nn} \end{vmatrix}\begin{matrix} \\ \\ (i\text{ 行}) \\ \\ (k\text{ 行}) \\ \\ \\ \end{matrix}$$

中将第 i 行的元素都换成第 k 行的元素,得到行列式

$$\overline{D}=\begin{vmatrix} a_{11} & a_{12} & \cdots & a_{1n} \\ \vdots & \vdots & & \vdots \\ a_{k1} & a_{k2} & \cdots & a_{kn} \\ \vdots & \vdots & & \vdots \\ a_{k1} & a_{k2} & \cdots & a_{kn} \\ \vdots & \vdots & & \vdots \\ a_{n1} & a_{n2} & \cdots & a_{nn} \end{vmatrix}. \begin{matrix} \\ \\ (i\text{ 行}) \\ \\ (k\text{ 行}) \\ \\ \\ \end{matrix}$$

显然,$\overline{D}$ 的第 i 行的代数余子式与 D 的第 i 行的代数余子式完全相同. 把 $\overline{D}$ 按第 i 行展开,得

$$\overline{D}=a_{k1}A_{i1}+a_{k2}A_{i2}+\cdots+a_{kn}A_{in}.$$

但由性质 4 的推论 1,$\overline{D}=0$,因此,式(1.5.1)成立.

类似地,可得式(1.5.2)成立.

把定理 2,2′,3 结合起来就是:

$$a_{i1}A_{j1}+\cdots+a_{in}A_{jn}=\begin{cases} D, & (i=j), \\ 0, & (i\neq j); \end{cases}$$

$$a_{1i}A_{1j}+\cdots+a_{ni}A_{nj}=\begin{cases} D, & (i=j), \\ 0, & (i\neq j). \end{cases}$$

习题 1.5

1. 求行列式 $\begin{vmatrix} -3 & 1 & 4 \\ 5 & 2 & 3 \\ x & y & 1 \end{vmatrix}$ 中元素 x 和 y 的代数余子式.

2. 设行列式 $D=\begin{vmatrix} 1 & 1 & 1 & 1 \\ -1 & 1 & 2 & -2 \\ 2 & 0 & -5 & -1 \\ -1 & 1 & 8 & -8 \end{vmatrix}$,$M_{ij}$ 为 D 中位于第 i 行第 j 列元素的余子式. 求 $M_{31}-3M_{32}+M_{34}$.

3. 设行列式 $D=\begin{vmatrix} 1 & 2 & 1 & 1 \\ 2 & 3 & 2^2 & 2^3 \\ 3 & 4 & 3^2 & 3^3 \\ 4 & 1 & 4^2 & 4^3 \end{vmatrix}$,$A_{ij}$ 为 D 中位于第 i 行第 j 列元素的代数余子式,求和 $A_{12}+A_{22}+A_{32}+A_{42}$.

4. 计算下列行列式.

(1) $\begin{vmatrix} 5 & 0 & 0 & -8 & 0 \\ 3 & -2 & 0 & 7 & 2 \\ -1 & 3 & 5 & 2 & -2 \\ 2 & 1 & 2 & 5 & 1 \\ 0 & 0 & 0 & 2 & 0 \end{vmatrix}$； (2) $\begin{vmatrix} 1+x & 1 & 1 & 1 \\ 1 & 1-x & 1 & 1 \\ 1 & 1 & 1+y & 1 \\ 1 & 1 & 1 & 1-y \end{vmatrix}$.

5. 计算 n 阶行列式.

(1) $\begin{vmatrix} 1 & 2 & 2 & \cdots & 2 \\ 2 & 2 & 2 & \cdots & 2 \\ 2 & 2 & 3 & \cdots & 2 \\ \vdots & \vdots & \vdots & & \vdots \\ 2 & 2 & 2 & \cdots & n \end{vmatrix}$；

(2) $\begin{vmatrix} 1 & 0 & 0 & \cdots & 0 & 1 \\ -a & 1 & 0 & \cdots & 0 & 1 \\ 0 & -a & 1 & \cdots & 0 & 1 \\ \vdots & \vdots & \vdots & & \vdots & \vdots \\ 0 & 0 & 0 & \cdots & 1 & 1 \\ 0 & 0 & 0 & \cdots & -a & 1 \end{vmatrix}$,其中 $a\neq 1$.

§1.6 克莱姆(Cramer)法则

上面引进了 n 阶行列式的概念,讨论了它的基本性质和计算方法. 现在我们讨论利用 n 阶行列式解含 n 个未知量 n 个方程的线性方程组问题. 下面我们将得到与二元和三元线性方程组相仿的公式.

设给定一个含有 n 个未知数 n 个方程的线性方程组

$$\begin{cases} a_{11}x_1+a_{12}x_2+\cdots+a_{1n}x_n=b_1, \\ a_{21}x_1+a_{22}x_2+\cdots+a_{2n}x_n=b_2, \\ \quad\vdots \qquad\quad \vdots \qquad\qquad\quad \vdots \qquad\ \ \vdots \\ a_{n1}x_1+a_{n2}x_2+\cdots+a_{nn}x_n=b_n. \end{cases} \tag{1.6.1}$$

由它的系数 a_{ij} $(i,j=1,2,\cdots,n)$组成的行列式

$$D=\begin{vmatrix} a_{11} & a_{12} & \cdots & a_{1n} \\ a_{21} & a_{22} & \cdots & a_{2n} \\ \vdots & \vdots & & \vdots \\ a_{n1} & a_{n2} & \cdots & a_{nn} \end{vmatrix}$$

称为线性方程组(1.6.1)的**系数行列式**.

定理 4(克莱姆法则)　如果线性方程组(1.6.1)的系数行列式 $D\neq 0$,则它有且仅有一个解:

$$x_1=\frac{D_1}{D},\quad x_2=\frac{D_2}{D},\quad \cdots,\quad x_n=\frac{D_n}{D}, \tag{1.6.2}$$

其中 $D_j(j=1,2,\cdots,n)$ 是将 D 的第 j 列元素 $a_{1j},a_{2j},\cdots,a_{nj}$ 换成常数项 $b_1,b_2,\cdots,b_n$ 后得到的行列式.

证　(1) 解的存在性.

将式(1.6.2)代入方程组(1.6.1)的第 i $(i=1,2,\cdots,n)$个方程,左边为

$$\sum_{j=1}^{n} a_{ij}\frac{D_j}{D}=\frac{1}{D}\sum_{j=1}^{n} a_{ij}D_j. \tag{1.6.3}$$

由于 $D_j=b_1A_{1j}+b_2A_{2j}+\cdots+b_nA_{nj}=\sum\limits_{s=1}^{n} b_sA_{sj}\quad(j=1,2,\cdots,n)$,所以

$$\frac{1}{D}\sum_{j=1}^{n} a_{ij}D_j=\frac{1}{D}\sum_{j=1}^{n} a_{ij}\left(\sum_{s=1}^{n}b_sA_{sj}\right)=\frac{1}{D}\sum_{j=1}^{n}\sum_{s=1}^{n} a_{ij}b_sA_{sj}=$$

$$\frac{1}{D}\sum_{s=1}^{n}\left(\sum_{j=1}^{n}a_{ij}A_{sj}\right)b_s=\frac{1}{D}Db_i=b_i,$$

此为第 i 个方程的右边,因此式(1.6.2)是方程组(1.6.1)的一个解.

(2) 解的惟一性.

设$(c_1,c_2,\cdots,c_n)$是方程组(1.6.1)的一个解,则

$$Dc_i=\begin{vmatrix} a_{11} & \cdots & a_{1,i-1} & a_{1i}c_i & a_{1,i+1} & \cdots & a_{1n}\\ a_{21} & \cdots & a_{2,i-1} & a_{2i}c_i & a_{2,i+1} & \cdots & a_{2n}\\ \vdots & & \vdots & \vdots & \vdots & & \vdots\\ a_{n1} & \cdots & a_{n,i-1} & a_{ni}c_i & a_{n,i+1} & \cdots & a_{nn} \end{vmatrix}=$$

$$\begin{vmatrix} a_{11} & \cdots & a_{1,i-1} & a_{11}c_1+\cdots+a_{1n}c_n & a_{1,i+1} & \cdots & a_{1n}\\ a_{21} & \cdots & a_{2,i-1} & a_{21}c_1+\cdots+a_{2n}c_n & a_{2,i+1} & \cdots & a_{2n}\\ \vdots & & \vdots & \vdots & \vdots & & \vdots\\ a_{n1} & \cdots & a_{n,i-1} & a_{n1}c_1+\cdots+a_{nn}c_n & a_{n,i+1} & \cdots & a_{nn} \end{vmatrix}=$$

$$\begin{vmatrix} a_{11} & \cdots & a_{1,i-1} & b_1 & a_{1,i+1} & \cdots & a_{1n}\\ a_{21} & \cdots & a_{2,i-1} & b_2 & a_{2,i+1} & \cdots & a_{2n}\\ \vdots & & \vdots & \vdots & \vdots & & \vdots\\ a_{n1} & \cdots & a_{n,i-1} & b_n & a_{n,i+1} & \cdots & a_{nn} \end{vmatrix}=D_i.$$

因此，$c_i=\frac{D_i}{D}\quad(i=1,2,\cdots,n)$. 这就是说，方程组(1.6.1)的解只有

$$x_1=\frac{D_1}{D},x_2=\frac{D_2}{D},\cdots,x_n=\frac{D_n}{D}.$$

例 1 解线性方程组

$$\begin{cases}2x_1+x_2-5x_3+x_4=8,\\x_1-3x_2-6x_4=9,\\2x_2-x_3+2x_4=-5,\\x_1+4x_2-7x_3+6x_4=0.\end{cases}$$

解 系数行列式

$$D=\begin{vmatrix}2&1&-5&1\\1&-3&0&-6\\0&2&-1&2\\1&4&-7&6\end{vmatrix}=27\neq0,$$

所以可以应用克莱姆法则. 由于

$$D_1=\begin{vmatrix}8&1&-5&1\\9&-3&0&-6\\-5&2&-1&2\\0&4&-7&6\end{vmatrix}=81,\quad D_2=\begin{vmatrix}2&8&-5&1\\1&9&0&-6\\0&-5&-1&2\\1&0&-7&6\end{vmatrix}=-108,$$

$$D_3=\begin{vmatrix}2&1&8&1\\1&-3&9&-6\\0&2&-5&2\\1&4&0&6\end{vmatrix}=-27,\quad D_4=\begin{vmatrix}2&1&-5&8\\1&-3&0&9\\0&2&-1&-5\\1&4&-7&0\end{vmatrix}=27.$$

所以，方程组的惟一解为

$$x_1=\frac{D_1}{D}=\frac{81}{27}=3,\qquad x_2=\frac{D_2}{D}=\frac{-108}{27}=-4,$$

$$x_3=\frac{D_3}{D}=\frac{-27}{27}=-1,\qquad x_4=\frac{D_4}{D}=\frac{27}{27}=1.$$

应该注意，克莱姆法则只对系数行列式不为零的线性方程组适用，至于系数行列式等于零的线性方程组将在以后讨论.

定义 7 常数项全为零的线性方程组称为齐次线性方程组.

显然，齐次线性方程组总是有解的，因为(0,0,…,0)就是一个

解,它称为**零解**. 对于齐次线性方程组是否还有非零解是我们关心的问题.

定理 5 如果齐次线性方程组

$$\begin{cases}a_{11}x_1+a_{12}x_2+\cdots+a_{1n}x_n=0,\\a_{21}x_1+a_{22}x_2+\cdots+a_{2n}x_n=0,\\\quad\vdots\\a_{n1}x_1+a_{n2}x_2+\cdots+a_{nn}x_n=0\end{cases}\tag{1.6.4}$$

的系数行列式 $D\neq0$,则它只有零解.

证 因为 $D\neq0$,根据克莱姆法则,方程组(1.6.4)有惟一解

$$x_i=\frac{D_i}{D}\quad(i=1,2,\cdots,n).$$

由于行列式 $D_i=0\quad(i=1,2,\cdots,n)$,所以方程组(1.6.4)仅有零解.

推论 如果方程组(1.6.4)有非零解,则它的系数行列式一定等于零.

习题 1.6

1. 使用克莱姆法则求解方程组 $\begin{cases}x_1+2x_2-2x_3=-1,\\2x_1+3x_2-2x_3=0,\\-3x_1-5x_2+2x_3=-1.\end{cases}$

2. 设 a_1,a_2,a_3 互不相同,证明方程组 $\begin{cases}x_1+x_2+x_3=0,\\a_1x_1+a_2x_2+a_3x_3=0,\\a_1^2x_1+a_2^2x_2+a_3^2x_3=0,\end{cases}$ 只有零解.

3. 当 λ 为何值时,齐次线性方程组 $\begin{cases}\lambda x_1+3x_2+4x_3=0,\\-x_1+\lambda x_2=0,\\x_2+x_3=0,\end{cases}$

(1)只有零解;(2)有非零解.

4. 当 a 为何值时,线性方程组 $\begin{cases}x_1-x_2+x_3-x_4=1,\\2x_1-x_2+ax_3+x_4=0,\\x_2+2x_3-2x_4=3,\\x_1+3x_3-x_4=4\end{cases}$ 可能无解.

扫一扫,阅读拓展知识

第 1 章复习题

一、填空题

1. 行列式 $\begin{vmatrix} 1 & 2 & 3 & 4 \\ 1 & 0 & 2 & 1 \\ 2 & 1 & 1 & -3 \\ 1 & 1 & 0 & 1 \end{vmatrix}=$__________.

2. 行列式 $\begin{vmatrix} -1 & 1 & 1 \\ 1 & -2 & x \\ 1 & 2 & 3 \end{vmatrix}$ 是 x 的多项式，则该多项式中 x 的系数是__________.

3. 设某齐次线性方程组的系数行列式为 $D=\begin{vmatrix} 1 & -1 & 0 & 0 \\ 2 & -2 & 3 & x \\ -7 & 10 & 4 & 3 \\ 1 & -1 & 1 & x \end{vmatrix}$，若该方程组有非零解，则 $x=$__________.

4. 已知四阶行列式 D 中第 1 行的元素依次为 a_{11}, $a_{12}=2$, $a_{13}=0$, $a_{14}=-4$，第 3 行的元素的余子式依次为 $M_{31}=6$, $M_{32}=x$, $M_{33}=19$, $M_{34}=2$. 则 $x=$__________.

5. 设行列式 $D=\begin{vmatrix} 1 & 2 & 1 & 1 \\ 2 & 3 & 2^2 & 2^3 \\ 3 & 4 & 3^2 & 3^3 \\ 4 & 1 & 4^2 & 4^3 \end{vmatrix}$，$M_{ij}$ 与 A_{ij} 分别为 D 中位于第 i 行第 j 列元素的余子式与代数余子式，则 $M_{12}-A_{22}+M_{32}-A_{42}=$__________.

二、计算下列行列式.

1. $\begin{vmatrix} a_1 & 1 & 1 & \cdots & 1 \\ 1 & a_2 & 0 & \cdots & 0 \\ 1 & 0 & a_3 & \cdots & 0 \\ \vdots & \vdots & \vdots & & \vdots \\ 1 & 0 & 0 & \cdots & a_n \end{vmatrix}$，其中 $a_2a_3\cdots a_n\neq 0$.

2. $\begin{vmatrix} a_1 & x & x & \cdots & x \\ x & a_2 & x & \cdots & x \\ x & x & a_3 & \cdots & x \\ \vdots & \vdots & \vdots & & \vdots \\ x & x & x & \cdots & a_n \end{vmatrix}$，其中 $a_i\neq x, i=1,2,\cdots,n$.

3. $\begin{vmatrix} x & a_2 & a_3 & \cdots & a_n \\ a_1 & x & a_3 & \cdots & a_n \\ a_1 & a_2 & x & \cdots & a_n \\ \vdots & \vdots & \vdots & & \vdots \\ a_1 & a_2 & a_3 & \cdots & x \end{vmatrix}$，其中 $a_i\neq x, i=1,2,\cdots,n$.

4. $\begin{vmatrix} x_1+a_1 & a_2 & a_3 & \cdots & a_n \\ a_1 & x_2+a_2 & a_3 & \cdots & a_n \\ a_1 & a_2 & x_3+a_3 & \cdots & a_n \\ \vdots & \vdots & \vdots & & \vdots \\ a_1 & a_2 & a_3 & \cdots & x_n+a_n \end{vmatrix}$，其中 $x_i \neq 0, i=1,2,\cdots,n.$

5. $\begin{vmatrix} -a_1 & a_1 & 0 & \cdots & 0 & 0 \\ 0 & -a_2 & a_2 & \cdots & 0 & 0 \\ 0 & 0 & -a_3 & \cdots & 0 & 0 \\ \vdots & \vdots & \vdots & & \vdots & \vdots \\ 0 & 0 & 0 & \cdots & -a_n & a_n \\ 1 & 1 & 1 & \cdots & 1 & 1 \end{vmatrix}$.

6. $\begin{vmatrix} a & -1 & 0 & \cdots & 0 & 0 \\ ax & a & -1 & \cdots & 0 & 0 \\ ax^2 & ax & a & \cdots & 0 & 0 \\ \vdots & \vdots & \vdots & & \vdots & \vdots \\ ax^{n-2} & ax^{n-3} & ax^{n-4} & \cdots & a & -1 \\ ax^{n-1} & ax^{n-2} & ax^{n-3} & \cdots & ax & a \end{vmatrix}$.

7. $\begin{vmatrix} a_1b_1 & a_1b_2 & a_1b_3 & \cdots & a_1b_n \\ a_1b_2 & a_2b_2 & a_2b_3 & \cdots & a_2b_n \\ a_1b_3 & a_2b_3 & a_3b_3 & \cdots & a_3b_n \\ \vdots & \vdots & \vdots & & \vdots \\ a_1b_n & a_2b_n & a_3b_n & \cdots & a_nb_n \end{vmatrix}$.

8. $\begin{vmatrix} x_1 & x_1^2 & \cdots & x_1^n \\ x_2 & x_2^2 & \cdots & x_2^n \\ \vdots & \vdots & & \vdots \\ x_n & x_n^2 & \cdots & x_n^n \end{vmatrix}$.

9. $\begin{vmatrix} a_1+b_1 & a_1+b_2 & \cdots & a_1+b_n \\ a_2+b_1 & a_2+b_2 & \cdots & a_2+b_n \\ \vdots & \vdots & & \vdots \\ a_n+b_1 & a_n+b_2 & \cdots & a_n+b_n \end{vmatrix}$.

10. $\begin{vmatrix} a_1+b_1c_1 & a_2+b_1c_2 & \cdots & a_n+b_1c_n \\ a_1+b_2c_1 & a_2+b_2c_2 & \cdots & a_n+b_2c_n \\ \vdots & \vdots & & \vdots \\ a_1+b_2c_1 & a_2+b_nc_2 & \cdots & a_n+b_nc_n \end{vmatrix}$.

三、证明题

1. 证明：$\begin{vmatrix} x & -1 & 0 & \cdots & 0 & 0 \\ 0 & x & -1 & \cdots & 0 & 0 \\ 0 & 0 & x & \cdots & 0 & 0 \\ \vdots & \vdots & \vdots & & \vdots & \vdots \\ 0 & 0 & 0 & \cdots & x & -1 \\ a_n & a_{n-1} & a_{n-2} & \cdots & a_2 & a_1 \end{vmatrix} = a_1x^{n-1}+a_2x^{n-2}+\cdots+a_{n-1}x+a_n.$

2. 用数学归纳法证明：

$$\begin{vmatrix} a+b & ab & 0 & \cdots & 0 & 0 \\ 1 & a+b & ab & \cdots & 0 & 0 \\ 0 & 1 & a+b & \cdots & 0 & 0 \\ \vdots & \vdots & \vdots & & \vdots & \vdots \\ 0 & 0 & 0 & \cdots & a+b & ab \\ 0 & 0 & 0 & \cdots & 1 & a+b \end{vmatrix} = \frac{a^{n+1}-b^{n+1}}{a-b}, (a\neq b).$$

3. 用数学归纳法证明：$\begin{vmatrix} \cos\theta & 1 & 0 & \cdots & 0 & 0 \\ 1 & 2\cos\theta & 1 & \cdots & 0 & 0 \\ 0 & 1 & 2\cos\theta & \cdots & 0 & 0 \\ \vdots & \vdots & \vdots & & \vdots & \vdots \\ 0 & 0 & 0 & \cdots & 2\cos\theta & 1 \\ 0 & 0 & 0 & \cdots & 1 & 2\cos\theta \end{vmatrix} = \cos(n\theta).$

4. 证明：$2n$ 阶行列式 $\begin{vmatrix} a & & & & & b \\ & \ddots & & & \iddots & \\ & & a & b & & \\ & & b & a & & \\ & \iddots & & & \ddots & \\ b & & & & & a \end{vmatrix} = (a^2-b^2)^n.$

5. 设 $x_1, x_2, \cdots, x_n$ 为两两互不相同的实数. 证明：对任意 n 个实数 $y_1, y_2, \cdots, y_n$，存在 $n-1$ 次多项式 $f(x)=a_{n-1}x^{n-1}+\cdots+a_1x+a_0$，使得 $f(x_i)=y_i, i=1,2,\cdots,n$.

扫一扫，获取参考答案

第2章

矩　阵

矩阵是从许多实际问题中抽象出来的一个数学概念，是线性代数的重要内容之一，它贯穿线性代数的各个部分. 矩阵是许多学科中常用的数学工具，它在自然科学、工程技术和国民经济的许多领域中都有着广泛应用.

§2.1　矩阵的概念及其运算

定义1　mn 个数 a_{ij} $(i=1,2,\cdots,m;j=1,2,\cdots,n)$ 排成 m 行 n 列的矩形数表

$$\begin{pmatrix} a_{11} & a_{12} & \cdots & a_{1n} \\ a_{21} & a_{22} & \cdots & a_{2n} \\ \vdots & \vdots & & \vdots \\ a_{m1} & a_{m2} & \cdots & a_{mn} \end{pmatrix}$$

称为 $\boldsymbol{m\times n}$ **矩阵**，简称**矩阵**. a_{ij} 称为矩阵第 i 行第 j 列的元素.

一般用大写字母 $\boldsymbol{A},\boldsymbol{B},\boldsymbol{C},\cdots$ 表示矩阵，有时为了表明一个 $m\times n$ 矩阵 $\boldsymbol{A}$ 的行数和列数，也把它记为 $\boldsymbol{A}_{m\times n}$ 或 $(a_{ij})_{m\times n}$.

当 $m=n$ 时，矩阵 $\boldsymbol{A}=(a_{ij})_{n\times n}$ 称为 $\boldsymbol{n}$ **阶矩阵，或** $\boldsymbol{n}$ **阶方阵**；

当 $m=1$ 时，矩阵 $\boldsymbol{A}=(a_{ij})_{1\times n}$ 称为**行矩阵**；

当 $n=1$ 时,矩阵

$$\boldsymbol{A}=(a_{ij})_{m\times 1}=\begin{pmatrix}a_{11}\\a_{21}\\\vdots\\a_{m1}\end{pmatrix}$$

称为**列矩阵**;当 $m=n=1$ 时,我们把矩阵 $\boldsymbol{A}=(a_{11})_{1\times 1}$ 当成普通的数 a_{11} 来看待,即 $(a_{11})_{1\times 1}=a_{11}$.

例 1 矩阵

$$\boldsymbol{A}=\begin{pmatrix}2&0&3&1\\1&1&5&2\\3&2&4&3\end{pmatrix}$$

是 3×4 矩阵. $\boldsymbol{A}$ 的三个行 $(2,0,3,1)$,$(1,1,5,2)$,$(3,2,4,3)$ 称为矩阵 $\boldsymbol{A}$ 的**行向量**. $\boldsymbol{A}$ 的四个列

$$\begin{pmatrix}2\\1\\3\end{pmatrix},\quad\begin{pmatrix}0\\1\\2\end{pmatrix},\quad\begin{pmatrix}3\\5\\4\end{pmatrix},\quad\begin{pmatrix}1\\2\\3\end{pmatrix}$$

称为 $\boldsymbol{A}$ 的**列向量**.

注:矩阵和行列式虽然在形式上有些类似,但是它们的意义是截然不同的. 一个行列式是一个确定的值,而一个矩阵仅仅是一个数表. 行列式的行数与列数必须相同,而矩阵的行与列数可以不同.

定义 2 元素全为零的矩阵称为**零矩阵**,记为 $\boldsymbol{0}$ 或 $\boldsymbol{0}_{m\times n}$.

定义 3 设 $\boldsymbol{A}=(a_{ij})_{m\times n}$ 与 $\boldsymbol{B}=(b_{ij})_{l\times k}$ 是两个矩阵. 如果 $m=l$, $n=k$ 且 $a_{ij}=b_{ij}(i=1,2,\cdots,m;\ j=1,2,\cdots,n)$,则称这两个矩阵**相等**,记为 $\boldsymbol{A}=\boldsymbol{B}$.

两个矩阵相等的条件首先是这两个矩阵的行数与行数以及列数与列数都要相同;其次是对应的元素都要相等,即只有完全一样的矩阵才称为相等.

下面我们来定义矩阵的运算.

1. 加法

定义 4 设

$$\boldsymbol{A}=(a_{ij})_{m\times n}=\begin{pmatrix} a_{11} & a_{12} & \cdots & a_{1n} \\ a_{21} & a_{22} & \cdots & a_{2n} \\ \vdots & \vdots & & \vdots \\ a_{m1} & a_{m2} & \cdots & a_{mn} \end{pmatrix},$$

$$\boldsymbol{B}=(b_{ij})_{m\times n}=\begin{pmatrix} b_{11} & b_{12} & \cdots & b_{1n} \\ b_{21} & b_{22} & \cdots & b_{2n} \\ \vdots & \vdots & & \vdots \\ b_{m1} & b_{m2} & \cdots & b_{mn} \end{pmatrix}$$

是两个 $m\times n$ 矩阵,则矩阵

$$\boldsymbol{C}=(c_{ij})_{m\times n}=(a_{ij}+b_{ij})_{m\times n}=$$

$$\begin{pmatrix} a_{11}+b_{11} & a_{12}+b_{12} & \cdots & a_{1n}+b_{1n} \\ a_{21}+b_{21} & a_{22}+b_{22} & \cdots & a_{2n}+b_{2n} \\ \vdots & \vdots & & \vdots \\ a_{m1}+b_{m1} & a_{m2}+b_{m2} & \cdots & a_{mn}+b_{mn} \end{pmatrix}$$

称为 $\boldsymbol{A}$ 与 $\boldsymbol{B}$ 的**和**,记为 $\boldsymbol{A}+\boldsymbol{B}$.

注:两个矩阵必须在行数与列数分别相同时才能相加.

设 $\boldsymbol{A}=(a_{ij})_{m\times n}$,把 $(-a_{ij})_{m\times n}$ 称为 $\boldsymbol{A}$ 的负矩阵,记为 $-\boldsymbol{A}$. 由此可以定义矩阵的减法为

$$\boldsymbol{A}-\boldsymbol{B}=\boldsymbol{A}+(-\boldsymbol{B}).$$

2. 数量乘法

定义 5 设矩阵 $\boldsymbol{A}=(a_{ij})_{m\times n}$,$k$ 为数,称矩阵

$$(ka_{ij})_{m\times n}=\begin{pmatrix} ka_{11} & ka_{12} & \cdots & ka_{1n} \\ ka_{21} & ka_{22} & \cdots & ka_{2n} \\ \vdots & \vdots & & \vdots \\ ka_{m1} & ka_{m2} & \cdots & ka_{mn} \end{pmatrix}$$

为 $\boldsymbol{A}$ 与 k 的**数量乘积**,记为 $k\boldsymbol{A}$.

矩阵的加法和数量乘法统称为矩阵的**线性运算**. 容易验证,矩阵的线性运算满足以下运算律:

设 $\boldsymbol{A},\boldsymbol{B},\boldsymbol{C}$ 与 $\boldsymbol{0}$ 都是 $m\times n$ 矩阵,l,k 是数,则

(1) $\boldsymbol{A}+\boldsymbol{B}=\boldsymbol{B}+\boldsymbol{A}$;

(2) $(\boldsymbol{A}+\boldsymbol{B})+\boldsymbol{C}=\boldsymbol{A}+(\boldsymbol{B}+\boldsymbol{C})$;

(3) $\boldsymbol{A}+\boldsymbol{0}=\boldsymbol{A}$;

(4) $\boldsymbol{A}+(-\boldsymbol{A})=\boldsymbol{0}$;

(5) $1\cdot\boldsymbol{A}=\boldsymbol{A}$;

(6) $(k+l)\boldsymbol{A}=k\boldsymbol{A}+l\boldsymbol{A}$;

(7) $(kl)\boldsymbol{A}=k(l\boldsymbol{A})$;

(8) $k(\boldsymbol{A}+\boldsymbol{B})=k\boldsymbol{A}+k\boldsymbol{B}$.

例 2 设

$$\boldsymbol{A}=\begin{pmatrix}-1 & 2 & 4 & 3\\ 0 & 1 & 3 & 2\\ -2 & 3 & -1 & 4\end{pmatrix},\quad \boldsymbol{B}=\begin{pmatrix}3 & 0 & -1 & 5\\ 1 & -1 & 2 & 1\\ 2 & 1 & 4 & 3\end{pmatrix}.$$

求 $3\boldsymbol{A}-2\boldsymbol{B}$.

解

$$3\boldsymbol{A}-2\boldsymbol{B}=3\begin{pmatrix}-1 & 2 & 4 & 3\\ 0 & 1 & 3 & 2\\ -2 & 3 & -1 & 4\end{pmatrix}-2\begin{pmatrix}3 & 0 & -1 & 5\\ 1 & -1 & 2 & 1\\ 2 & 1 & 4 & 3\end{pmatrix}=$$

$$\begin{pmatrix}-3 & 6 & 12 & 9\\ 0 & 3 & 9 & 6\\ -6 & 9 & -3 & 12\end{pmatrix}-\begin{pmatrix}6 & 0 & -2 & 10\\ 2 & -2 & 4 & 2\\ 4 & 2 & 8 & 6\end{pmatrix}=$$

$$\begin{pmatrix}-3-6 & 6-0 & 12-(-2) & 9-10\\ 0-2 & 3-(-2) & 9-4 & 6-2\\ -6-4 & 9-2 & -3-8 & 12-6\end{pmatrix}=$$

$$\begin{pmatrix}-9 & 6 & 14 & -1\\ -2 & 5 & 5 & 4\\ -10 & 7 & -11 & 6\end{pmatrix}.$$

3. 乘法

定义 6 设

$$\boldsymbol{A}=(a_{ik})_{m\times n}=\begin{pmatrix}a_{11} & a_{12} & \cdots & a_{1n}\\ a_{21} & a_{22} & \cdots & a_{2n}\\ \vdots & \vdots & & \vdots\\ a_{m1} & a_{m2} & \cdots & a_{mn}\end{pmatrix},$$

$$\boldsymbol{B}=(b_{kj})_{n\times t}=\begin{pmatrix} b_{11} & b_{12} & \cdots & b_{1t} \\ b_{21} & b_{22} & \cdots & b_{2t} \\ \vdots & \vdots & & \vdots \\ b_{n1} & b_{n2} & \cdots & b_{nt} \end{pmatrix},$$

则矩阵

$$\boldsymbol{C}=(c_{ij})_{m\times t}=\begin{pmatrix} c_{11} & c_{12} & \cdots & c_{1t} \\ c_{21} & c_{22} & \cdots & c_{2t} \\ \vdots & \vdots & & \vdots \\ c_{m1} & c_{m2} & \cdots & c_{mt} \end{pmatrix},$$

其中 $c_{ij}=a_{i1}b_{1j}+a_{i2}b_{2j}+\cdots+a_{in}b_{nj}=\sum\limits_{k=1}^{n}a_{ik}b_{kj}$

称为 $\boldsymbol{A}$ 与 $\boldsymbol{B}$ 的**乘积**,记为 $\boldsymbol{AB}$.

由矩阵乘法的定义可以看出,矩阵 $\boldsymbol{A}$ 与 $\boldsymbol{B}$ 的乘积 $\boldsymbol{C}$ 的第 i 行第 j 列的元素等于第一个矩阵 $\boldsymbol{A}$ 的第 i 行与第二个矩阵 $\boldsymbol{B}$ 的第 j 列的对应元素乘积的和. 当然,两个矩阵只有当第一个矩阵的列数等于第二个矩阵的行数时才能相乘. 用图式表示就是

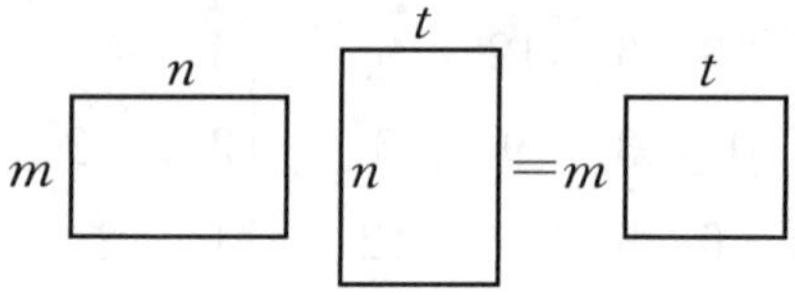

例 3 设

$$\boldsymbol{A}=\begin{pmatrix} 1 & 2 & 0 \\ 2 & 1 & 3 \end{pmatrix},\qquad \boldsymbol{B}=\begin{pmatrix} 2 & 3 & 0 \\ 1 & -2 & -1 \\ 3 & 1 & 1 \end{pmatrix}.$$

则

$$\boldsymbol{C}=\boldsymbol{AB}=\begin{pmatrix} 1 & 2 & 0 \\ 2 & 1 & 3 \end{pmatrix}\begin{pmatrix} 2 & 3 & 0 \\ 1 & -2 & -1 \\ 3 & 1 & 1 \end{pmatrix}=\begin{pmatrix} 4 & -1 & -2 \\ 14 & 7 & 2 \end{pmatrix}.$$

下面讨论矩阵乘法的运算规律.

设有矩阵

$$\boldsymbol{A}=\begin{pmatrix} -5 & -3 \\ 10 & 6 \end{pmatrix},\quad \boldsymbol{B}=\begin{pmatrix} 2 & 1 \\ 8 & 4 \end{pmatrix}.$$

则有

$$AB=\begin{pmatrix}-5&-3\\10&6\end{pmatrix}\begin{pmatrix}2&1\\8&4\end{pmatrix}=\begin{pmatrix}-34&-17\\68&34\end{pmatrix},$$

$$BA=\begin{pmatrix}2&1\\8&4\end{pmatrix}\begin{pmatrix}-5&-3\\10&6\end{pmatrix}=\begin{pmatrix}0&0\\0&0\end{pmatrix}.$$

由此可以看出矩阵的乘法不满足交换律. 即一般说来

$$\boldsymbol{AB}\neq\boldsymbol{BA}.$$

同时我们看到,两个非零矩阵的乘积可以是零矩阵,由此还可得出矩阵乘法的消去律不成立. 即当 $\boldsymbol{AB}=\boldsymbol{AC}$ 时不一定有 $\boldsymbol{B}=\boldsymbol{C}$.

但是矩阵乘法满足以下运算律:

(1) 结合律:$(\boldsymbol{AB})\boldsymbol{C}=\boldsymbol{A}(\boldsymbol{BC})$;

(2) 分配律:$\boldsymbol{A}(\boldsymbol{B}+\boldsymbol{C})=\boldsymbol{AB}+\boldsymbol{AC}$,

$(\boldsymbol{A}+\boldsymbol{B})\boldsymbol{C}=\boldsymbol{AC}+\boldsymbol{BC}$;

(3) 对任何数 k,有 $k(\boldsymbol{AB})=(k\boldsymbol{A})\boldsymbol{B}=\boldsymbol{A}(k\boldsymbol{B})$.

证 (1) 设

$$\boldsymbol{A}=(a_{ij})_{s\times n},\quad \boldsymbol{B}=(b_{ij})_{n\times m},\quad \boldsymbol{C}=(c_{ij})_{m\times t}.$$

令

$$\boldsymbol{V}=\boldsymbol{AB}=(v_{ij})_{s\times m},\quad \boldsymbol{W}=\boldsymbol{BC}=(w_{ij})_{n\times t},$$

其中

$$v_{il}=\sum_{k=1}^{n}a_{ik}b_{kl},\quad w_{kj}=\sum_{l=1}^{m}b_{kl}c_{lj}.$$

因此$(\boldsymbol{AB})\boldsymbol{C}=\boldsymbol{VC}$ 的第 i 行第 j 列的元素为

$$\sum_{l=1}^{m}v_{il}c_{lj}=\sum_{l=1}^{m}\left(\sum_{k=1}^{n}a_{ik}b_{kl}\right)c_{lj}=\sum_{l=1}^{m}\sum_{k=1}^{n}a_{ik}b_{kl}c_{lj}.\tag{2.1.1}$$

而 $\boldsymbol{A}(\boldsymbol{BC})=\boldsymbol{AW}$ 的第 i 行第 j 列的元素为

$$\sum_{k=1}^{n}a_{ik}w_{kj}=\sum_{k=1}^{n}a_{ik}\left(\sum_{l=1}^{m}b_{kl}c_{lj}\right)=\sum_{k=1}^{n}\sum_{l=1}^{m}a_{ik}b_{kl}c_{lj}.\tag{2.1.2}$$

由于双重求和号可以交换次序,所以式(2.1.1)和式(2.1.2)的结果是相同的,这就证明了结合律.

运算律(2),(3)由读者验证.

定义 7 主对角线上的元素全是 1,其余元素全是 0 的$n\times n$矩阵

$$\begin{pmatrix} 1 & 0 & \cdots & 0 \\ 0 & 1 & \cdots & 0 \\ \vdots & \vdots & & \vdots \\ 0 & 0 & \cdots & 1 \end{pmatrix}$$

称为 n 阶**单位矩阵**,记为 $\boldsymbol{E}_n$,或简记为 $\boldsymbol{E}$. 容易验证

$$\boldsymbol{E}_m\boldsymbol{A}_{m\times n}=\boldsymbol{A}_{m\times n},$$

$$\boldsymbol{A}_{m\times n}\boldsymbol{E}_n=\boldsymbol{A}_{m\times n}.$$

定义 8 设 $\boldsymbol{A}$ 是 n 阶方阵,k 是正整数,称 k 个 $\boldsymbol{A}$ 的连乘积为 $\boldsymbol{A}$ 的 k 次幂,记为 $\boldsymbol{A}^k$. 即

$$\boldsymbol{A}^k=\underbrace{\boldsymbol{A}\,\boldsymbol{A}\,\cdots\,\boldsymbol{A}}_{k个}.$$

当 k,l 为正整数时,由矩阵的乘法的结合律不难验证

$$\boldsymbol{A}^k\boldsymbol{A}^l=\boldsymbol{A}^{k+l},$$

$$(\boldsymbol{A}^k)^l=\boldsymbol{A}^{kl}.$$

因为矩阵的乘法不满足交换律,所以一般地

$$(\boldsymbol{AB})^k\neq\boldsymbol{A}^k\boldsymbol{B}^k.$$

4. 矩阵的转置

定义 9 设 $m\times n$ 矩阵

$$\boldsymbol{A}=\begin{pmatrix} a_{11} & a_{12} & \cdots & a_{1n} \\ a_{21} & a_{22} & \cdots & a_{2n} \\ \vdots & \vdots & & \vdots \\ a_{m1} & a_{m2} & \cdots & a_{mn} \end{pmatrix}.$$

称 $n\times m$ 矩阵

$$\begin{pmatrix} a_{11} & a_{21} & \cdots & a_{m1} \\ a_{12} & a_{22} & \cdots & a_{m2} \\ \vdots & \vdots & & \vdots \\ a_{1n} & a_{2n} & \cdots & a_{mn} \end{pmatrix}$$

为 $\boldsymbol{A}$ 的**转置**,记为 $\boldsymbol{A}^{\mathrm{T}}$.

矩阵的转置适合以下的规律：

(1) $(\boldsymbol{A}^{\mathrm{T}})^{\mathrm{T}}=\boldsymbol{A}$；

(2) $(\boldsymbol{A}+\boldsymbol{B})^{\mathrm{T}}=\boldsymbol{A}^{\mathrm{T}}+\boldsymbol{B}^{\mathrm{T}}$；

(3) $(k\boldsymbol{A})^{\mathrm{T}}=k\boldsymbol{A}^{\mathrm{T}}$，其中 k 为常数；

(4) $(\boldsymbol{A}\boldsymbol{B})^{\mathrm{T}}=\boldsymbol{B}^{\mathrm{T}}\boldsymbol{A}^{\mathrm{T}}$.

前三个式子容易验证，下面只证明(4).

设

$$\boldsymbol{A}=\begin{pmatrix} a_{11} & a_{12} & \cdots & a_{1n} \\ a_{21} & a_{22} & \cdots & a_{2n} \\ \vdots & \vdots & & \vdots \\ a_{m1} & a_{m2} & \cdots & a_{mn} \end{pmatrix}, \quad \boldsymbol{B}=\begin{pmatrix} b_{11} & b_{12} & \cdots & b_{1t} \\ b_{21} & b_{22} & \cdots & b_{2t} \\ \vdots & \vdots & & \vdots \\ b_{n1} & b_{n2} & \cdots & b_{nt} \end{pmatrix}.$$

首先 $(\boldsymbol{A}\boldsymbol{B})^{\mathrm{T}}$ 与 $\boldsymbol{B}^{\mathrm{T}}\boldsymbol{A}^{\mathrm{T}}$ 都是 $t\times m$ 矩阵，其次 $\boldsymbol{A}\boldsymbol{B}$ 的第 i 行第 j 列的元素为

$$\sum_{k=1}^{n} a_{ik}b_{kj},$$

所以 $(\boldsymbol{A}\boldsymbol{B})^{\mathrm{T}}$ 的第 i 行第 j 列的元素为

$$\sum_{k=1}^{n} a_{jk}b_{ki}.$$

另一方面，$\boldsymbol{B}^{\mathrm{T}}$ 的第 i 行第 k 列的元素是 b_{ki}，$\boldsymbol{A}^{\mathrm{T}}$ 的第 k 行第 j 列的元素是 a_{jk}. 因此，$\boldsymbol{B}^{\mathrm{T}}\boldsymbol{A}^{\mathrm{T}}$ 中第 i 行第 j 列的元素是

$$\sum_{k=1}^{n} b_{ki}a_{jk}=\sum_{k=1}^{n} a_{jk}b_{ki}.$$

这就证明了 $(\boldsymbol{A}\boldsymbol{B})^{\mathrm{T}}=\boldsymbol{B}^{\mathrm{T}}\boldsymbol{A}^{\mathrm{T}}$.

一般，我们用归纳法容易证明

$$(\boldsymbol{A}_1+\boldsymbol{A}_2+\cdots+\boldsymbol{A}_s)^{\mathrm{T}}=\boldsymbol{A}_1^{\mathrm{T}}+\boldsymbol{A}_2^{\mathrm{T}}+\cdots+\boldsymbol{A}_s^{\mathrm{T}},$$

$$(\boldsymbol{A}_1\boldsymbol{A}_2\cdots\boldsymbol{A}_s)^{\mathrm{T}}=\boldsymbol{A}_s^{\mathrm{T}}\boldsymbol{A}_{n-1}^{\mathrm{T}}\cdots\boldsymbol{A}_2^{\mathrm{T}}\boldsymbol{A}_1^{\mathrm{T}}.$$

习题 2.1

1. 设矩阵

$$\boldsymbol{A}=\begin{pmatrix} 1 & -3 & 2 & 3 \\ 3 & -4 & 1 & 2 \\ 2 & 0 & 3 & -2 \end{pmatrix}, \quad \boldsymbol{B}=\begin{pmatrix} 2 & -2 & 0 & 1 \\ -1 & 3 & 2 & 5 \\ -2 & 3 & 0 & -3 \end{pmatrix}.$$

求(1) $\boldsymbol{A}+\boldsymbol{B}$；(2) $3\boldsymbol{A}-2\boldsymbol{B}$.

2. 设

$$A=\begin{pmatrix}5&-2&0\\0&-3&1\\-2&2&1\end{pmatrix},\quad B=\begin{pmatrix}3&2&-1&-2\\4&0&1&-1\\-2&-1&2&0\end{pmatrix}.$$

求(1)B^{T};(2)AB;(3)$B^{\mathrm{T}}A$;(4)$A^{\mathrm{T}}B$.

3. 设 $A=\begin{pmatrix}2&1&1\\3&1&0\\0&1&2\end{pmatrix}$. 求 $A^2-2A-3E$.

4. 设 $A=\begin{pmatrix}1&1&0\\0&1&0\\0&0&2\end{pmatrix}$. 求 A^n,n 为正整数.

§2.2 矩阵的行列式与逆

在 2.1 节中我们对矩阵定义了与数相仿的加、减、乘三种运算,那么给了两个矩阵,能否做除法呢?本节我们来讨论这一问题.

1. 矩阵的行列式

定义 10 由 n 阶方阵 $A=(a_{ij})_{n\times n}$ 的元素按原来的位置构成的 n 阶行列式

$$\begin{vmatrix}a_{11}&a_{12}&\cdots&a_{1n}\\a_{21}&a_{22}&\cdots&a_{2n}\\\vdots&\vdots&&\vdots\\a_{n1}&a_{n2}&\cdots&a_{nn}\end{vmatrix}$$

称为方阵 A 的行列式,记为 $|A|$.

注:只有方阵才能定义行列式.

方阵的行列式具有以下性质:

(1) $|A^{\mathrm{T}}|=|A|$;

(2) $|kA|=k^n|A|$ (k 为常数);

(3) $|AB|=|A||B|$.

性质(1)和(2)可由行列式性质直接得到,性质(3)的证明从略.我们用一个例子来验证它.

例 1 设

$$A=\begin{pmatrix}1 & 1\\ -1 & 2\end{pmatrix},\quad B=\begin{pmatrix}2 & -1\\ 1 & 0\end{pmatrix}.$$

则

$$AB=\begin{pmatrix}3 & -1\\ 0 & 1\end{pmatrix},\qquad |AB|=\begin{vmatrix}3 & -1\\ 0 & 1\end{vmatrix}=3.$$

而$|A|=\begin{vmatrix}1 & 1\\ -1 & 2\end{vmatrix}=3$，$|B|=\begin{vmatrix}2 & -1\\ 1 & 0\end{vmatrix}=1$，所以

$$|AB|=|A||B|.$$

用数学归纳法，不难把性质(3)推广到多个因子的情形，即

若$A_1,A_2,\cdots,A_m$是m个同阶方阵，则

$$|A_1A_2\cdots A_m|=|A_1||A_2|\cdots|A_m|.$$

定义 11 设A是n阶方阵. 如果$|A|\neq0$，则称A为**非奇异矩阵**(或**非退化矩阵**)；如果$|A|=0$，则称A为**奇异矩阵**.

利用性质(3)，我们可以得到如下推论.

推论 设A,B是n阶方阵，则AB是非奇异矩阵的充分必要条件是A和B都是非奇异矩阵.

2. 矩阵的逆

定义 12 设A是n阶方阵. 如果有n阶方阵B，使得

$$AB=BA=E. \tag{2.2.1}$$

则称A是**可逆的**.

首先我们指出，只有方阵才能满足式(2.2.1)，其次，若方阵A可逆，满足式(2.2.1)的矩阵B是惟一的. 事实上，如果B_1,B_2是两个都适合式(2.2.1)的矩阵，则

$$B_1=B_1E=B_1(AB_2)=(B_1A)B_2=EB_2=B_2.$$

定义 13 如果矩阵B适合式(2.2.1)，则B称为矩阵A的**逆矩阵**，记为A^{-1}.

下面我们讨论在什么条件下矩阵可逆？如果矩阵A可逆，怎样求A^{-1}？

定义 14 设A_{ij}是n阶方阵$A=(a_{ij})_{n\times n}$的行列式$|A|$中元素a_{ij}的代数余子式，矩阵

$$\begin{pmatrix} \boldsymbol{A}_{11} & \boldsymbol{A}_{21} & \cdots & \boldsymbol{A}_{n1} \\ \boldsymbol{A}_{12} & \boldsymbol{A}_{22} & \cdots & \boldsymbol{A}_{n2} \\ \vdots & \vdots & & \vdots \\ \boldsymbol{A}_{1n} & \boldsymbol{A}_{2n} & \cdots & \boldsymbol{A}_{nn} \end{pmatrix}$$

称为 $\boldsymbol{A}$ 的**伴随矩阵**,记为 $\boldsymbol{A}^*$.

由行列式按一行(列)展开的公式立即得出:

$$\boldsymbol{A}\boldsymbol{A}^* = \boldsymbol{A}^*\boldsymbol{A} = \begin{pmatrix} |\boldsymbol{A}| & 0 & \cdots & 0 \\ 0 & |\boldsymbol{A}| & \cdots & 0 \\ \vdots & \vdots & & \vdots \\ 0 & 0 & \cdots & |\boldsymbol{A}| \end{pmatrix} = |\boldsymbol{A}|\boldsymbol{E}. \quad (2.2.2)$$

如果 $|\boldsymbol{A}| \neq 0$,则由式(2.2.2)得

$$\boldsymbol{A}\left(\frac{1}{|\boldsymbol{A}|}\boldsymbol{A}^*\right) = \left(\frac{1}{|\boldsymbol{A}|}\boldsymbol{A}^*\right)\boldsymbol{A} = \boldsymbol{E}. \quad (2.2.3)$$

定理 1 n 阶方阵 $\boldsymbol{A}$ 是可逆的充分必要条件是 $\boldsymbol{A}$ 非奇异,且

$$\boldsymbol{A}^{-1} = \frac{1}{|\boldsymbol{A}|}\boldsymbol{A}^*. \quad (2.2.4)$$

证 设 $\boldsymbol{A}$ 非奇异,则 $|\boldsymbol{A}| \neq 0$,由式(2.2.3)可知,$\boldsymbol{A}$ 可逆,且

$$\boldsymbol{A}^{-1} = \frac{1}{|\boldsymbol{A}|}\boldsymbol{A}^*.$$

反过来,如果 $\boldsymbol{A}$ 可逆,则有 $\boldsymbol{A}^{-1}$ 使

$$\boldsymbol{A}\boldsymbol{A}^{-1} = \boldsymbol{E}.$$

两边取行列式,得

$$|\boldsymbol{A}|\,|\boldsymbol{A}^{-1}| = |\boldsymbol{E}| = 1.$$

因此 $|\boldsymbol{A}| \neq 0$,即 $\boldsymbol{A}$ 非奇异.

推论 设 $\boldsymbol{A}$ 是 n 阶方阵. 如果存在 n 阶方阵 $\boldsymbol{B}$ 使得 $\boldsymbol{A}\boldsymbol{B} = \boldsymbol{E}$(或 $\boldsymbol{B}\boldsymbol{A} = \boldsymbol{E}$),则 $\boldsymbol{A}$ 可逆,且 $\boldsymbol{B} = \boldsymbol{A}^{-1}$.

证 由 $\boldsymbol{A}\boldsymbol{B} = \boldsymbol{E}$ 可知 $|\boldsymbol{A}| \neq 0$. 因此 $\boldsymbol{A}$ 可逆,且

$$\boldsymbol{B} = \boldsymbol{E}\boldsymbol{B} = (\boldsymbol{A}^{-1}\boldsymbol{A})\boldsymbol{B} = \boldsymbol{A}^{-1}(\boldsymbol{A}\boldsymbol{B}) = \boldsymbol{A}^{-1}\boldsymbol{E} = \boldsymbol{A}^{-1}.$$

此推论为检验 $\boldsymbol{B}$ 是否为 $\boldsymbol{A}$ 的逆矩阵提供了方便,只需验证式(2.2.1)中两个等式 $\boldsymbol{A}\boldsymbol{B} = \boldsymbol{E} = \boldsymbol{B}\boldsymbol{A}$ 中的一个就可以了.

定理 1 不仅给出了一个矩阵可逆的条件,同时也给出了求逆矩阵的方法.

例 2 设

$$\boldsymbol{A}=\begin{pmatrix}2&2&3\\1&-1&0\\-1&2&1\end{pmatrix}.$$

求 $\boldsymbol{A}^{-1}$.

解 因为

$$|\boldsymbol{A}|=\begin{vmatrix}2&2&3\\1&-1&0\\-1&2&1\end{vmatrix}=-1\neq0,$$

所以 $\boldsymbol{A}$ 可逆.

因为

$$\boldsymbol{A}_{11}=\begin{vmatrix}-1&0\\2&1\end{vmatrix}=-1,\qquad \boldsymbol{A}_{12}=-\begin{vmatrix}1&0\\-1&1\end{vmatrix}=-1,$$

$$\boldsymbol{A}_{13}=\begin{vmatrix}1&-1\\-1&2\end{vmatrix}=1,\qquad \boldsymbol{A}_{21}=-\begin{vmatrix}2&3\\2&1\end{vmatrix}=4,$$

$$\boldsymbol{A}_{22}=\begin{vmatrix}2&3\\-1&1\end{vmatrix}=5,\qquad \boldsymbol{A}_{23}=-\begin{vmatrix}2&2\\-1&2\end{vmatrix}=-6,$$

$$\boldsymbol{A}_{31}=\begin{vmatrix}2&3\\-1&0\end{vmatrix}=3,\qquad \boldsymbol{A}_{32}=-\begin{vmatrix}2&3\\1&0\end{vmatrix}=3,$$

$$\boldsymbol{A}_{33}=\begin{vmatrix}2&2\\1&-1\end{vmatrix}=-4.$$

所以

$$\boldsymbol{A}^{*}=\begin{pmatrix}\boldsymbol{A}_{11}&\boldsymbol{A}_{21}&\boldsymbol{A}_{31}\\\boldsymbol{A}_{12}&\boldsymbol{A}_{22}&\boldsymbol{A}_{32}\\\boldsymbol{A}_{13}&\boldsymbol{A}_{23}&\boldsymbol{A}_{33}\end{pmatrix}=\begin{pmatrix}-1&4&3\\-1&5&3\\1&-6&-4\end{pmatrix}.$$

于是

$$\boldsymbol{A}^{-1}=\frac{1}{|\boldsymbol{A}|}\boldsymbol{A}^{*}=(-1)\begin{pmatrix}-1&4&3\\-1&5&3\\1&-6&-4\end{pmatrix}=\begin{pmatrix}1&-4&-3\\1&-5&-3\\-1&6&4\end{pmatrix}.$$

由例 2 可看出，通过求伴随矩阵的方法求矩阵的逆，计算量一般是很大的，以后将给出另一种方法.

最后,我们介绍可逆矩阵的一些性质:

(1) 若 $\boldsymbol{A}$ 可逆,则 $\boldsymbol{A}^{-1}$ 也可逆,且 $(\boldsymbol{A}^{-1})^{-1}=\boldsymbol{A}$;

(2) 若 $\boldsymbol{A}$ 可逆,数 $k\neq 0$,则 $k\boldsymbol{A}$ 可逆,且 $(k\boldsymbol{A})^{-1}=\dfrac{1}{k}\boldsymbol{A}^{-1}$;

(3) 若 $\boldsymbol{A}$ 可逆,则 $\boldsymbol{A}^{\mathrm{T}}$ 也可逆,且 $(\boldsymbol{A}^{\mathrm{T}})^{-1}=(\boldsymbol{A}^{-1})^{\mathrm{T}}$;

(4) 若 $\boldsymbol{A},\boldsymbol{B}$ 是两个同阶的可逆矩阵,则 $\boldsymbol{AB}$ 也可逆,且 $(\boldsymbol{AB})^{-1}=\boldsymbol{B}^{-1}\boldsymbol{A}^{-1}$.

证 我们只证明性质(4).

因为 $\boldsymbol{A},\boldsymbol{B}$ 可逆,所以存在 $\boldsymbol{A}^{-1},\boldsymbol{B}^{-1}$ 使 $\boldsymbol{AA}^{-1}=\boldsymbol{E},\boldsymbol{BB}^{-1}=\boldsymbol{E}$,于是 $(\boldsymbol{AB})(\boldsymbol{B}^{-1}\boldsymbol{A}^{-1})=\boldsymbol{A}(\boldsymbol{BB}^{-1})\boldsymbol{A}^{-1}=\boldsymbol{AEA}^{-1}=\boldsymbol{AA}^{-1}=\boldsymbol{E}$. 所以,$\boldsymbol{AB}$ 可逆,且 $(\boldsymbol{AB})^{-1}=\boldsymbol{B}^{-1}\boldsymbol{A}^{-1}$.

性质(4)可以推广到有限多个情形,即若 $\boldsymbol{A}_1,\boldsymbol{A}_2,\cdots,\boldsymbol{A}_m$ 都是同阶可逆矩阵,则 $\boldsymbol{A}_1\boldsymbol{A}_2\cdots\boldsymbol{A}_m$ 也可逆,且

$$(\boldsymbol{A}_1\boldsymbol{A}_2\cdots\boldsymbol{A}_m)^{-1}=\boldsymbol{A}_m^{-1}\cdots\boldsymbol{A}_2^{-1}\boldsymbol{A}_1^{-1}.$$

习题 2.2

1. 设 $\boldsymbol{A}$ 是 4 阶矩阵,且行列式 $|\boldsymbol{A}|=2$. 将 $\boldsymbol{A}$ 的第 2 行的 (-3) 倍加到第 4 行得矩阵 $\boldsymbol{B}$,再交换 $\boldsymbol{B}$ 的第 1 列与第 3 列得矩阵 $\boldsymbol{C}$,最后将 $\boldsymbol{C}$ 的第 3 行乘以 $\dfrac{1}{2}$ 得到矩阵 $\boldsymbol{D}$. 求矩阵 $-2\boldsymbol{D}^{\mathrm{T}}$ 的行列式.

2. 求下列矩阵的伴随矩阵和逆

(1) $\begin{pmatrix} a & b \\ c & d \end{pmatrix}$ $(ad-bc\neq 0)$; (2) $\begin{pmatrix} 1 & 5 & 2 \\ 0 & 3 & 10 \\ 1 & 2 & 1 \end{pmatrix}$.

3. 设 n 阶方阵 $\boldsymbol{A}$ 满足 $\boldsymbol{A}^2-5\boldsymbol{A}-5\boldsymbol{E}=0$,试证明 $\boldsymbol{A}+\boldsymbol{E}$ 可逆,并求 $(\boldsymbol{A}+\boldsymbol{E})^{-1}$.

4. 设矩阵 $\boldsymbol{A}$ 满足 $\boldsymbol{A}^k=0$,k 为正整数. 证明:$(\boldsymbol{E}-\boldsymbol{A})^{-1}=\boldsymbol{E}+\boldsymbol{A}+\boldsymbol{A}^2+\cdots+\boldsymbol{A}^{k-1}$.

§2.3 矩阵的分块

这一节我们介绍一种处理阶数较大的矩阵时常用的技巧——矩阵的分块.它将高阶矩阵看成是由一些低阶矩阵所组成,通过分块,可以使高阶矩阵的运算化为低阶矩阵的运算.由于矩阵分块后表达形式简明,因此无论在理论证明中,还是在计算中,矩阵分块的方法都已被广泛地应用.

1. 分块矩阵的概念

所谓矩阵分块,就是将矩阵 $\boldsymbol{A}$ 用一些水平线和竖直线分成若干小矩阵,每一个小矩阵称为 $\boldsymbol{A}$ 的**子阵**或**子块**,以这些子块为元素构成的矩阵,称为**分块矩阵**.例如把下列 4×5 矩阵 $\boldsymbol{A}$ 分为四块:

$$\boldsymbol{A}=\left(\begin{array}{ccc:cc} a_{11} & a_{12} & a_{13} & a_{14} & a_{15} \\ a_{21} & a_{22} & a_{23} & a_{24} & a_{25} \\ a_{31} & a_{32} & a_{33} & a_{34} & a_{35} \\ \hdashline a_{41} & a_{42} & a_{43} & a_{44} & a_{45} \end{array}\right)=\begin{pmatrix} \boldsymbol{A}_{11} & \boldsymbol{A}_{12} \\ \boldsymbol{A}_{21} & \boldsymbol{A}_{22} \end{pmatrix}, \qquad (2.3.1)$$

其中,

$$\boldsymbol{A}_{11}=\begin{pmatrix} a_{11} & a_{12} & a_{13} \\ a_{21} & a_{22} & a_{23} \\ a_{31} & a_{32} & a_{33} \end{pmatrix}, \quad \boldsymbol{A}_{12}=\begin{pmatrix} a_{14} & a_{15} \\ a_{24} & a_{25} \\ a_{34} & a_{35} \end{pmatrix},$$

$$\boldsymbol{A}_{21}=(a_{41} \quad a_{42} \quad a_{43}), \quad \boldsymbol{A}_{22}=(a_{44} \quad a_{45}).$$

一个矩阵的分块,可以是任意的,如上面的矩阵 $\boldsymbol{A}$ 还可以做如下分块:

$$\boldsymbol{A}=\left(\begin{array}{cc:cc:c} a_{11} & a_{12} & a_{13} & a_{14} & a_{15} \\ a_{21} & a_{22} & a_{23} & a_{24} & a_{25} \\ \hdashline a_{31} & a_{32} & a_{33} & a_{34} & a_{35} \\ a_{41} & a_{42} & a_{43} & a_{44} & a_{45} \end{array}\right)=\begin{pmatrix} \boldsymbol{A}_{11} & \boldsymbol{A}_{12} & \boldsymbol{A}_{13} \\ \boldsymbol{A}_{21} & \boldsymbol{A}_{22} & \boldsymbol{A}_{23} \end{pmatrix},$$

$$\boldsymbol{A}=\left(\begin{array}{c:c:c:c:c} a_{11} & a_{12} & a_{13} & a_{14} & a_{15} \\ a_{21} & a_{22} & a_{23} & a_{24} & a_{25} \\ a_{31} & a_{32} & a_{33} & a_{34} & a_{35} \\ a_{41} & a_{42} & a_{43} & a_{44} & a_{45} \end{array}\right)=(\boldsymbol{A}_1 \ \boldsymbol{A}_2 \ \boldsymbol{A}_3 \ \boldsymbol{A}_4 \ \boldsymbol{A}_5),$$

等等.

2. 分块矩阵的运算

分块矩阵的运算规则与普通矩阵的运算规则类似.

设 $\boldsymbol{A},\boldsymbol{B}$ 是 $m\times n$ 矩阵,对 $\boldsymbol{A},\boldsymbol{B}$ 采用相同的分法:

$$\boldsymbol{A}=\begin{pmatrix}\boldsymbol{A}_{11} & \cdots & \boldsymbol{A}_{1q}\\ \vdots & & \vdots\\ \boldsymbol{A}_{p1} & \cdots & \boldsymbol{A}_{pq}\end{pmatrix},\quad \boldsymbol{B}=\begin{pmatrix}\boldsymbol{B}_{11} & \cdots & \boldsymbol{B}_{1q}\\ \vdots & & \vdots\\ \boldsymbol{B}_{p1} & \cdots & \boldsymbol{B}_{pq}\end{pmatrix},$$

其中对应的子块 $\boldsymbol{A}_{ij}$ 与 $\boldsymbol{B}_{ij}$ 有相同的行数和列数. 则

$$\boldsymbol{A}+\boldsymbol{B}=\begin{pmatrix}\boldsymbol{A}_{11}+\boldsymbol{B}_{11} & \cdots & \boldsymbol{A}_{1q}+\boldsymbol{B}_{1q}\\ \vdots & & \vdots\\ \boldsymbol{A}_{p1}+\boldsymbol{B}_{p1} & \cdots & \boldsymbol{A}_{pq}+\boldsymbol{B}_{pq}\end{pmatrix}.$$

设 k 是一个数,则

$$k\boldsymbol{A}=\begin{pmatrix}k\boldsymbol{A}_{11} & \cdots & k\boldsymbol{A}_{1q}\\ \vdots & & \vdots\\ k\boldsymbol{A}_{p1} & \cdots & k\boldsymbol{A}_{pq}\end{pmatrix}.$$

在分块矩阵的运算中,最常用到的是分块矩阵的乘法. 由于两个矩阵相乘时,第一个矩阵的列数必须等于第二个矩阵的行数,所以用分块矩阵计算 $\boldsymbol{AB}$ 时,对矩阵 $\boldsymbol{A}$ 的列的分法,必须与矩阵 $\boldsymbol{B}$ 的行的分法相同.

设 $\boldsymbol{A}$ 是 $m\times l$ 矩阵,$\boldsymbol{B}$ 是 $l\times n$ 矩阵,把 $\boldsymbol{A},\boldsymbol{B}$ 分块如下:

$$\boldsymbol{A}=\begin{pmatrix}\boldsymbol{A}_{11} & \boldsymbol{A}_{12} & \cdots & \boldsymbol{A}_{1t}\\ \boldsymbol{A}_{21} & \boldsymbol{A}_{22} & \cdots & \boldsymbol{A}_{2t}\\ \vdots & \vdots & & \vdots\\ \boldsymbol{A}_{r1} & \boldsymbol{A}_{r2} & \cdots & \boldsymbol{A}_{rt}\end{pmatrix},\quad \boldsymbol{B}=\begin{pmatrix}\boldsymbol{B}_{11} & \boldsymbol{B}_{12} & \cdots & \boldsymbol{B}_{1s}\\ \boldsymbol{B}_{21} & \boldsymbol{B}_{22} & \cdots & \boldsymbol{B}_{2s}\\ \vdots & \vdots & & \vdots\\ \boldsymbol{B}_{t1} & \boldsymbol{B}_{t2} & \cdots & \boldsymbol{B}_{ts}\end{pmatrix},$$

其中 $\boldsymbol{A}$ 的第 i 行($i=1,2,\cdots,r$)的子块 A_{ik} 的列数与 $\boldsymbol{B}$ 的第 j 列($j=1,2,\cdots,s$)的子块 $\boldsymbol{B}_{kj}$ 的行数相同($k=1,2,\cdots,t$). 则

$$\boldsymbol{AB}=\begin{pmatrix}\boldsymbol{C}_{11} & \boldsymbol{C}_{12} & \cdots & \boldsymbol{C}_{1s}\\ \boldsymbol{C}_{21} & \boldsymbol{C}_{22} & \cdots & \boldsymbol{C}_{2s}\\ \vdots & \vdots & & \vdots\\ \boldsymbol{C}_{r1} & \boldsymbol{C}_{r2} & \cdots & \boldsymbol{C}_{rs}\end{pmatrix},$$

其中 $\boldsymbol{C}_{ij}=\boldsymbol{A}_{i1}\boldsymbol{B}_{1j}+\boldsymbol{A}_{i2}\boldsymbol{B}_{2j}+\cdots+\boldsymbol{A}_{it}\boldsymbol{B}_{tj}\ \ (i=1,2,\cdots,r;\ j=1,2,\cdots,s)$.

例1 设

$$A=\begin{pmatrix}1&0&0&0\\0&1&0&0\\0&0&2&0\\0&0&1&-1\\0&0&0&1\end{pmatrix},\quad B=\begin{pmatrix}1&0&3&2\\-1&2&0&1\\1&0&4&1\\-1&-1&2&0\end{pmatrix},$$

求 AB.

解 对 A,B 作如下分块

$$A=\left(\begin{array}{cc:cc}1&0&0&0\\0&1&0&0\\\hdashline 0&0&2&0\\0&0&1&-1\\0&0&0&1\end{array}\right)=\begin{pmatrix}E_2&0\\0&A_1\end{pmatrix},$$

$$B=\left(\begin{array}{cc:cc}1&0&3&2\\-1&2&0&1\\\hdashline 1&0&4&1\\-1&-1&2&0\end{array}\right)=\begin{pmatrix}B_1&B_2\\B_3&B_4\end{pmatrix}.$$

则

$$AB=\begin{pmatrix}E_2&0\\0&A_1\end{pmatrix}\begin{pmatrix}B_1&B_2\\B_3&B_4\end{pmatrix}=\begin{pmatrix}E_2B_1+0B_3&E_2B_2+0B_4\\0B_1+A_1B_3&0B_2+A_1B_4\end{pmatrix}=$$

$$\begin{pmatrix}B_1&B_2\\A_1B_3&A_1B_4\end{pmatrix}.$$

因为

$$A_1B_3=\begin{pmatrix}2&0\\1&-1\\0&1\end{pmatrix}\begin{pmatrix}1&0\\-1&-1\end{pmatrix}=\begin{pmatrix}2&0\\2&1\\1&-1\end{pmatrix},$$

$$A_1B_4=\begin{pmatrix}2&0\\1&-1\\0&1\end{pmatrix}\begin{pmatrix}4&1\\2&0\end{pmatrix}=\begin{pmatrix}8&2\\2&1\\2&0\end{pmatrix},$$

所以

$$\boldsymbol{AB}=\begin{pmatrix}1&0&3&2\\-1&2&0&1\\2&0&8&2\\2&1&2&1\\-1&-1&2&0\end{pmatrix}.$$

容易验证,这个结果与 $\boldsymbol{A},\boldsymbol{B}$ 不分块直接相乘所得到的结果相同.

下面来介绍分块矩阵的转置.

设

$$\boldsymbol{A}=\begin{pmatrix}\boldsymbol{A}_{11}&\boldsymbol{A}_{12}&\cdots&\boldsymbol{A}_{1t}\\\boldsymbol{A}_{21}&\boldsymbol{A}_{22}&\cdots&\boldsymbol{A}_{2t}\\\vdots&\vdots&&\vdots\\\boldsymbol{A}_{r1}&\boldsymbol{A}_{r2}&\cdots&\boldsymbol{A}_{rt}\end{pmatrix},$$

则

$$\boldsymbol{A}^{\mathrm{T}}=\begin{pmatrix}\boldsymbol{A}_{11}^{\mathrm{T}}&\boldsymbol{A}_{21}^{\mathrm{T}}&\cdots&\boldsymbol{A}_{r1}^{\mathrm{T}}\\\boldsymbol{A}_{12}^{\mathrm{T}}&\boldsymbol{A}_{22}^{\mathrm{T}}&\cdots&\boldsymbol{A}_{r2}^{\mathrm{T}}\\\vdots&\vdots&&\vdots\\\boldsymbol{A}_{1t}^{\mathrm{T}}&\boldsymbol{A}_{2t}^{\mathrm{T}}&\cdots&\boldsymbol{A}_{rt}^{\mathrm{T}}\end{pmatrix}.$$

这就是说,分块矩阵的转置,既要把整个分块矩阵转置,又要把其中每一个子块转置.

最后我们给出一个利用分块矩阵求逆的例子.

例 2 设

$$\boldsymbol{D}=\begin{pmatrix}\boldsymbol{A}&\boldsymbol{B}\\\boldsymbol{0}&\boldsymbol{C}\end{pmatrix},$$

其中 $\boldsymbol{A},\boldsymbol{C}$ 分别为 r 阶和 s 阶可逆方阵. 证明 $\boldsymbol{D}$ 可逆,并求 $\boldsymbol{D}^{-1}$.

证 因为 $\boldsymbol{A},\boldsymbol{C}$ 可逆,所以 $|\boldsymbol{A}|\neq0$, $|\boldsymbol{C}|\neq0$. 于是

$$|\boldsymbol{D}|=|\boldsymbol{A}|\,|\boldsymbol{C}|\neq0,$$

即 $\boldsymbol{D}$ 可逆.

设 $\boldsymbol{D}^{-1}=\begin{pmatrix}\boldsymbol{Z}_{11}&\boldsymbol{Z}_{12}\\\boldsymbol{Z}_{21}&\boldsymbol{Z}_{22}\end{pmatrix}$,其中 $\boldsymbol{Z}_{11}$,$\boldsymbol{Z}_{22}$ 分别为与 $\boldsymbol{A},\boldsymbol{C}$ 同阶的方阵,则

$$DD^{-1}=\begin{pmatrix}A & B\\ 0 & C\end{pmatrix}\begin{pmatrix}Z_{11} & Z_{12}\\ Z_{21} & Z_{22}\end{pmatrix}=\begin{pmatrix}AZ_{11}+BZ_{21} & AZ_{12}+BZ_{22}\\ CZ_{21} & CZ_{22}\end{pmatrix}=$$

$$\begin{pmatrix}E_r & 0\\ 0 & E_s\end{pmatrix}.$$

于是

$$AZ_{11}+BZ_{21}=E_r, \tag{2.3.2}$$

$$AZ_{12}+BZ_{22}=0, \tag{2.3.3}$$

$$CZ_{21}=0, \tag{2.3.4}$$

$$CZ_{22}=E_s. \tag{2.3.5}$$

由式(2.3.4),(2.3.5)得

$$Z_{22}=C^{-1},\quad Z_{21}=C^{-1}0=0.$$

代入式(2.3.2),(2.3.3)得

$$Z_{11}=A^{-1},\quad Z_{12}=-A^{-1}BC^{-1}.$$

因此

$$D^{-1}=\begin{pmatrix}A^{-1} & -A^{-1}BC^{-1}\\ 0 & C^{-1}\end{pmatrix}.$$

特别地,当 $B=0$ 时,有

$$\begin{pmatrix}A & 0\\ 0 & C\end{pmatrix}^{-1}=\begin{pmatrix}A^{-1} & 0\\ 0 & C^{-1}\end{pmatrix}.$$

根据数学归纳法可知,当 $A_1,A_2,\cdots,A_s$ 都是可逆方阵时,

$$\begin{pmatrix}A_1 & 0 & \cdots & 0\\ 0 & A_2 & \cdots & 0\\ \vdots & \vdots & & \vdots\\ 0 & 0 & \cdots & A_s\end{pmatrix}^{-1}=\begin{pmatrix}A_1^{-1} & 0 & \cdots & 0\\ 0 & A_2^{-1} & \cdots & 0\\ \vdots & \vdots & & \vdots\\ 0 & 0 & \cdots & A_s^{-1}\end{pmatrix}.$$

习题 2.3

1. 设

$$A=\begin{pmatrix}5 & 2 & 0 & 0\\ 2 & 1 & 0 & 0\\ 0 & 0 & 8 & 3\\ 0 & 0 & 5 & 2\end{pmatrix},\quad B=\begin{pmatrix}4 & -3 & 0 & 0\\ -5 & 4 & 0 & 0\\ 0 & 0 & 1 & -4\\ 0 & 0 & -2 & 7\end{pmatrix}$$

利用分块矩阵计算下列各式：

(1)$\boldsymbol{A}-\boldsymbol{B}$；(2)$\boldsymbol{AB}$；(3)$\boldsymbol{B}^{-1}$.

2. 对矩阵 $\boldsymbol{A},\boldsymbol{B}$ 进行合适分块，计算 $\boldsymbol{AB}$，其中

$$\boldsymbol{A}=\begin{pmatrix}1&0&0&2&5\\0&1&0&3&-2\\0&0&1&-1&6\\0&0&0&4&0\\0&0&0&0&4\end{pmatrix},\quad \boldsymbol{B}=\begin{pmatrix}a&a&a&a&a\\b&b&b&b&b\\c&c&c&c&c\\0&0&0&-1&0\\0&0&0&0&-1\end{pmatrix}.$$

3. 设 $\boldsymbol{A}$ 与 $\boldsymbol{B}$ 都是可逆阵. 求 $\begin{pmatrix}0&\boldsymbol{A}\\\boldsymbol{B}&0\end{pmatrix}^{-1}$.

4. 设 4 阶矩阵 $\boldsymbol{A}$ 按列分块为 $\boldsymbol{A}=(\boldsymbol{A}_1\quad\boldsymbol{A}_2\quad\boldsymbol{A}_3\quad\boldsymbol{A}_4)$，且行列式 $|\boldsymbol{A}|=3$. 矩阵 $\boldsymbol{B}=(\boldsymbol{A}_1-\boldsymbol{A}_4\quad\boldsymbol{A}_2-\boldsymbol{A}_3\quad 2\boldsymbol{A}_3\quad \boldsymbol{A}_1+2\boldsymbol{A}_2)$. 求 $\boldsymbol{B}$ 的行列式.

§2.4 矩阵的初等变换

矩阵的初等变换是研究矩阵的一个有力的工具，是求逆矩阵和解线性方程组不可缺少的重要方法. 所以熟练地掌握矩阵的初等变换是非常重要的.

定义 15 以下三种变换称为矩阵的**初等变换**：

(1) 互换矩阵的两行(列)；

(2) 以一个非零数乘矩阵的某一行(列)；

(3) 把矩阵某一行(列)各元素的 k 倍加到另一行(列)对应的元素上.

矩阵的初等行变换和初等列变换统称为矩阵的初等变换.

当矩阵 $\boldsymbol{A}$ 经过初等变换变成矩阵 $\boldsymbol{B}$ 时，记成 $\boldsymbol{A}\to\boldsymbol{B}$.

定义 16 由单位矩阵 $\boldsymbol{E}$ 经过一次初等变换得到的矩阵称为**初等矩阵.**

每个初等变换都有一个与之相应的初等矩阵.

互换矩阵 $\boldsymbol{E}$ 的第 i 行与第 j 行的位置，得

$$\boldsymbol{P}(i,j)=\begin{pmatrix}1&&&&&&&&&&\\&\ddots&&&&&&&&&\\&&1&&&&&&&&\\&&&0&\cdots&\cdots&\cdots&1&&&\\&&&&1&&&&&&\\&&&&&\ddots&&&&&\\&&&&&&1&&&&\\&&&1&\cdots&\cdots&\cdots&0&&&\\&&&&&&&&1&&\\&&&&&&&&&\ddots&\\&&&&&&&&&&1\end{pmatrix}\begin{matrix}\\ \\ \\ i\text{ 行}\\ \\ \\ \\ j\text{ 行}\\ \\ \\ \\ \end{matrix},$$

用非零数 c 乘 $\boldsymbol{E}$ 的第 i 行,得

$$\boldsymbol{P}(i(c))=\begin{pmatrix}1&&&&&&\\&\ddots&&&&&\\&&1&&&&\\&&&c&&&\\&&&&1&&\\&&&&&\ddots&\\&&&&&&1\end{pmatrix}\begin{matrix}\\ \\ \\ i\text{ 行}\\ \\ \\ \\ \end{matrix},$$

把矩阵 $\boldsymbol{E}$ 的第 j 行的 k 倍加到第 i 行,得

$$\boldsymbol{P}(i,j(k))=\begin{pmatrix}1&&&&&\\&\ddots&&&&\\&&1&\cdots&k&&\\&&&\ddots&\vdots&&\\&&&&1&&\\&&&&&\ddots&\\&&&&&&1\end{pmatrix}\begin{matrix}\\ \\ i\text{ 行}\\ \\ j\text{ 行}\\ \\ \\ \end{matrix}.$$

同样可以得到与列变换相应的初等矩阵. 事实上,对单位矩阵作一次初等列变换所得到的矩阵也包括在上面所列的这三类矩阵之中. 例如,把 $\boldsymbol{E}$ 的第 i 列的 k 倍加到第 j 列,我们仍然得到 $\boldsymbol{P}(i,j(k))$. 因此,这三类矩阵就是全部的初等矩阵.

容易看出,初等矩阵是可逆的,它们的逆矩阵也是初等矩阵. 事

实上

$$\boldsymbol{P}(i,j)^{-1}=\boldsymbol{P}(i,j),\quad \boldsymbol{P}(i(c))^{-1}=\boldsymbol{P}\left(i\left(\frac{1}{c}\right)\right),$$

$$\boldsymbol{P}(i,j(k))^{-1}=\boldsymbol{P}(i,j(-k)).$$

利用分块矩阵的乘法,可得

定理2 对一个 $m\times n$ 矩阵 $\boldsymbol{A}$ 作一次初等行变换就相当于在 $\boldsymbol{A}$ 的左边乘上相应的 $m\times m$ 初等矩阵;对 $\boldsymbol{A}$ 作一次初等列变换就相当于在 $\boldsymbol{A}$ 的右边乘上相应的 $n\times n$ 初等矩阵.

证 我们只证初等行变换的情形,列变换的情形可以同样证明.

设 $\boldsymbol{A}_1,\boldsymbol{A}_2,\cdots,\boldsymbol{A}_m$ 为 $\boldsymbol{A}$ 的行向量. 令 $\boldsymbol{B}=(b_{ij})$ 为任意一个 $m\times m$ 矩阵,则由分块矩阵乘法,得

$$\boldsymbol{BA}=\begin{pmatrix} b_{11}\boldsymbol{A}_1+b_{12}\boldsymbol{A}_2+\cdots+b_{1m}\boldsymbol{A}_m \\ b_{21}\boldsymbol{A}_1+b_{22}\boldsymbol{A}_2+\cdots+b_{2m}\boldsymbol{A}_m \\ \vdots \\ b_{m1}\boldsymbol{A}_1+b_{m2}\boldsymbol{A}_2+\cdots+b_{mm}\boldsymbol{A}_m \end{pmatrix}.$$

特别地,取 $\boldsymbol{B}=\boldsymbol{P}(i,j)$,得

$$\boldsymbol{P}(i,j)\boldsymbol{A}=\begin{pmatrix} \boldsymbol{A}_1 \\ \vdots \\ \boldsymbol{A}_j \\ \vdots \\ \boldsymbol{A}_i \\ \vdots \\ \boldsymbol{A}_m \end{pmatrix}\begin{matrix} \\ \\ i\text{ 行} \\ \\ j\text{ 行} \\ \\ \\ \end{matrix}.$$

这相当于把 $\boldsymbol{A}$ 的第 i 行与第 j 行互换.

取 $\boldsymbol{B}=\boldsymbol{P}(i(c))$,得

$$\boldsymbol{P}(i(c))\boldsymbol{A}=\begin{pmatrix} \boldsymbol{A}_1 \\ \vdots \\ c\boldsymbol{A}_i \\ \vdots \\ \boldsymbol{A}_m \end{pmatrix} i\text{ 行}.$$

这相当于用 c 乘 $\boldsymbol{A}$ 的第 i 行.

取 $\boldsymbol{B}=\boldsymbol{P}(i,j(k))$，得

$$\boldsymbol{P}(i,j(k))\boldsymbol{A}=\begin{pmatrix}\boldsymbol{A}_1\\ \vdots\\ \boldsymbol{A}_i+k\boldsymbol{A}_j\\ \vdots\\ \boldsymbol{A}_j\\ \vdots\\ \boldsymbol{A}_m\end{pmatrix}\begin{matrix}\\ \\ i\text{ 行}\\ \\ j\text{ 行}\\ \\ \\ \end{matrix}.$$

这相当于把 $\boldsymbol{A}$ 的第 j 行的 k 倍加到第 i 行.

定义 17 如果矩阵 $\boldsymbol{B}$ 可由矩阵 $\boldsymbol{A}$ 经过有限次初等变换得到，则称矩阵 $\boldsymbol{A}$ 与 $\boldsymbol{B}$ 等价，记为 $\boldsymbol{A}\cong\boldsymbol{B}$.

等价是矩阵之间的一种关系，容易证明，这种关系具有下述三个性质.

(1) 反身性：$\boldsymbol{A}\cong\boldsymbol{A}$；

(2) 对称性：若 $\boldsymbol{A}\cong\boldsymbol{B}$，则 $\boldsymbol{B}\cong\boldsymbol{A}$；

(3) 传递性：若 $\boldsymbol{A}\cong\boldsymbol{B}$，$\boldsymbol{B}\cong\boldsymbol{C}$，则 $\boldsymbol{A}\cong\boldsymbol{C}$.

定理 3 任意一个 $m\times n$ 矩阵 $\boldsymbol{A}$ 都与一个形式为

$$\boldsymbol{D}=\begin{pmatrix}1 & & & & & \\ & \ddots & & & & \\ & & 1 & & & \\ & & & 0 & & \\ & & & & \ddots & \\ & & & & & 0\end{pmatrix}=\begin{pmatrix}\boldsymbol{E}_r & \boldsymbol{0}\\ \boldsymbol{0} & \boldsymbol{0}\end{pmatrix}$$

的矩阵等价（$0\leqslant r\leqslant\min(m,n)$），这里 $\boldsymbol{D}$ 称为矩阵 $\boldsymbol{A}$ 的**标准形**.

证 如果 $\boldsymbol{A}=\boldsymbol{0}$，则 $\boldsymbol{A}$ 已经是标准形了.

设 $\boldsymbol{A}\neq\boldsymbol{0}$，则至少有一个元素 $a_{ij}\neq0$，不妨设 $a_{11}\neq0$（若 $a_{11}=0$，可以对 $\boldsymbol{A}$ 进行初等变换，把 $\boldsymbol{A}$ 变为左上角元素不为零的矩阵）. 将第一行的 $-\dfrac{a_{i1}}{a_{11}}$ 倍加到第 i 行上（$i=2,3,\cdots,m$），再将第一列的 $-\dfrac{a_{1j}}{a_{11}}$ 倍加到第 j 列上（$j=2,3,\cdots,n$），然后，第一行乘上 a_{11}^{-1}，$\boldsymbol{A}$ 就变成

$$\begin{pmatrix} 1 & 0 & \cdots & 0 \\ 0 & a'_{22} & \cdots & a'_{2n} \\ \vdots & \vdots & & \vdots \\ 0 & a'_{m2} & \cdots & a'_{mn} \end{pmatrix} = \begin{pmatrix} 1 & 0 \cdots 0 \\ 0 & \\ \vdots & \boldsymbol{A}_1 \\ 0 & \end{pmatrix},$$

$\boldsymbol{A}_1$ 是$(m-1)\times(n-1)$矩阵,对 $\boldsymbol{A}_1$ 再重复以上的步骤,最后总可以把 $\boldsymbol{A}$ 化成 $\boldsymbol{D}$ 的形式.

例 1 将矩阵

$$\boldsymbol{A}=\begin{pmatrix} 0 & 0 & 3 & 1 \\ 2 & 1 & -1 & 2 \\ 4 & 2 & 3 & 1 \\ -2 & -1 & 4 & -3 \end{pmatrix}$$

化为标准形.

解

$$\boldsymbol{A}=\begin{pmatrix} 0 & 0 & 3 & 1 \\ 2 & 1 & -1 & 2 \\ 4 & 2 & 3 & 1 \\ -2 & -1 & 4 & -3 \end{pmatrix} \longrightarrow \begin{pmatrix} 2 & 1 & -1 & 2 \\ 0 & 0 & 3 & 1 \\ 4 & 2 & 3 & 1 \\ -2 & -1 & 4 & -3 \end{pmatrix}$$

$$\longrightarrow \begin{pmatrix} 2 & 1 & -1 & 2 \\ 0 & 0 & 3 & 1 \\ 0 & 0 & 5 & -3 \\ 0 & 0 & 3 & -1 \end{pmatrix} \longrightarrow \begin{pmatrix} 2 & 0 & 0 & 0 \\ 0 & 0 & 3 & 1 \\ 0 & 0 & 5 & -3 \\ 0 & 0 & 3 & -1 \end{pmatrix}$$

$$\longrightarrow \begin{pmatrix} 1 & 0 & 0 & 0 \\ 0 & 0 & 3 & 1 \\ 0 & 0 & 5 & -3 \\ 0 & 0 & 3 & -1 \end{pmatrix} \longrightarrow \begin{pmatrix} 1 & 0 & 0 & 0 \\ 0 & 1 & 3 & 0 \\ 0 & -3 & 5 & 0 \\ 0 & -1 & 3 & 0 \end{pmatrix}$$

$$\longrightarrow \begin{pmatrix} 1 & 0 & 0 & 0 \\ 0 & 1 & 3 & 0 \\ 0 & 0 & 14 & 0 \\ 0 & 0 & 6 & 0 \end{pmatrix} \longrightarrow \begin{pmatrix} 1 & 0 & 0 & 0 \\ 0 & 1 & 0 & 0 \\ 0 & 0 & 1 & 0 \\ 0 & 0 & 0 & 0 \end{pmatrix}.$$

所以,$\boldsymbol{A}$ 的标准形为

$$\begin{pmatrix} \boldsymbol{E}_3 & \boldsymbol{0} \\ \boldsymbol{0} & \boldsymbol{0} \end{pmatrix}.$$

如果对矩阵只进行初等行变换,未必能化成标准形,但可化成下面意义下的阶梯形矩阵.

若一个矩阵满足以下两个条件:(1)若有零行(元素全为 0 的行),则零行应在最下方;(2)非零行的第一个不为零的元素的列标号随行标号的增加而严格递增,则称这种矩阵为**阶梯形矩阵**.

例如

$$\begin{pmatrix} 0 & 1 & 3 & -1 \\ 0 & 0 & 1 & 2 \end{pmatrix},\quad \begin{pmatrix} 1 & 3 & 2 & 1 \\ 0 & 0 & 2 & 1 \\ 0 & 0 & 0 & 0 \end{pmatrix},\quad \begin{pmatrix} 1 & 0 & 0 \\ 0 & 1 & 0 \\ 0 & 0 & 1 \end{pmatrix}$$

都是阶梯形矩阵. 但是

$$\begin{pmatrix} 1 & 2 & 3 & 4 \\ 0 & 1 & 2 & 3 \\ 0 & 2 & 1 & 0 \end{pmatrix},\quad \begin{pmatrix} 2 & 0 & 1 & 3 \\ 0 & 0 & 2 & 0 \\ 0 & 1 & 0 & 1 \end{pmatrix}$$

都不是阶梯形矩阵.

定理 4 任意一个矩阵 $\boldsymbol{A}$ 都可经过有限次初等行变换变成阶梯形矩阵.

证 设

$$\boldsymbol{A}=\begin{pmatrix} a_{11} & a_{12} & \cdots & a_{1n} \\ a_{21} & a_{22} & \cdots & a_{2n} \\ \vdots & \vdots & & \vdots \\ a_{s1} & a_{s2} & \cdots & a_{sn} \end{pmatrix},$$

如果 $\boldsymbol{A}$ 为零矩阵,则结论成立. 设 $\boldsymbol{A}\neq\boldsymbol{0}$.

如果 $\boldsymbol{A}$ 的第一列元素全为零,则考虑 $\boldsymbol{A}$ 的第二列,若第二列元素又全为零,再考虑第三列,…,不妨设 $\boldsymbol{A}$ 的第一列元素不全为 0,设 $a_{i1}\neq 0$,则先交换 $\boldsymbol{A}$ 的第 1,i 行,再将第一行的适当倍数加到以下各行,可得

$$A \to \begin{pmatrix} a_{i1} & a_{i2} & \cdots & a_{in} \\ 0 & a'_{22} & \cdots & a'_{2n} \\ \vdots & \vdots & & \vdots \\ 0 & a'_{s2} & \cdots & a'_{sn} \end{pmatrix} = A_1.$$

对 A_1 的右下角

$$\begin{pmatrix} a'_{22} & \cdots & a'_{2n} \\ \vdots & & \vdots \\ a'_{s2} & \cdots & a'_{sn} \end{pmatrix}$$

重复上述做法. 如此下去就可变到阶梯形矩阵.

例 2 把矩阵

$$A = \begin{pmatrix} 0 & 0 & -1 & -1 & 2 \\ 1 & 4 & -1 & 0 & 2 \\ -1 & -4 & 2 & -1 & 0 \\ 2 & 8 & 1 & 1 & 0 \end{pmatrix}$$

化成阶梯形矩阵.

解

$$A = \begin{pmatrix} 0 & 0 & -1 & -1 & 2 \\ 1 & 4 & -1 & 0 & 2 \\ -1 & -4 & 2 & -1 & 0 \\ 2 & 8 & 1 & 1 & 0 \end{pmatrix} \to \begin{pmatrix} 1 & 4 & -1 & 0 & 2 \\ 0 & 0 & -1 & -1 & 2 \\ -1 & -4 & 2 & -1 & 0 \\ 2 & 8 & 1 & 1 & 0 \end{pmatrix}$$

$$\to \begin{pmatrix} 1 & 4 & -1 & 0 & 2 \\ 0 & 0 & -1 & -1 & 2 \\ 0 & 0 & 1 & -1 & 2 \\ 0 & 0 & 3 & 1 & -4 \end{pmatrix} \to \begin{pmatrix} 1 & 4 & -1 & 0 & 2 \\ 0 & 0 & -1 & -1 & 2 \\ 0 & 0 & 0 & -2 & 4 \\ 0 & 0 & 0 & -2 & 2 \end{pmatrix}$$

$$\to \begin{pmatrix} 1 & 4 & -1 & 0 & 2 \\ 0 & 0 & -1 & -1 & 2 \\ 0 & 0 & 0 & -2 & 4 \\ 0 & 0 & 0 & 0 & -2 \end{pmatrix}.$$

根据定理 2,对一个矩阵作初等变换就相当于用相应的初等矩阵去乘这个矩阵. 因此,矩阵 A,B 等价的充分必要条件是存在初等矩阵 $P_1,\cdots,P_l;Q_1,\cdots,Q_t$ 使

$$A=P_1\cdots P_lBQ_1\cdots Q_t. \tag{2.4.1}$$

定理5 n 阶方阵 A 可逆的充分必要条件是 A 的标准形为 E_n.

证 设 A 可逆，A 的标准形为 D，则存在初等矩阵 $P_1,\cdots,P_l$；$Q_1,\cdots,Q_t$ 使

$$D=P_1\cdots P_lAQ_1\cdots Q_t.$$

因此 $|D|=|P_1|\cdots|P_l||A||Q_1|\cdots|Q_t|\neq 0$. 从而 $D=E_n$. 反过来，亦然.

由于初等矩阵的逆矩阵为初等矩阵，所以根据定理4，我们有下面定理.

定理6 n 阶方阵 A 可逆的充分必要条件是 A 能表示成一些初等矩阵的乘积

$$A=Q_1Q_2\cdots Q_m. \tag{2.4.2}$$

由式(2.4.2)可得

$$Q_m^{-1}\cdots Q_1^{-1}A=E_n. \tag{2.4.3}$$

由于在 A 左边乘初等矩阵就相当于对 A 作初等行变换，所以式(2.4.3)说明了以下推论.

推论 可逆矩阵总可以经过一系列初等行变换化成单位矩阵.

以上的讨论事实上给我们提供了一个求逆矩阵的方法，设 A 是 n 阶可逆方阵，由推论知，有一系列初等矩阵 $P_1,\cdots,P_m$ 使

$$P_m\cdots P_1A=E. \tag{2.4.4}$$

由此得

$$A^{-1}=P_m\cdots P_1=P_m\cdots P_1E. \tag{2.4.5}$$

式(2.4.4)和式(2.4.5)说明，如果用一系列初等行变换把可逆矩阵 A 化成单位矩阵，那么同样地用这一系列初等行变换化单位矩阵，就得到 A^{-1}.

把 A,E 这两个 $n\times n$ 矩阵凑在一起，作成一个 $n\times 2n$ 矩阵 $(A \mid E)$，按分块矩阵的乘法，式(2.4.4)，式(2.4.5)可以合并写成

$$P_m\cdots P_1(A \mid E)=(P_m\cdots P_1A \mid P_m\cdots P_1E)=(E \mid A^{-1}). \tag{2.4.6}$$

式(2.4.6)提供了一个具体求逆矩阵的方法. 对 n 阶可逆矩阵 A，作一个 $n\times 2n$ 矩阵 $(A \mid E)$，然后对此矩阵作初等行变换把它的左边一半化成 E，这时，右边的一半就是 A^{-1}.

例 3 设

$$A=\begin{pmatrix}3 & -1 & 0\\ -2 & 1 & 1\\ 2 & -1 & 4\end{pmatrix},$$

求 A^{-1}.

解

$$(A \vdots E)=\left(\begin{array}{ccc:ccc}3 & -1 & 0 & 1 & 0 & 0\\ -2 & 1 & 0 & 0 & 1 & 0\\ 2 & -1 & 4 & 0 & 0 & 1\end{array}\right)\longrightarrow\left(\begin{array}{ccc:ccc}3 & -1 & 0 & 1 & 0 & 0\\ -2 & 1 & 1 & 0 & 1 & 0\\ 0 & 0 & 5 & 0 & 1 & 1\end{array}\right)$$

$$\longrightarrow\left(\begin{array}{ccc:ccc}1 & 0 & 1 & 1 & 1 & 0\\ -2 & 1 & 1 & 0 & 1 & 0\\ 0 & 0 & 5 & 0 & 1 & 1\end{array}\right)\longrightarrow\left(\begin{array}{ccc:ccc}1 & 0 & 1 & 1 & 1 & 0\\ 0 & 1 & 3 & 2 & 3 & 0\\ 0 & 0 & 5 & 0 & 1 & 1\end{array}\right)$$

$$\longrightarrow\left(\begin{array}{ccc:ccc}1 & 0 & 0 & 1 & \frac{4}{5} & -\frac{1}{5}\\ 0 & 1 & 3 & 2 & 3 & 0\\ 0 & 0 & 1 & 0 & \frac{1}{5} & \frac{1}{5}\end{array}\right)\longrightarrow\left(\begin{array}{ccc:ccc}1 & 0 & 0 & 1 & \frac{4}{5} & -\frac{1}{5}\\ 0 & 1 & 0 & 2 & \frac{12}{5} & -\frac{3}{5}\\ 0 & 0 & 1 & 0 & \frac{1}{5} & \frac{1}{5}\end{array}\right).$$

所以

$$A^{-1}=\begin{pmatrix}1 & \frac{4}{5} & -\frac{1}{5}\\ 2 & \frac{12}{5} & -\frac{3}{5}\\ 0 & \frac{1}{5} & \frac{1}{5}\end{pmatrix}.$$

同理可以证明,可逆矩阵经过一系列的初等列变换可化为单位矩阵,所以,若 A 可逆,用初等列变换也可求 A^{-1},做法如下:

作 $2n\times n$ 矩阵 $\begin{pmatrix}A\\ \cdots\\ E\end{pmatrix}$,对此进行初等列变换化成 $\begin{pmatrix}E\\ \cdots\\ A^{-1}\end{pmatrix}$.

习题 2.4

1. 写出 4 阶方阵的所有可能的标准形.

2. 求 $A=\begin{pmatrix}1 & -1 & 2 & 1 & 0\\3 & 0 & 6 & -1 & 1\\0 & 3 & 0 & 0 & 1\end{pmatrix}$ 的标准形.

3. 求下列矩阵的逆矩阵.

(1) $\begin{pmatrix}2 & 1 & -1\\3 & 3 & -1\\-4 & -3 & 2\end{pmatrix}$；　(2) $\begin{pmatrix}0 & -1 & 0 & -2\\2 & 1 & -1 & 0\\0 & 1 & 0 & 1\\1 & 0 & -1 & 0\end{pmatrix}$.

4. 设 $A=\begin{pmatrix}2 & 1 & 0 & 0\\3 & 2 & 0 & 0\\1 & 0 & 1 & -2\\0 & 1 & -2 & 3\end{pmatrix}$. 求 A 的伴随矩阵.

§2.5　矩阵的秩

矩阵的秩是一个很重要的概念，它是矩阵的一个数字特征，它对研究矩阵的性质起着十分重要的作用.

定义 18　在矩阵 $\boldsymbol{A}=(a_{ij})_{m\times n}$ 中任取 k 行和 k 列 $(1\leqslant k\leqslant m,n)$，位于这些行和列相交处的 k^2 个元素，按原有的顺序所组成的 k 阶行列式称为 $\boldsymbol{A}$ 的一个 k 阶子式. $\boldsymbol{A}$ 的一切非零子式的最高阶数称为矩阵 $\boldsymbol{A}$ 的秩，记为秩$(\boldsymbol{A})$或 $\mathrm{r}(\boldsymbol{A})$.

当 $\boldsymbol{A}=\boldsymbol{0}$ 时，规定 $\mathrm{r}(\boldsymbol{A})=0$.

例 1　设

$$\boldsymbol{A}=\begin{pmatrix}0 & 1 & 3 & 2\\0 & 0 & 0 & 0\\0 & -1 & 0 & -2\end{pmatrix},$$

求 $\boldsymbol{A}$ 的秩.

解　由于 $\boldsymbol{A}$ 的所有三阶子式均为零，且 $\boldsymbol{A}$ 有非零的 2 阶子式，所以 $\mathrm{r}(\boldsymbol{A})=2$.

定理 7　非零 $m\times n$ 矩阵 $\boldsymbol{A}$ 的秩为 r 的充分必要条件是 $\boldsymbol{A}$ 中有一个 r 阶子式不为 0，而所有 $r+1$ 阶子式(如果有的话)全为 0.

证　定理 7 的必要性是显然的，下证充分性.

设 $\boldsymbol{A}$ 有一个 r 阶子式不为 0，而所有 $r+1$ 阶子式全为 0. 根据行列式按一行展开的公式可知,$\boldsymbol{A}'$的所有$r+2$阶子式也一定为0,从而$\boldsymbol{A}$的所有阶数大于r的子式全为0.因此$\mathrm{r}(\boldsymbol{A})=r$.

一般来说,根据定义来求矩阵的秩,要算许多行列式,这对阶数较高的矩阵来说计算量是很大的,下面的定理提供了用矩阵的初等变换求矩阵秩的可行方法.

定理8 矩阵$\boldsymbol{A}$经过初等变换后不改变它的秩(即等价矩阵有相同的秩).

证 只要证$\boldsymbol{A}$经过一次初等变换不改变它的秩就可以了.下面只对初等行变换进行证明,列变换情形可以类似地证明.

对于第1,2种初等行变换,容易看出定理成立.下面只就第3种初等行变换来证明.

将矩阵$\boldsymbol{A}$的第i行的k倍加到第j行上得到的矩阵记为$\boldsymbol{B}$.设$\mathrm{r}(\boldsymbol{A})=r$,下证$\mathrm{r}(\boldsymbol{B})\leqslant r$.

设$\boldsymbol{B}_1$是$\boldsymbol{B}$的任一$r+1$阶子式,则此$r+1$阶子式是下面三种情况之一.

(1) $\boldsymbol{B}_1$不含$\boldsymbol{B}$的第j行,则它是$\boldsymbol{A}$的一个$r+1$阶子式,因此有$\boldsymbol{B}_1=0$;

(2) $\boldsymbol{B}_1$含$\boldsymbol{B}$的第j行,同时又含$\boldsymbol{B}$的第i行,由行列式的性质,$\boldsymbol{B}_1$与$\boldsymbol{A}$的一个$r+1$阶子式相等,所以$\boldsymbol{B}_1=\boldsymbol{0}$;

(3) $\boldsymbol{B}_1$含$\boldsymbol{B}$的第j行,但不含$\boldsymbol{B}$的第i行.根据行列式的性质,$\boldsymbol{B}_1=\boldsymbol{A}_1+k\boldsymbol{A}_2$,或$\boldsymbol{B}_1=\boldsymbol{A}_1-k\boldsymbol{A}_2$,其中$\boldsymbol{A}_1,\boldsymbol{A}_2$都是$\boldsymbol{A}$的$r+1$阶子式,所以也有$\boldsymbol{B}_1=\boldsymbol{0}$.

由此可知$\mathrm{r}(\boldsymbol{B})\leqslant r$.

再将$-k$乘$\boldsymbol{B}$的第i行加到第j行上,就得到矩阵$\boldsymbol{A}$,按以上分析,又有$\mathrm{r}(\boldsymbol{A})\leqslant\mathrm{r}(\boldsymbol{B})$.

因此,$\mathrm{r}(\boldsymbol{A})=\mathrm{r}(\boldsymbol{B})$.

推论1 设$\boldsymbol{A}$是$m\times n$矩阵,$\boldsymbol{P}$与$\boldsymbol{Q}$分别是m阶和n阶可逆矩阵,则

$$\mathrm{r}(\boldsymbol{A})=\mathrm{r}(\boldsymbol{PA})=\mathrm{r}(\boldsymbol{AQ})=\mathrm{r}(\boldsymbol{PAQ}).$$

推论2 设矩阵$\boldsymbol{A}$的标准形是

$$D=\begin{pmatrix} E_r & 0 \\ 0 & 0 \end{pmatrix}$$

则 $r(A)=r$.

由此可知,要求矩阵 A 的秩,先用初等变换把 A 化成标准形,然后计算其中1的个数,就得到 A 的秩.

例2　求矩阵

$$A=\begin{pmatrix} 1 & 1 & 1 & 1 & 1 \\ 3 & 2 & 1 & 0 & -3 \\ 0 & 1 & 2 & 3 & 6 \\ 5 & 4 & 3 & 2 & 6 \end{pmatrix}$$

的秩.

解

$$A=\begin{pmatrix} 1 & 1 & 1 & 1 & 1 \\ 3 & 2 & 1 & 0 & -3 \\ 0 & 1 & 2 & 3 & 6 \\ 5 & 4 & 3 & 2 & 6 \end{pmatrix} \longrightarrow \begin{pmatrix} 1 & 1 & 1 & 1 & 1 \\ 0 & -1 & -2 & -3 & -6 \\ 0 & 1 & 2 & 3 & 6 \\ 0 & -1 & -2 & -3 & 1 \end{pmatrix}$$

$$\longrightarrow \begin{pmatrix} 1 & 1 & 1 & 1 & 1 \\ 0 & -1 & -2 & -3 & -6 \\ 0 & 0 & 0 & 0 & 0 \\ 0 & 0 & 0 & 0 & 7 \end{pmatrix} \longrightarrow \begin{pmatrix} 1 & 0 & 0 & 0 & 0 \\ 0 & 1 & 2 & 3 & 6 \\ 0 & 0 & 0 & 0 & 0 \\ 0 & 0 & 0 & 0 & 1 \end{pmatrix}$$

$$\longrightarrow \begin{pmatrix} 1 & 0 & 0 & 0 & 0 \\ 0 & 1 & 0 & 0 & 0 \\ 0 & 0 & 1 & 0 & 0 \\ 0 & 0 & 0 & 0 & 0 \end{pmatrix}.$$

所以 $r(A)=3$.

上面介绍了用定义和用初等变换求矩阵秩的两种方法,在实际求秩时,常常将这两种方法结合起来使用.

例3　求矩阵

$$A=\begin{pmatrix} 1 & -2 & -1 & -2 & 2 \\ 4 & 1 & 2 & 1 & 3 \\ 2 & 5 & 4 & -1 & 0 \\ 1 & 1 & 1 & 1 & \frac{1}{3} \end{pmatrix}$$

的秩.

解

$$A=\begin{pmatrix}1&-2&-1&-2&2\\4&1&2&1&3\\2&5&4&-1&0\\1&1&1&1&\frac{1}{3}\end{pmatrix}\longrightarrow\begin{pmatrix}1&-2&-1&-2&2\\0&9&6&9&-5\\0&9&6&3&-4\\0&3&2&3&-\frac{5}{3}\end{pmatrix}$$

$$\longrightarrow\begin{pmatrix}1&-2&-1&-2&2\\0&9&6&9&-5\\0&0&0&-6&1\\0&0&0&0&0\end{pmatrix}=\boldsymbol{B}.$$

由于 $\boldsymbol{B}$ 有三阶子式

$$\begin{vmatrix}1&-2&-2\\0&9&9\\0&0&-6\end{vmatrix}=-54\neq0,$$

而 $\boldsymbol{B}$ 的所有的 4 阶子式全为 0. 因此 $r(\boldsymbol{B})=3$,从而 $r(\boldsymbol{A})=3$.

习题 2.5

1. 求下列矩阵的秩与标准形.

(1) $\begin{pmatrix}1&3&-2\\0&1&-3\\3&0&5\\2&1&4\end{pmatrix}$; (2) $\begin{pmatrix}1&-1&-3&-2&-3\\0&-2&-3&5&4\\1&-3&-6&3&2\\1&1&0&-7&-7\end{pmatrix}$.

2. 设 $\boldsymbol{D}=\begin{pmatrix}\boldsymbol{A}&\boldsymbol{B}\\\boldsymbol{0}&\boldsymbol{C}\end{pmatrix}$,其中 $\boldsymbol{A},\boldsymbol{B},\boldsymbol{C}$ 都是 n 阶矩阵,且 $\boldsymbol{A}$ 是可逆阵,$|\boldsymbol{C}|=0$. 证明:$n\leqslant r(\boldsymbol{D})<2n$.

3. 设 $\boldsymbol{A},\boldsymbol{B}$ 都是 $m\times n$ 矩阵. 证明:$\boldsymbol{A}$ 与 $\boldsymbol{B}$ 的标准形相同的充分必要条件是 $r(\boldsymbol{A})=r(\boldsymbol{B})$.

4. 设 $\boldsymbol{A}$ 是 $m\times n$ 矩阵,且 $r(\boldsymbol{A})=r$. 证明:存在 r 个秩为 1 的矩阵 $\boldsymbol{A}_1,\boldsymbol{A}_2,\cdots,\boldsymbol{A}_r$,使得 $\boldsymbol{A}=\boldsymbol{A}_1+\boldsymbol{A}_2+\cdots+\boldsymbol{A}_r$.

§2.6 几种常用的特殊矩阵

这一节介绍几种特殊矩阵以及它们的重要性质.

1. 数量矩阵

定义 19 主对角线上的元素都是 k,其他各元素都是 0 的 n 阶方阵

$$\begin{pmatrix} k & 0 & \cdots & 0 \\ 0 & k & \cdots & 0 \\ \vdots & \vdots & & \vdots \\ 0 & 0 & \cdots & k \end{pmatrix} = k\boldsymbol{E}$$

称为 n 阶数量矩阵. 特别地,单位矩阵 $\boldsymbol{E}$ 是数量矩阵.

容易验证,数量矩阵具有以下性质:

(1) $k\boldsymbol{E}+l\boldsymbol{E}=(k+l)\boldsymbol{E}$;

(2) $(k\boldsymbol{E})(l\boldsymbol{E})=(kl)\boldsymbol{E}$;

(3) 对 n 阶方阵 $\boldsymbol{A}$,有 $(k\boldsymbol{E})\boldsymbol{A}=\boldsymbol{A}(k\boldsymbol{E})=k\boldsymbol{A}$;

(4) $k\boldsymbol{E}$ 可逆的充分必要条件是 $k\neq 0$,当 $k\boldsymbol{E}$ 可逆时,$(k\boldsymbol{E})^{-1}=k^{-1}\boldsymbol{E}$.

2. 对角形矩阵

定义 20 形如

$$\begin{pmatrix} a_1 & 0 & \cdots & 0 \\ 0 & a_2 & \cdots & 0 \\ \vdots & \vdots & & \vdots \\ 0 & 0 & \cdots & a_n \end{pmatrix}$$

的 n 阶矩阵称为**对角形矩阵**或**对角阵**.

显然,数量矩阵是特殊的对角形矩阵.

对角形矩阵有以下简单性质:

(1) $$\begin{pmatrix} a_1 & 0 & \cdots & 0 \\ 0 & a_2 & \cdots & 0 \\ \vdots & \vdots & & \vdots \\ 0 & 0 & \cdots & a_n \end{pmatrix} \pm \begin{pmatrix} b_1 & 0 & \cdots & 0 \\ 0 & b_2 & \cdots & 0 \\ \vdots & \vdots & & \vdots \\ 0 & 0 & \cdots & b_n \end{pmatrix} =$$

$$\begin{pmatrix} a_1 \pm b_1 & 0 & \cdots & 0 \\ 0 & a_2 \pm b_2 & \cdots & 0 \\ \vdots & \vdots & & \vdots \\ 0 & 0 & \cdots & a_n \pm b_n \end{pmatrix};$$

(2) $$\begin{pmatrix} a_1 & 0 & \cdots & 0 \\ 0 & a_2 & \cdots & 0 \\ \vdots & \vdots & & \vdots \\ 0 & 0 & \cdots & a_n \end{pmatrix}\begin{pmatrix} b_1 & 0 & \cdots & 0 \\ 0 & b_2 & \cdots & 0 \\ \vdots & \vdots & & \vdots \\ 0 & 0 & \cdots & b_n \end{pmatrix}=$$

$$\begin{pmatrix} a_1b_1 & 0 & \cdots & 0 \\ 0 & a_2b_2 & \cdots & 0 \\ \vdots & \vdots & & \vdots \\ 0 & 0 & \cdots & a_nb_n \end{pmatrix};$$

(3) $$k\begin{pmatrix} a_1 & 0 & \cdots & 0 \\ 0 & a_2 & \cdots & 0 \\ \vdots & \vdots & & \vdots \\ 0 & 0 & \cdots & a_n \end{pmatrix}=\begin{pmatrix} ka_1 & 0 & \cdots & 0 \\ 0 & ka_2 & \cdots & 0 \\ \vdots & \vdots & & \vdots \\ 0 & 0 & \cdots & ka_n \end{pmatrix};$$

(4) $\begin{pmatrix} a_1 & 0 & \cdots & 0 \\ 0 & a_2 & \cdots & 0 \\ \vdots & \vdots & & \vdots \\ 0 & 0 & \cdots & a_n \end{pmatrix}$可逆的充分必要条件是$a_i \neq 0$ $(i=1,2,\cdots,n)$. 此时

$$\begin{pmatrix} a_1 & 0 & \cdots & 0 \\ 0 & a_2 & \cdots & 0 \\ \vdots & \vdots & & \vdots \\ 0 & 0 & \cdots & a_n \end{pmatrix}^{-1}=\begin{pmatrix} a_1^{-1} & 0 & \cdots & 0 \\ 0 & a_2^{-1} & \cdots & 0 \\ \vdots & \vdots & & \vdots \\ 0 & 0 & \cdots & a_n^{-1} \end{pmatrix}.$$

3. 准对角矩阵

定义 21 形如

$$\boldsymbol{A}=\begin{pmatrix} \boldsymbol{A}_1 & 0 & \cdots & 0 \\ 0 & \boldsymbol{A}_2 & \cdots & 0 \\ \vdots & \vdots & & \vdots \\ 0 & 0 & \cdots & \boldsymbol{A}_s \end{pmatrix} \tag{2.6.1}$$

的矩阵称为准对角矩阵，其中 $\boldsymbol{A}_i$ 都是方阵.

对于准对角矩阵，易知有下面性质：

(1) 设 $\boldsymbol{A}$ 为式(2.6.1)，则 $|\boldsymbol{A}|=|\boldsymbol{A}_1||\boldsymbol{A}_2|\cdots|\boldsymbol{A}_s|$；

(2) 设

$$\boldsymbol{A}=\begin{pmatrix}\boldsymbol{A}_1 & 0 & \cdots & 0\\ 0 & \boldsymbol{A}_2 & \cdots & 0\\ \vdots & \vdots & & \vdots\\ 0 & 0 & \cdots & \boldsymbol{A}_s\end{pmatrix},\qquad \boldsymbol{B}=\begin{pmatrix}\boldsymbol{B}_1 & 0 & \cdots & 0\\ 0 & \boldsymbol{B}_2 & \cdots & 0\\ \vdots & \vdots & & \vdots\\ 0 & 0 & \cdots & \boldsymbol{B}_s\end{pmatrix},$$

其中 $\boldsymbol{A}_i,\boldsymbol{B}_i$ 为同阶子块 $(i=1,2,\cdots,s)$，则

$$\boldsymbol{A}\pm\boldsymbol{B}=\begin{pmatrix}\boldsymbol{A}_1\pm\boldsymbol{B}_1 & 0 & \cdots & 0\\ 0 & \boldsymbol{A}_2\pm\boldsymbol{B}_2 & \cdots & 0\\ \vdots & \vdots & & \vdots\\ 0 & 0 & \cdots & \boldsymbol{A}_s\pm\boldsymbol{B}_s\end{pmatrix},$$

$$\boldsymbol{A}\boldsymbol{B}=\begin{pmatrix}\boldsymbol{A}_1\boldsymbol{B}_1 & 0 & \cdots & 0\\ 0 & \boldsymbol{A}_2\boldsymbol{B}_2 & \cdots & 0\\ \vdots & \vdots & & \vdots\\ 0 & 0 & \cdots & \boldsymbol{A}_s\boldsymbol{B}_s\end{pmatrix},$$

$$k\boldsymbol{A}=\begin{pmatrix}k\boldsymbol{A}_1 & 0 & \cdots & 0\\ 0 & k\boldsymbol{A}_2 & \cdots & 0\\ \vdots & \vdots & & \vdots\\ 0 & 0 & \cdots & k\boldsymbol{A}_s\end{pmatrix};$$

(3) 准对角矩阵

$$\boldsymbol{A}=\begin{pmatrix}\boldsymbol{A}_1 & 0 & \cdots & 0\\ 0 & \boldsymbol{A}_2 & \cdots & 0\\ \vdots & \vdots & & \vdots\\ 0 & 0 & \cdots & \boldsymbol{A}_s\end{pmatrix}$$ 可逆的充分必要条件是每个 $\boldsymbol{A}_i$ $(i=1,2,\cdots,s)$都可逆，此时，

$$\boldsymbol{A}^{-1}=\begin{pmatrix}\boldsymbol{A}_1 & 0 & \cdots & 0\\ 0 & \boldsymbol{A}_2 & \cdots & 0\\ \vdots & \vdots & & \vdots\\ 0 & 0 & \cdots & \boldsymbol{A}_s\end{pmatrix}^{-1}=\begin{pmatrix}\boldsymbol{A}_1^{-1} & 0 & \cdots & 0\\ 0 & \boldsymbol{A}_2^{-1} & \cdots & 0\\ \vdots & \vdots & & \vdots\\ 0 & 0 & \cdots & \boldsymbol{A}_s^{-1}\end{pmatrix}.$$

4. 上(下)三角形矩阵

定义 22 如果 n 阶方阵 $\boldsymbol{A}=(a_{ij})_{n\times n}$ 中的元素满足：$a_{ij}=0, i>j$ $(i,j=1,2,\cdots,n)$，则称 $\boldsymbol{A}$ 为 n 阶**上三角形矩阵**，即

$$\boldsymbol{A}=\begin{pmatrix} a_{11} & a_{12} & \cdots & a_{1n} \\ 0 & a_{22} & \cdots & a_{2n} \\ \vdots & \vdots & & \vdots \\ 0 & 0 & \cdots & a_{nn} \end{pmatrix}. \tag{2.6.2}$$

类似地定义**下三角形矩阵**

$$\boldsymbol{B}=\begin{pmatrix} b_{11} & 0 & \cdots & 0 \\ b_{21} & b_{22} & \cdots & 0 \\ \vdots & \vdots & & \vdots \\ b_{n1} & b_{n2} & \cdots & b_{nn} \end{pmatrix}. \tag{2.6.3}$$

容易验证，上(下)三角形矩阵的运算有如下性质.

(1) 若 $\boldsymbol{A},\boldsymbol{B}$ 是同阶的上(下)三角形矩阵，则 $\boldsymbol{A}\pm\boldsymbol{B}, k\boldsymbol{A}, \boldsymbol{AB}$ 仍为上(下)三角形矩阵.

(2) 若 $\boldsymbol{A}$ 是上(下)三角形矩阵，则 $\boldsymbol{A}^{\mathrm{T}}$ 是下(上)三角形矩阵.

(3) 上三角形矩阵(2.6.2)可逆的充分必要条件是主对角线元素全不为 0，这是因为 $|\boldsymbol{A}|=a_{11}a_{22}\cdots a_{nn}$.

(4) 下三角形矩阵(2.6.3)可逆的充分必要条件是 $b_{ii}\neq 0$ $(i=1,2,\cdots,n)$.

5. 对称矩阵

定义 23 如果 n 阶方阵 $\boldsymbol{A}=(a_{ij})_{n\times n}$ 中的元素满足 $a_{ij}=a_{ji}$ $(i,j=1,2,\cdots,n)$，则称 $\boldsymbol{A}$ 为**对称矩阵**.

例如

$$\begin{pmatrix} 1 & 0 & -1 & 1 \\ 0 & 2 & 3 & 1 \\ -1 & 3 & 0 & 2 \\ 1 & 1 & 2 & 1 \end{pmatrix}$$

就是一个对称矩阵.

由定义易验证.

(1) n 阶方阵 $\boldsymbol{A}$ 为对称矩阵的充分必要条件是 $\boldsymbol{A}^{\mathrm{T}}=\boldsymbol{A}$；

(2) 设 $\boldsymbol{A},\boldsymbol{B}$ 是同阶的对称矩阵，则 $\boldsymbol{A}\pm\boldsymbol{B}, k\boldsymbol{A}$ 仍为对称矩阵.

例 1 对任意 $m\times n$ 矩阵 $\boldsymbol{A}$，$\boldsymbol{A}\boldsymbol{A}^{\mathrm{T}}$ 和 $\boldsymbol{A}^{\mathrm{T}}\boldsymbol{A}$ 都是对称矩阵.

证 因为 $(\boldsymbol{A}\boldsymbol{A}^{\mathrm{T}})^{\mathrm{T}}=(\boldsymbol{A}^{\mathrm{T}})^{\mathrm{T}}\boldsymbol{A}^{\mathrm{T}}=\boldsymbol{A}\boldsymbol{A}^{\mathrm{T}}$，所以 $\boldsymbol{A}\boldsymbol{A}^{\mathrm{T}}$ 为对称矩阵. 同理，$\boldsymbol{A}^{\mathrm{T}}\boldsymbol{A}$ 为对称矩阵.

例 2 设 $\boldsymbol{A},\boldsymbol{B}$ 是两个 n 阶对称矩阵，则 $\boldsymbol{AB}$ 是对称矩阵的充分必要条件是 $\boldsymbol{AB}=\boldsymbol{BA}$.

证 设 $\boldsymbol{AB}$ 为对称矩阵，则 $(\boldsymbol{AB})^{\mathrm{T}}=\boldsymbol{AB}$，但 $(\boldsymbol{AB})^{\mathrm{T}}=\boldsymbol{B}^{\mathrm{T}}\boldsymbol{A}^{\mathrm{T}}=\boldsymbol{BA}$，所以 $\boldsymbol{AB}=\boldsymbol{BA}$.

反过来，设 $\boldsymbol{AB}=\boldsymbol{BA}$，因为 $(\boldsymbol{AB})^{\mathrm{T}}=(\boldsymbol{BA})^{\mathrm{T}}=\boldsymbol{A}^{\mathrm{T}}\boldsymbol{B}^{\mathrm{T}}=\boldsymbol{AB}$，所以 $\boldsymbol{AB}$ 是对称矩阵.

对称矩阵是一类非常重要的矩阵，以后还要继续深入讨论.

6. 反对称矩阵

定义 24 如果 n 阶方阵 $\boldsymbol{A}=(a_{ij})_{n\times n}$ 中的元素满足 $a_{ij}=-a_{ji}$ $(i,j=1,2,\cdots,n)$，则称 $\boldsymbol{A}$ 为**反对称矩阵**.

由定义易知，对于反对称矩阵 $\boldsymbol{A}=(a_{ij})_{n\times n}$ 一定有 $a_{ii}=0\ (i=1,2,\cdots,n)$.

例如

$$\begin{pmatrix} 0 & 1 & 2 \\ -1 & 0 & -1 \\ -2 & 1 & 0 \end{pmatrix}$$

就是反对称矩阵.

由定义易知.

(1) $\boldsymbol{A}$ 是反对称矩阵的充分必要条件是 $\boldsymbol{A}^{\mathrm{T}}=-\boldsymbol{A}$;

(2) 如果 $\boldsymbol{A},\boldsymbol{B}$ 是同阶的反对称矩阵，则 $\boldsymbol{A}\pm\boldsymbol{B}, k\boldsymbol{A}$ 仍是反对称矩阵.

例 3 设 $\boldsymbol{A}$ 是 n 阶反对称矩阵，$\boldsymbol{B}$ 是 n 阶对称矩阵，则 $\boldsymbol{AB}-\boldsymbol{BA}$ 是对称矩阵.

证 因为 $\boldsymbol{A}^{\mathrm{T}}=-\boldsymbol{A}, \boldsymbol{B}^{\mathrm{T}}=\boldsymbol{B}$，所以

$$\begin{aligned}(\boldsymbol{AB}-\boldsymbol{BA})^{\mathrm{T}}&=(\boldsymbol{AB})^{\mathrm{T}}-(\boldsymbol{BA})^{\mathrm{T}}=\boldsymbol{B}^{\mathrm{T}}\boldsymbol{A}^{\mathrm{T}}-\boldsymbol{A}^{\mathrm{T}}\boldsymbol{B}^{\mathrm{T}}\\&=-\boldsymbol{BA}+\boldsymbol{AB}=\boldsymbol{AB}-\boldsymbol{BA}.\end{aligned}$$

因此，$\boldsymbol{AB}-\boldsymbol{BA}$ 是对称矩阵 .

习题 2.6

1. 设 $k\neq 0$. 求数量矩阵 $k\boldsymbol{E}$ 的伴随矩阵.

2. 设 $\boldsymbol{A}=\begin{pmatrix} a_1 & & & \\ & a_2 & & \\ & & \ddots & \\ & & & a_n \end{pmatrix}$,其中 $a_1,a_2,\cdots,a_n$ 两两不同. 证明:若 $\boldsymbol{B}$ 与 $\boldsymbol{A}$ 可交换,则 $\boldsymbol{B}$ 必为对角矩阵.

3. 设 $\boldsymbol{A},\boldsymbol{B}$ 都是 n 阶上三角矩阵. 证明:$\boldsymbol{AB}$ 为上三角矩阵.

4. 设 $\boldsymbol{A}$ 是对称矩阵,$\boldsymbol{B}$ 是反对称矩阵,则 $\boldsymbol{AB}$ 是对称矩阵的充分必要条件是$\boldsymbol{AB}+\boldsymbol{BA}=0$.

5. 设 $\boldsymbol{A}$ 是 n 阶矩阵. 证明:

(1)$\boldsymbol{A}+\boldsymbol{A}^{\mathrm{T}}$ 是对称矩阵;

(2)$\boldsymbol{A}-\boldsymbol{A}^{\mathrm{T}}$ 是反对称矩阵.

扫一扫,阅读拓展知识

第 2 章复习题

一、填空题

1. 设 $\boldsymbol{A}=\begin{pmatrix} 1 & -1 & 0 \\ -1 & -1 & -1 \\ 3 & 2 & 1 \end{pmatrix}$,则 $\boldsymbol{A}$ 的伴随矩阵 $\boldsymbol{A}^*=$________.

2. 设 4 阶矩阵 $\boldsymbol{A}$ 按列分块为 $\boldsymbol{A}=(\boldsymbol{A}_1\quad \boldsymbol{A}_2\quad \boldsymbol{A}_3\quad \boldsymbol{A}_4)$,且行列式 $|\boldsymbol{A}|=3$. 矩阵 $\boldsymbol{B}=(-\boldsymbol{A}_1-2\boldsymbol{A}_3\quad -\boldsymbol{A}_3\quad 2\boldsymbol{A}_2-\boldsymbol{A}_4\quad \boldsymbol{A}_4+3\boldsymbol{A}_1)$. 则行列式 $|\boldsymbol{B}|=$________.

3. 设矩阵 $\boldsymbol{A}=\begin{pmatrix} 1 & 1 & 1 & 1 \\ 2 & -3 & a & -1 \\ 4 & 9 & a^2 & 1 \\ 8 & -27 & a^3 & -1 \end{pmatrix}$. 若 $\boldsymbol{A}$ 的秩小于 4,且 $|a|>2$,则 $a=$________.

4. 设 $\boldsymbol{A}$ 是 3 阶矩阵. 若 $|\boldsymbol{A}|=2$,则 $|4\boldsymbol{A}^{-1}-\boldsymbol{A}^*|=$________.

5. 已知 n 阶方阵 A 的行列式 $|\boldsymbol{A}|=-3$,则 $|k\boldsymbol{A}^{\mathrm{T}}|=$________.

二、选择题

1. 设 $\boldsymbol{U}$ 是 3 阶矩阵,将 $\boldsymbol{U}$ 的第 2 行加到第 1 行得 $\boldsymbol{V}$,再将 $\boldsymbol{V}$ 的第 1 列的(-1)倍加到第 2 列得 $\boldsymbol{W}$,记 $\boldsymbol{P}=\begin{pmatrix} 1 & 1 & 0 \\ 0 & 1 & 0 \\ 0 & 0 & 1 \end{pmatrix}$,则(   ).

(A) $W=P^{-1}UP$　(B) $W=PUP^{-1}$　(C) $W=P^{T}UP$　(D) $W=PUP^{T}$

2. 设 A 是 n 阶矩阵，$1\leqslant k<n$. 若 A 的秩 $r(A)\leqslant k$，则(　　).

(A) A 的所有 k 阶子式都不等于零　(B) A 的所有 $k+1$ 阶子式等于零

(C) A 至少有一个 k 阶非零子式　(D) A 至少有一个 $k+1$ 阶非零子式

3. 设 A^*，A^{-1} 分别为 n 阶方阵 A 的伴随阵、逆矩阵，则 $|A^*A^{-1}|$ 等于(　　).

(A) $|A|^{n}$　(B) $|A|^{n-1}$　(C) $|A|^{n-2}$　(D) $|A|^{n-3}$

4. 设 A,B 为 n 阶方阵. 则下列说法正确的是(　　).

(A) A 或 B 不可逆，必有 AB 不可逆　(B) A 或 B 可逆，必有 AB 可逆

(C) A 且 B 不可逆，必有 $A+B$ 不可逆　(D) A 且 B 可逆，必有 $A+B$ 可逆

5. 设 A,B 为 n 阶方阵，且 $A\neq 0$，$AB=0$，下列结论必然正确的是(　　).

(A) $B=0$　(B) $(A+B)^2=A^2+B^2$

(C) $(A-B)(A+B)=A^2-B^2$　(D) $(A-B)^2=A^2-BA+B^2$

三、计算题

1. 设矩阵 $B=\begin{pmatrix}2&1\\1&3\end{pmatrix}$，$C=\begin{pmatrix}-1&3\\2&1\\0&2\end{pmatrix}$，$B^*$ 为 B 的伴随矩阵，C^T 为 C 的转置矩阵. 求 B^*C^T.

2. 设 n 为正整数. 计算

(1) $\begin{pmatrix}\cos\theta&-\sin\theta\\\sin\theta&\cos\theta\end{pmatrix}^n$；　(2) $\begin{pmatrix}\lambda&1&0\\0&\lambda&1\\0&0&\lambda\end{pmatrix}^n$.

3. 求解矩阵方程 $\begin{pmatrix}2&5\\1&3\end{pmatrix}X\begin{pmatrix}1&1&-1\\0&1&2\\1&-1&-6\end{pmatrix}=\begin{pmatrix}1&-1&1\\1&1&0\end{pmatrix}$.

4. 设矩阵 $A=\begin{pmatrix}-3&1&-1\\-1&-3&0\\0&0&-4\end{pmatrix}$，且 $A-3B=AB$. 求矩阵 B.

5. 设 $A=\begin{pmatrix}0&E_n\\E_n&0\end{pmatrix}$. 求 A^m，m 为整数.

四、证明题

1. 设 A 为 n 阶非零矩阵，且 $A^*=A^T$. 证明：$|A|\neq 0$。

2. 设 A,B 均为 n 阶矩阵. 已知 $|B|\neq 0$，$A-E$ 可逆且 $(A-E)^{-1}=B-E$. 证明：A 可逆.

3. 设 A，B，C 都是 n 阶方阵，且 A，B 可逆. 证明：$\begin{pmatrix}A&C\\0&B\end{pmatrix}$ 可逆，且

$$\begin{pmatrix}A&C\\0&B\end{pmatrix}^{-1}=\begin{pmatrix}A^{-1}&-A^{-1}CB^{-1}\\0&B^{-1}\end{pmatrix}.$$

4. 设 $\boldsymbol{A}$ 是 n 阶矩阵. 证明:

(1)若 $r(\boldsymbol{A})=n$,则 $r(\boldsymbol{A}^*)=n$.

(2)若 $r(\boldsymbol{A})<n-1$,则 $r(\boldsymbol{A}^*)=0$.

5. 设矩阵 $\boldsymbol{A}=\begin{pmatrix}1&0&0\\1&0&1\\0&1&0\end{pmatrix}$. 证明:当 $n\geqslant 3$ 时,$\boldsymbol{A}^n=\boldsymbol{A}^{n-2}+\boldsymbol{A}^2-\boldsymbol{E}$.

扫一扫,获取参考答案

第 3 章

线性方程组

线性方程组的理论在线性代数中起着重要作用. 事实上,线性代数的许多问题都相当于研究线性方程组. 在第 1 章中,已经介绍了解线性方程组的克莱姆法则,但是此法则的应用是有条件的:(1) 未知量个数与方程个数相等;(2) 系数行列式不等于零. 可是在许多问题中所遇到的方程组并不满足上述两个条件. 这就促使我们有必要进一步讨论一般的线性方程组.

§3.1 线性方程组的消元法

线性方程组的一般形式为:

$$\begin{cases} a_{11}x_1+a_{12}x_2+\cdots+a_{1n}x_n=b_1, \\ a_{21}x_1+a_{22}x_2+\cdots+a_{2n}x_n=b_2, \\ \quad\vdots \qquad\quad \vdots \qquad\qquad\quad \vdots \qquad\ \ \vdots \\ a_{s1}x_1+a_{s2}x_2+\cdots+a_{sn}x_n=b_s, \end{cases} \tag{3.1.1}$$

其中 $x_1,x_2,\cdots,x_n$ 代表未知量,$a_{ij}(i=1,2,\cdots,s;\ j=1,2,\cdots,n)$称为方程组(3.1.1)的**系数**;$b_i(i=1,2,\cdots,s)$称为方程组(3.1.1)的**常数项**. 常数项为 0 的线性方程组称为**齐次线性方程组**.

称方程组(3.1.1)的全部系数按照它们的相对位置排成的矩阵

$$A=\begin{pmatrix} a_{11} & a_{12} & \cdots & a_{1n} \\ a_{21} & a_{22} & \cdots & a_{2n} \\ \vdots & \vdots & & \vdots \\ a_{s1} & a_{s2} & \cdots & a_{sn} \end{pmatrix}$$

为线性方程组(3.1.1)的**系数矩阵**. 称矩阵

$$\overline{A}=\begin{pmatrix} a_{11} & a_{12} & \cdots & a_{1n} & b_1 \\ a_{21} & a_{22} & \cdots & a_{2n} & b_2 \\ \vdots & \vdots & & \vdots & \vdots \\ a_{s1} & a_{s2} & \cdots & a_{sn} & b_s \end{pmatrix}$$

为线性方程组(3.1.1)的**增广矩阵**.

令

$$X=\begin{pmatrix} x_1 \\ x_2 \\ \vdots \\ x_n \end{pmatrix},\quad \beta=\begin{pmatrix} b_1 \\ b_2 \\ \vdots \\ b_s \end{pmatrix}.$$

则方程组(3.1.1)的矩阵形式为

$$AX=\beta. \tag{3.1.2}$$

如果 $x_1=k_1, x_2=k_2, \cdots, x_n=k_n$($k_1, k_2, \cdots, k_n$ 为 n 个数),代入方程组(3.1.1),使方程组(3.1.1)的每个等式成为恒等式,则称 n 元有序数组$(k_1, k_2, \cdots, k_n)$为方程组(3.1.1)的一个**解**. 方程组(3.1.1)的全部解构成的集合称为它的**解集**.

如果两个方程组的解集合相同,则称这两个方程组同解.

下面通过具体例子介绍消元法.

例 1 解方程组

$$\begin{cases} 2x_1+2x_2-4x_3=4, \\ x_1-x_2-x_3=1, \\ 3x_1-4x_2-2x_3=5. \end{cases} \tag{3.1.3}$$

解 将方程组(3.1.3)的第 1 个与第 2 个方程交换位置得到

$$\begin{cases} x_1-x_2-x_3=1, \\ 2x_1+2x_2-4x_3=4, \\ 3x_1-4x_2-2x_3=5. \end{cases} \tag{3.1.4}$$

将方程组(3.1.4)的第1个方程乘-2及-3分别加到第2,3个方程上去,得到

$$\begin{cases} x_1 - x_2 - x_3 = 1, \\ 4x_2 - 2x_3 = 2, \\ -x_2 + x_3 = 2. \end{cases} \tag{3.1.5}$$

将方程组(3.1.5)的第3个方程乘-1,并与第2个方程互换位置得到

$$\begin{cases} x_1 - x_2 - x_3 = 1, \\ x_2 - x_3 = -2, \\ 4x_2 - 2x_3 = 2. \end{cases} \tag{3.1.6}$$

将方程组(3.1.6)的第2个方程乘-4加到第3个方程上去,便得到

$$\begin{cases} x_1 - x_2 - x_3 = 1, \\ x_2 - x_3 = -2, \\ 2x_3 = 10. \end{cases} \tag{3.1.7}$$

由方程组(3.1.7)容易求得方程组的解为

$$x_1 = 9, \quad x_2 = 3, \quad x_3 = 5.$$

我们看到,上例求解的过程就是对方程组施行三种变换.

(1) 用一个非零的数乘某一个方程;

(2) 把一个方程的倍数加到另一个方程上去;

(3) 互换两个方程的位置.

称这三种变换为线性方程组的**初等变换**.

显然,线性方程组的初等变换相当于对此方程组的增广矩阵进行初等行变换.因此我们将通过化简矩阵来讨论化简线性方程组的问题.这样做,不但讨论起来比较方便,而且能给出一种方法,用一个线性方程组的增广矩阵来解这个方程组,而不必每次把未知量写出.

由初等变换的定义易知.

定理1 初等变换将线性方程组变成同解的线性方程组.

由第2章定理4知道,方程组(3.1.1)的增广增矩$\overline{\boldsymbol{A}}$可经过矩阵的初等行变换化成阶梯形矩阵.因而,线性方程组(3.1.1)可经过方程组的初等变换化成(为讨论方便,不妨$c_{ii} \neq 0$, $i = 1, 2, \cdots, r$)

$$
\begin{cases}
c_{11}x_1+c_{12}x_2+\cdots+c_{1r}x_r+\cdots+c_{1n}x_n=d_1, \\
\qquad c_{22}x_2+\cdots+c_{2r}x_r+\cdots+c_{2n}x_n=d_2, \\
\qquad\qquad \vdots \\
\qquad\qquad c_{rr}x_r+\cdots+c_{rn}x_n=d_r, \\
\qquad\qquad\qquad 0=d_{r+1}, \\
\qquad\qquad\qquad 0=0, \\
\qquad\qquad\qquad \vdots \\
\qquad\qquad\qquad 0=0,
\end{cases}
\tag{3.1.8}
$$

后面“0=0”恒等式可以去掉. 由定理1知,方程组(3.1.1)与方程组(3.1.8)是同解的. 而方程组(3.1.8)是否有解完全取决于最后一个方程 $0=d_{r+1}$.

$d_{r+1}=0$ 时,方程组(3.1.8)一定有解;$d_{r+1}\neq 0$ 时,方程组(3.1.8)没有解. 因此方程组(3.1.8)有解,从而方程组(3.1.1)有解的充分必要条件是 $d_{r+1}=0$.

在有解的情况下:

1) 如果 $r=n$,这时方程组(3.1.8)为

$$
\begin{cases}
c_{11}x_1+c_{12}x_2+\cdots+c_{1n}x_n=d_1, \\
\qquad c_{22}x_2+c_{2n}x_n=d_2, \\
\qquad\qquad \vdots \\
\qquad\qquad c_{nn}x_n=d_n,
\end{cases}
\tag{3.1.9}
$$

其中 $c_{ii}\neq 0$, $i=1,2,\cdots,n$.

显然方程组(3.1.9)也即方程组(3.1.1)有惟一解.

2) 如果 $r<n$,这时方程组(3.1.8)可改写为

$$
\begin{cases}
c_{11}x_1+c_{12}x_2+\cdots+c_{1r}x_r=d_1-c_{1\,r+1}x_{r+1}-\cdots-c_{1n}x_n, \\
\qquad c_{22}x_2+\cdots+c_{2r}x_r=d_2-c_{2\,r+1}x_{r+1}-\cdots-c_{2n}x_n, \\
\qquad\qquad \vdots \\
\qquad\qquad c_{rr}x_r=d_r-c_{r\,r+1}x_{r+1}-\cdots-c_{rn}x_n.
\end{cases}
\tag{3.1.10}
$$

可见,给定 $x_{r+1},\cdots,x_n$ 的一组值,就惟一地解出 $x_1,\cdots,x_r$ 的值. 因此方程组(3.1.8)有无穷多个解,从而(3.1.1)有无穷多个解.

由方程组(3.1.10),我们可以把 $x_1,x_2,\cdots,x_r$ 通过 $x_{r+1},\cdots,x_n$ 表示出来,这样一组表达式称为方程组(3.1.1)的一般解,$x_{r+1},\cdots,$

x_n 称为**自由未知量**.

例 2 解方程组

$$\begin{cases}2x_1-x_2+3x_3=1,\\4x_1-2x_2+5x_3=4,\\2x_1-x_2+4x_3=0.\end{cases}$$

解 对方程组的增广矩阵进行初等行变换

$$\begin{pmatrix}2&-1&3&1\\4&-2&5&4\\2&-1&4&0\end{pmatrix}\longrightarrow\begin{pmatrix}2&-1&3&1\\0&0&-1&2\\0&0&1&-1\end{pmatrix}\longrightarrow\begin{pmatrix}2&-1&3&1\\0&0&-1&2\\0&0&0&1\end{pmatrix}.$$

由最后一行(0　0　0　1)可知,原方程组无解.

例 3 解方程组

$$\begin{cases}2x_1-x_2+3x_3=1,\\4x_1-2x_2+5x_3=4,\\2x_1-x_2+4x_3=-1.\end{cases}\tag{3.1.11}$$

解 方程组的增广矩阵为

$$\overline{\boldsymbol{A}}=\begin{pmatrix}2&-1&3&1\\4&-2&5&4\\2&-1&4&-1\end{pmatrix},$$

对 $\overline{\boldsymbol{A}}$ 进行初等行变换

$$\overline{\boldsymbol{A}}\longrightarrow\begin{pmatrix}2&-1&3&1\\0&0&-1&2\\0&0&0&0\end{pmatrix},$$

所以方程组(3.1.11)与方程组

$$\begin{cases}2x_1-x_2+3x_3=1\\-x_3=2\end{cases}\tag{3.1.12}$$

同解. 所以

$$\begin{cases}x_1=\frac{1}{2}(7+x_2)\\x_3=-2,\end{cases}$$

其中 x_2 为自由未知量.

以上结果应用到齐次线性方程组有下面定理.

定理 2 齐次线性方程组

$$\begin{cases} a_{11}x_1+a_{12}x_2+\cdots+a_{1n}x_n=0, \\ a_{21}x_1+a_{22}x_2+\cdots+a_{2n}x_n=0, \\ \qquad\vdots \\ a_{s1}x_1+a_{s2}x_2+\cdots+a_{sn}x_n=0 \end{cases} \tag{3.1.13}$$

中,如果方程的个数 $s<n$,则必有非零解.

证 显然,方程组(3.1.13)化成阶梯形方程组之后,方程的个数 r 不超过 s,即 $r\leqslant s<n$. 因此方程组(3.1.13)有非零解.

习题 3.1

1. 求解线性方程组.

(1) $\begin{cases} 2x_1+2x_2+3x_3=-2, \\ x_1-x_2=3, \\ -x_1+2x_2+x_3=4; \end{cases}$ (2) $\begin{cases} x_1-2x_2+3x_3-4x_4=4, \\ x_2-3x_3+x_4=-3, \\ x_1+3x_2+x_4=1. \end{cases}$

2. 求解线性方程组.

(1) $\begin{cases} x_2-3x_3+4x_4=-5, \\ x_1-2x_3+3x_4=-4, \\ 3x_1+2x_2-5x_4=12, \\ 4x_1+3x_2-5x_3=5; \end{cases}$ (2) $\begin{cases} 2x_1-x_2+4x_3-3x_4=-4, \\ x_1+x_3-x_4=-3, \\ 3x_1+x_2+x_3=1, \\ 7x_1+7x_3-3x_4=3. \end{cases}$

3. 证明:非齐次线性方程组

$$\begin{cases} x_1-2x_2+3x_3-x_4=1, \\ 3x_1-x_2+5x_3-3x_4=2, \\ 2x_1+x_2+2x_3-2x_4=3 \end{cases}$$

无解.

4. 讨论 λ 取何值时,齐次线性方程组

$$\begin{cases} \lambda x_1+x_2+x_3=0, \\ x_1+\lambda x_2+x_3=0, \\ x_1+x_2+\lambda x_3=0 \end{cases}$$

有非零解,并在有非零解时求出所有解.

§3.2 n维向量

在研究问题时，常常需要明确规定所考虑的数的范围. 我们知道，在整数范围内，可以进行加、减、乘三种运算，但除法不是普遍可以做的. 而在有理数范围内，只要除数不为零，除法总是可以做的. 因此，在数的不同的范围内同一个问题的回答可能是不同的. 在实数和复数范围内，也同样可以进行这四种运算. 除此之外，还有许多数的集合，在其中也可以进行加、减、乘、除四种运算. 为了在讨论中能把它们统一起来，我们引入数域的概念.

设 P 是复数集$\mathbb{C}$的非空子集，如果 P 满足：

(1) $1\in P$；

(2) 对于任意的 $a,b\in P$，有 $a+b,a-b,ab\in P$，当 $b\neq 0$ 时，$\frac{a}{b}\in P$，

则称 P 是**数域**.

例如，有理数集$\mathbb{Q}$，实数集$\mathbb{R}$和复数集$\mathbb{C}$都是数域，但是整数集$\mathbb{Z}$不是数域.

例 1 求证：全体形如 $a+b\sqrt{2}$（其中 a,b 为有理数）的数构成一个数域.

证 记

$$\mathbb{Q}(\sqrt{2})=\{a+b\sqrt{2}\mid a,b\in\mathbb{Q}\}.$$

显然，$1\in\mathbb{Q}(\sqrt{2})$. 对于任意 $x_1,x_2\in\mathbb{Q}(\sqrt{2})$，设

$$x_1=a+b\sqrt{2},\quad x_2=c+d\sqrt{2}.$$

则 $x_1\pm x_2=(a\pm c)+(b\pm d)\sqrt{2}\in\mathbb{Q}(\sqrt{2})$；$x_1\cdot x_2=(ac+2bd)+(ad+bc)\sqrt{2}\in\mathbb{Q}(\sqrt{2})$. 设 $x_2\neq 0$，则

$$\frac{x_1}{x_2}=\frac{a+b\sqrt{2}}{c+d\sqrt{2}}=\frac{ac-2bd}{c^2-2d^2}+\frac{bc-ad}{c^2-2d^2}\sqrt{2}\in\mathbb{Q}(\sqrt{2}).$$

因此，$\mathbb{Q}(\sqrt{2})$是数域.

例 2 任何数域 P 都包含有理数域$\mathbb{Q}$.

证 因为 P 为数域，所以 $1,0\in P$. 根据 P 对加法、减法的封闭

性，任意一个自然数 $n=\underbrace{1+1+\cdots+1}_{n}\in P$，$-n=0-n\in P$. 因此全体整数 $\mathbb{Z}\subset P$. 由于任何一个有理数都可以表成两个整数的商 $\dfrac{n}{m}$ $(m\neq 0)$，根据 P 对除法的封闭性，$\mathbb{Q}\subseteq P$.

下面我们在一般数域 P 内引入向量的概念.

定义 1 数域 P 中任意 n 个数组成的有序数组 $\boldsymbol{\alpha}=(a_1,a_2,\cdots,a_n)$，称为数域 P 上的 n 维向量. $a_i(i=1,2,\cdots,n)$ 称为 $\boldsymbol{\alpha}$ 的第 i 个分量.

有时，n 维向量又写成下面形式

$$\boldsymbol{\alpha}=\begin{pmatrix} a_1 \\ a_2 \\ \vdots \\ a_n \end{pmatrix}.$$

横写的称为**行向量**，纵写的称为**列向量**. 它们只是写法上的不同，在解决问题时，可以根据需要，选取不同的表达形式.

定义 2 如果 n 维向量

$$\boldsymbol{\alpha}=(a_1,a_2,\cdots,a_n),\quad \boldsymbol{\beta}=(b_1,b_2,\cdots,b_n)$$

的对应分量都相等，即 $a_i=b_i(i=1,2,\cdots,n)$，则称向量 $\boldsymbol{\alpha}$ 与 $\boldsymbol{\beta}$ **相等**，记为 $\boldsymbol{\alpha}=\boldsymbol{\beta}$.

定义 3 如果 n 维向量的分量全为 0，即 $(0,\cdots,0)$，称为**零向量**，记为 $\mathbf{0}$. 向量 $(-a_1,-a_2,\cdots,-a_n)$ 称为 $\boldsymbol{\alpha}=(a_1,a_2,\cdots,a_n)$ 的**负向量**，记为 $-\boldsymbol{\alpha}$.

定义 4 设 $\boldsymbol{\alpha}=(a_1,a_2,\cdots,a_n)$，$\boldsymbol{\beta}=(b_1,b_2,\cdots,b_n)$ 是数域 P 上的向量，称

$$(a_1+b_1,a_2+b_2,\cdots,a_n+b_n)$$

为向量 $\boldsymbol{\alpha}$ 与 $\boldsymbol{\beta}$ 的**和**，记为 $\boldsymbol{\alpha}+\boldsymbol{\beta}$.

利用负向量可以定义向量的减法：

$$\boldsymbol{\alpha}-\boldsymbol{\beta}=\boldsymbol{\alpha}+(-\boldsymbol{\beta}).$$

注意到，两个向量的维数相同时，才能进行加、减，才能有相等或不相等.

定义 5 设 $\boldsymbol{\alpha}=(a_1,a_2,\cdots,a_n)$ 是数域 P 上的向量，$k\in P$，称

$(k\alpha_1, k\alpha_2, \cdots, k\alpha_n)$为数 k 与向量 $\boldsymbol{\alpha}$ 的**数量乘积**,记作 $k\boldsymbol{\alpha}$.

向量的加法和数乘统称为向量的线性运算.

由定义易知,向量的加法和数乘满足下列运算规则.

(1) $\boldsymbol{\alpha}+\boldsymbol{\beta}=\boldsymbol{\beta}+\boldsymbol{\alpha}$;

(2) $(\boldsymbol{\alpha}+\boldsymbol{\beta})+\boldsymbol{\gamma}=\boldsymbol{\alpha}+(\boldsymbol{\beta}+\boldsymbol{\gamma})$;

(3) $\boldsymbol{\alpha}+\mathbf{0}=\boldsymbol{\alpha}$;

(4) $\boldsymbol{\alpha}+(-\boldsymbol{\alpha})=\mathbf{0}$;

(5) $k(\boldsymbol{\alpha}\pm\boldsymbol{\beta})=k\boldsymbol{\alpha}\pm k\boldsymbol{\beta}$;

(6) $(k+l)\boldsymbol{\alpha}=k\boldsymbol{\alpha}+l\boldsymbol{\alpha}$;

(7) $(kl)\boldsymbol{\alpha}=k(l\boldsymbol{\alpha})$;

(8) $1\boldsymbol{\alpha}=\boldsymbol{\alpha}$.

其中 $k,l\in P$,$\boldsymbol{\alpha},\boldsymbol{\beta},\boldsymbol{\gamma}$ 均为 P 上的 n 维向量.

由上面的运算规则,可以证明下列规则.

(9) $0\boldsymbol{\alpha}=\mathbf{0}$(注意两边 0 的不同含义);

(10) $(-1)\boldsymbol{\alpha}=-\boldsymbol{\alpha}$;

(11) $k\mathbf{0}=\mathbf{0}$;

(12) 如果 $k\boldsymbol{\alpha}=\mathbf{0}$,则 $k=0$ 或 $\boldsymbol{\alpha}=\mathbf{0}$.

记 $P^n=\{(a_1,a_2,\cdots,a_n)\,|\,a_i\in P,\ i=1,2,\cdots,n\}$,或

$$P^n=\left\{\begin{pmatrix}a_1\\a_2\\\vdots\\a_n\end{pmatrix}\middle|\ a_i\in P,\ i=1,2,\cdots,n\right\}.$$

定义 6 数域 P 上全体 n 维向量集合 P^n,连同其中向量的加法和数乘运算一起,称为 P 上的 **n 维向量空间**.

注:n 维行向量可视为 $1\times n$ 矩阵,n 维列向量可视为 $n\times 1$ 矩阵,向量的运算及其规律与矩阵是一致的.

习题 3.2

1. 设$\mathbb{Q}$是有理数域,$\mathbb{Q}(\sqrt{3})=\{a+b\sqrt{3}\,|\,a,b\in\mathbb{Q}\}$. 证明:$\mathbb{Q}(\sqrt{3})$是数域.
2. 设向量 $\boldsymbol{\alpha}=(-1,2,3,5)$,$\boldsymbol{\beta}=(3,-2,0,4)$. 求 $2\boldsymbol{\alpha}-3\boldsymbol{\beta}$.
3. 解向量方程(组).

(1)$2\boldsymbol{\alpha}+(3,1,-2,3)=(1,3,2,-1)$； (2)$\begin{cases}4\boldsymbol{\alpha}+3\boldsymbol{\beta}=(1,1,1)\\2\boldsymbol{\alpha}-\boldsymbol{\beta}=(-1,0,1).\end{cases}$

4. 设 $\boldsymbol{\alpha}$ 是数域 P 上的向量，$k\in P$. 证明：$k\boldsymbol{\alpha}=0$ 的充分必要条件是 $k=0$ 或 $\boldsymbol{\alpha}=\mathbf{0}$.

§3.3 向量的线性关系

向量间的关系最基本的是线性相关、线性无关和线性组合.

定义 7 设 $\boldsymbol{\alpha}_1,\boldsymbol{\alpha}_2,\cdots,\boldsymbol{\alpha}_m\in P^n$，$k_1,k_2,\cdots,k_m\in P$，则

$$k_1\boldsymbol{\alpha}_1+k_2\boldsymbol{\alpha}_2+\cdots+k_m\boldsymbol{\alpha}_m$$

称为向量 $\boldsymbol{\alpha}_1,\boldsymbol{\alpha}_2,\cdots,\boldsymbol{\alpha}_m$ 的**线性组合**.

设 $\boldsymbol{\beta}\in P^n$，如果

$$\boldsymbol{\beta}=k_1\boldsymbol{\alpha}_1+k_2\boldsymbol{\alpha}_2+\cdots+k_m\boldsymbol{\alpha}_m,$$

则称 **$\boldsymbol{\beta}$ 可由向量组 $\boldsymbol{\alpha}_1,\boldsymbol{\alpha}_2,\cdots,\boldsymbol{\alpha}_m$ 线性表示**，或称 $\boldsymbol{\beta}$ 是 $\boldsymbol{\alpha}_1,\boldsymbol{\alpha}_2,\cdots,\boldsymbol{\alpha}_m$ 的一个**线性组合**.

例 1 设 $\boldsymbol{\varepsilon}_1=(1,0,\cdots,0)$，$\boldsymbol{\varepsilon}_2=(0,1,\cdots,0)$，$\cdots$，$\boldsymbol{\varepsilon}_n=(0,0,\cdots,1)$，则任一个 n 维向量 $\boldsymbol{\alpha}=(a_1,a_2,\cdots,a_n)$ 都是 $\boldsymbol{\varepsilon}_1,\boldsymbol{\varepsilon}_2,\cdots,\boldsymbol{\varepsilon}_n$ 的一个线性组合，这是因为

$$\boldsymbol{\alpha}=a_1\boldsymbol{\varepsilon}_1+a_2\boldsymbol{\varepsilon}_2+\cdots+a_n\boldsymbol{\varepsilon}_n.$$

向量 $\boldsymbol{\varepsilon}_1,\boldsymbol{\varepsilon}_2,\cdots,\boldsymbol{\varepsilon}_n$ 称为 **n 维单位向量**.

设 $\boldsymbol{\beta}=(b_1,b_2,\cdots,b_n)$，$\boldsymbol{\alpha}_i=(a_{1i},a_{2i},\cdots,a_{ni})$，$i=1,2,\cdots,s$，如何判定 $\boldsymbol{\beta}$ 是否是 $\boldsymbol{\alpha}_1,\boldsymbol{\alpha}_2,\cdots,\boldsymbol{\alpha}_s$ 的线性组合？怎样将 $\boldsymbol{\beta}$ 表示成 $\boldsymbol{\alpha}_1,\boldsymbol{\alpha}_2,\cdots,\boldsymbol{\alpha}_s$ 的线性组合呢？

考虑方程 $x_1\boldsymbol{\alpha}_1+x_2\boldsymbol{\alpha}_2+\cdots+x_s\boldsymbol{\alpha}_s=\boldsymbol{\beta}$，($x_1,x_2,\cdots,x_s$ 为未知量)，按分量写出

$$\begin{cases}a_{11}x_1+a_{12}x_2+\cdots+a_{1s}x_s=b_1\\a_{21}x_1+a_{22}x_2+\cdots+a_{2s}x_s=b_2\\\qquad\vdots\\a_{n1}x_1+a_{n2}x_2+\cdots+a_{ns}x_s=b_n.\end{cases}\tag{3.3.1}$$

所以 $\boldsymbol{\beta}$ 是 $\boldsymbol{\alpha}_1,\boldsymbol{\alpha}_2,\cdots,\boldsymbol{\alpha}_s$ 线性组合的充分必要条件是线性方程组(3.3.1)有解.

例 2 把 $\boldsymbol{\beta}=(1,2,1,1)$ 表成 $\boldsymbol{\alpha}_1=(1,1,1,1)$，$\boldsymbol{\alpha}_2=(1,1,-1,-1)$，$\boldsymbol{\alpha}_3=(1,-1,1,-1)$ 和 $\boldsymbol{\alpha}_4=(1,-1,-1,1)$ 的线性组合.

解 考虑方程 $x_1\boldsymbol{\alpha}_1+x_2\boldsymbol{\alpha}_2+x_3\boldsymbol{\alpha}_3+x_4\boldsymbol{\alpha}_4=\boldsymbol{\beta}$，写出分量

$$\begin{cases}x_1+x_2+x_3+x_4=1,\\x_1+x_2-x_3-x_4=2,\\x_1-x_2+x_3-x_4=1,\\x_1-x_2-x_3+x_4=1.\end{cases}$$

解此方程组得 $x_1=\frac{5}{4}, x_2=\frac{1}{4}, x_3=-\frac{1}{4}, x_4=-\frac{1}{4}$.

因此 $\boldsymbol{\beta}=\frac{5}{4}\boldsymbol{\alpha}_1+\frac{1}{4}\boldsymbol{\alpha}_2-\frac{1}{4}\boldsymbol{\alpha}_3-\frac{1}{4}\boldsymbol{\alpha}_4$.

定义 8 设 $\boldsymbol{\alpha}_1,\cdots,\boldsymbol{\alpha}_s,\boldsymbol{\beta}_1,\cdots,\boldsymbol{\beta}_t\in P^n$，如果每个向量 $\boldsymbol{\alpha}_i(i=1,2,\cdots,s)$ 都可以由向量组 $\boldsymbol{\beta}_1,\cdots,\boldsymbol{\beta}_t$ 线性表示，则称 $\boldsymbol{\alpha}_1,\cdots,\boldsymbol{\alpha}_s$ **可由** $\boldsymbol{\beta}_1,\cdots,\boldsymbol{\beta}_t$ **线性表示.**

若两个向量组可以互相线性表示，则称它们等价.

可以验证，向量组之间的等价关系具有以下性质.

(1) 反身性：每个向量组都与它自身等价.

(2) 对称性：如果向量组 $\boldsymbol{\alpha}_1,\cdots,\boldsymbol{\alpha}_s$ 与 $\boldsymbol{\beta}_1,\cdots,\boldsymbol{\beta}_t$ 等价，则 $\boldsymbol{\beta}_1,\cdots,\boldsymbol{\beta}_t$ 与 $\boldsymbol{\alpha}_1,\cdots,\boldsymbol{\alpha}_s$ 等价.

(3) 传递性：如果向量组 $\boldsymbol{\alpha}_1,\cdots,\boldsymbol{\alpha}_s$ 与 $\boldsymbol{\beta}_1,\cdots,\boldsymbol{\beta}_t$ 等价，$\boldsymbol{\beta}_1,\cdots,\boldsymbol{\beta}_t$ 与 $\boldsymbol{\gamma}_1,\cdots,\boldsymbol{\gamma}_l$ 等价，则 $\boldsymbol{\alpha}_1,\cdots,\boldsymbol{\alpha}_s$ 与 $\boldsymbol{\gamma}_1,\cdots,\boldsymbol{\gamma}_l$ 等价.

定义 9 设 $\boldsymbol{\alpha}_1,\cdots,\boldsymbol{\alpha}_s\in P^n$. 如果存在不全为零的数 $k_1,\cdots,k_s\in P$，使得

$$k_1\boldsymbol{\alpha}_1+\cdots+k_s\boldsymbol{\alpha}_s=\mathbf{0}$$

则称 $\boldsymbol{\alpha}_1,\boldsymbol{\alpha}_2,\cdots,\boldsymbol{\alpha}_s$ 在 P 上是线性相关的.

如果只有在 $k_1=\cdots=k_s=0$ 时，才能有 $k_1\boldsymbol{\alpha}_1+\cdots+k_s\boldsymbol{\alpha}_s=\mathbf{0}$，则称 $\boldsymbol{\alpha}_1,\cdots,\boldsymbol{\alpha}_s$ 在 P 上线性无关.

由定义易知，含有零向量的向量组一定线性相关. 特别地，单独一个零向量线性相关；单独一个向量 $\boldsymbol{\alpha}$ 线性相关的充分必要条件是 $\boldsymbol{\alpha}=\mathbf{0}$.

例 3 n 维单位向量组 $\boldsymbol{\varepsilon}_1,\cdots,\boldsymbol{\varepsilon}_n$ 线性无关.

证 设 $k_1\boldsymbol{\varepsilon}_1+\cdots+k_n\boldsymbol{\varepsilon}_n=\mathbf{0}$,即

$$(k_1,\cdots,k_n)=(0,\cdots,0).$$

因此,$k_1=k_2=\cdots=k_n=0$,所以,$\boldsymbol{\varepsilon}_1,\cdots,\boldsymbol{\varepsilon}_n$ 线性无关.

例 4 设 $\boldsymbol{\alpha}_1=(2,-1,3)$,$\boldsymbol{\alpha}_2=(3,2,-1)$,$\boldsymbol{\alpha}_3=(1,-4,7)$. 问:$\boldsymbol{\alpha}_1,\boldsymbol{\alpha}_2,\boldsymbol{\alpha}_3$ 是否线性相关?

解 令 $k_1\boldsymbol{\alpha}_1+k_2\boldsymbol{\alpha}_2+k_3\boldsymbol{\alpha}_3=\mathbf{0}$,即

$$k_1(2,-1,3)+k_2(3,2,-1)+k_3(1,-4,7)=\mathbf{0}.$$

因而

$$\begin{cases}2k_1+3k_2+k_3=0,\\-k_1+2k_2-4k_3=0,\\3k_1-k_2+7k_3=0.\end{cases}\tag{3.3.2}$$

方程组(3.3.2)的系数矩阵行列式为

$$\begin{vmatrix}2&3&1\\-1&2&-4\\3&-1&7\end{vmatrix}=0.$$

于是方程组(3.3.2)有非零解,所以 $\boldsymbol{\alpha}_1,\boldsymbol{\alpha}_2,\boldsymbol{\alpha}_3$ 线性相关.

定理 3 向量组 $\boldsymbol{\alpha}_1,\boldsymbol{\alpha}_2,\cdots,\boldsymbol{\alpha}_s$ $(s\geqslant 2)$线性相关的充要条件是:其中至少有一个向量可以用其余向量线性表示.

证 设 $\boldsymbol{\alpha}_1,\boldsymbol{\alpha}_2,\cdots,\boldsymbol{\alpha}_s$ 是线性相关的,则存在不全为 0 的 $k_1,k_2,\cdots,k_s\in P$,使

$$k_1\boldsymbol{\alpha}_1+k_2\boldsymbol{\alpha}_2+\cdots+k_s\boldsymbol{\alpha}_s=\mathbf{0}.$$

不妨设 $k_s\neq 0$,则

$$\boldsymbol{\alpha}_s=-\frac{k_1}{k_s}\boldsymbol{\alpha}_1-\frac{k_2}{k_s}\boldsymbol{\alpha}_2-\cdots-\frac{k_{s-1}}{k_s}\boldsymbol{\alpha}_{s-1},$$

即 $\boldsymbol{\alpha}_s$ 可用其余向量线性表示.

设 $\boldsymbol{\alpha}_1,\boldsymbol{\alpha}_2,\cdots,\boldsymbol{\alpha}_s$ 中有一个向量可以用其余向量线性表示,不妨设

$$\boldsymbol{\alpha}_s=k_1\boldsymbol{\alpha}_1+\cdots+k_{s-1}\boldsymbol{\alpha}_{s-1},\quad k_1,\cdots,k_{s-1}\in P$$

于是

$$k_1\boldsymbol{\alpha}_1+k_2\boldsymbol{\alpha}_2+\cdots+k_{s-1}\boldsymbol{\alpha}_{s-1}+(-1)\boldsymbol{\alpha}_s=\mathbf{0}.$$

令 $k_s=-1$,则 $k_1,\cdots,k_s$ 不全为 0. 因而 $\boldsymbol{\alpha}_1,\cdots,\boldsymbol{\alpha}_s$ 线性相关.

定理 4 设 $\boldsymbol{\alpha}_1,\boldsymbol{\alpha}_2,\cdots,\boldsymbol{\alpha}_s\in P^n$,如果 $\boldsymbol{\alpha}_1,\boldsymbol{\alpha}_2,\cdots,\boldsymbol{\alpha}_s$ 线性无关,则$\boldsymbol{\alpha}_1,\boldsymbol{\alpha}_2,\cdots,\boldsymbol{\alpha}_r$ 线性无关($1\leqslant r\leqslant s$).

证 (反证)若 $\boldsymbol{\alpha}_1,\boldsymbol{\alpha}_2,\cdots,\boldsymbol{\alpha}_r$ 线性相关,则存在不全为零的数 $k_1,k_2,\cdots,k_r\in P$,使

$$k_1\boldsymbol{\alpha}_1+k_2\boldsymbol{\alpha}_2+\cdots+k_r\boldsymbol{\alpha}_r=\mathbf{0}.$$

取 $k_{r+1}=\cdots=k_s=0$,于是有

$$k_1\boldsymbol{\alpha}_1+\cdots+k_r\boldsymbol{\alpha}_r+k_{r+1}\boldsymbol{\alpha}_{r+1}+\cdots+k_s\boldsymbol{\alpha}_s=\mathbf{0},$$

但 $k_1,\cdots,k_r,k_{r+1},\cdots,k_s$ 不全为零,与 $\boldsymbol{\alpha}_1,\cdots,\boldsymbol{\alpha}_s$ 线性无关矛盾. 所以$\boldsymbol{\alpha}_1,\cdots,\boldsymbol{\alpha}_r$ 线性无关.

由此可见,向量组 $\boldsymbol{\alpha}_1,\boldsymbol{\alpha}_2,\cdots,\boldsymbol{\alpha}_s$ 中如果有一部分向量组线性相关,则整个向量组 $\boldsymbol{\alpha}_1,\boldsymbol{\alpha}_2,\cdots,\boldsymbol{\alpha}_s$ 线性相关;线性无关向量组不能包含零向量.

定理 5 如果向量组 $\boldsymbol{\alpha}_1,\boldsymbol{\alpha}_2,\cdots,\boldsymbol{\alpha}_r$ 可由向量组 $\boldsymbol{\beta}_1,\boldsymbol{\beta}_2,\cdots,\boldsymbol{\beta}_s$ 线性表示,且 $r>s$,则 $\boldsymbol{\alpha}_1,\boldsymbol{\alpha}_2,\cdots,\boldsymbol{\alpha}_r$ 线性相关.

证 设

$$\begin{cases}\boldsymbol{\alpha}_1=a_{11}\boldsymbol{\beta}_1+\cdots+a_{1s}\boldsymbol{\beta}_s,\\ \qquad\vdots\\ \boldsymbol{\alpha}_r=a_{r1}\boldsymbol{\beta}_1+\cdots+a_{rs}\boldsymbol{\beta}_s,\end{cases}$$

则 $k_1\boldsymbol{\alpha}_1+\cdots+k_r\boldsymbol{\alpha}_r=(k_1a_{11}+\cdots+k_ra_{r1})\boldsymbol{\beta}_1+\cdots+(k_1a_{1s}+\cdots+k_ra_{rs})\boldsymbol{\beta}_s$.
因为$r>s$,所以方程组

$$\begin{cases}k_1a_{11}+\cdots+k_ra_{r1}=0,\\ \qquad\vdots\\ k_1a_{1s}+\cdots+k_ra_{rs}=0\end{cases}$$

有非零解,即存在不全为零的数 $k_1,\cdots,k_r$ 使得

$$k_1\boldsymbol{\alpha}_1+\cdots+k_r\boldsymbol{\alpha}_r=\mathbf{0}.$$

所以 $\boldsymbol{\alpha}_1,\boldsymbol{\alpha}_2,\cdots,\boldsymbol{\alpha}_r$ 线性相关.

由定理 5,我们有以下推论.

推论 1 如果向量组 $\boldsymbol{\alpha}_1,\boldsymbol{\alpha}_2,\cdots,\boldsymbol{\alpha}_r$ 可由向量组 $\boldsymbol{\beta}_1,\boldsymbol{\beta}_2,\cdots,\boldsymbol{\beta}_s$ 线性表示,且 $\boldsymbol{\alpha}_1,\cdots,\boldsymbol{\alpha}_r$ 线性无关,则 $r\leqslant s$.

推论 2 两个线性无关的等价的向量组含有相同个数的向量.

定义 10 设 $\boldsymbol{\alpha}_1,\cdots,\boldsymbol{\alpha}_m$ 是一个向量组 $\boldsymbol{I}$ 中的 m 个向量,如果

(1) $\boldsymbol{\alpha}_1,\cdots,\boldsymbol{\alpha}_m$ 线性无关;

(2) 向量组 $\boldsymbol{I}$ 中任一个向量都可由 $\boldsymbol{\alpha}_1,\cdots,\boldsymbol{\alpha}_m$ 线性表示.

则称 $\boldsymbol{\alpha}_1,\cdots,\boldsymbol{\alpha}_m$ 是向量组 $\boldsymbol{I}$ 的**极大线性无关组**.

例 5 设 $\boldsymbol{\alpha}_1=(1,0,0)$, $\boldsymbol{\alpha}_2=(0,1,0)$, $\boldsymbol{\alpha}_3=(1,1,0)$,求 $\boldsymbol{\alpha}_1,\boldsymbol{\alpha}_2,\boldsymbol{\alpha}_3$ 的一个极大线性无关组.

解 因为 $\boldsymbol{\alpha}_1,\boldsymbol{\alpha}_2$ 线性无关,且 $\boldsymbol{\alpha}_3=\boldsymbol{\alpha}_1+\boldsymbol{\alpha}_2$,所以 $\boldsymbol{\alpha}_1,\boldsymbol{\alpha}_2$ 是 $\boldsymbol{\alpha}_1,\boldsymbol{\alpha}_2,\boldsymbol{\alpha}_3$ 的一个极大线性无关组. 同样,$\boldsymbol{\alpha}_1,\boldsymbol{\alpha}_3$ 与 $\boldsymbol{\alpha}_2,\boldsymbol{\alpha}_3$ 也都是 $\boldsymbol{\alpha}_1,\boldsymbol{\alpha}_2,\boldsymbol{\alpha}_3$ 的极大线性无关组.

此例说明,一个向量组的极大线性无关组不是惟一的.

定理 6 一个向量组的任意两个极大线性无关组都含有相同个数的向量.

证 由定理 5 的推论 2 即得.

定义 11 向量组的极大线性无关组所含向量的个数称为这个向量组的**秩**.

由定义可知,向量组 $\boldsymbol{\alpha}_1,\cdots,\boldsymbol{\alpha}_r$ 线性无关的充分必要条件是 $\boldsymbol{\alpha}_1,\cdots,\boldsymbol{\alpha}_r$ 的秩为 r;等价的向量组有相同的秩.

下面介绍求向量组的极大线性无关组的方法.

常用的方法是将向量组 $\boldsymbol{\alpha}_1,\boldsymbol{\alpha}_2,\cdots,\boldsymbol{\alpha}_s$(无论是行向量还是列向量)按列排成矩阵 $\boldsymbol{A}$,即若 $\boldsymbol{\alpha}_1,\boldsymbol{\alpha}_2,\cdots,\boldsymbol{\alpha}_s$ 是行向量组,则

$$\boldsymbol{A}=(\boldsymbol{\alpha}_1^{\mathrm{T}},\boldsymbol{\alpha}_2^{\mathrm{T}},\cdots,\boldsymbol{\alpha}_s^{\mathrm{T}});$$

若 $\boldsymbol{\alpha}_1,\boldsymbol{\alpha}_2,\cdots,\boldsymbol{\alpha}_s$ 是列向量组,则

$$\boldsymbol{A}=(\boldsymbol{\alpha}_1,\boldsymbol{\alpha}_2,\cdots,\boldsymbol{\alpha}_s).$$

对 $\boldsymbol{A}$ 作初等行变换化为阶梯形矩阵 $\boldsymbol{B}$,

$$\boldsymbol{A}\to\boldsymbol{B}=(\boldsymbol{\beta}_1,\boldsymbol{\beta}_2,\cdots,\boldsymbol{\beta}_s),$$

其中 $\boldsymbol{\beta}_1,\boldsymbol{\beta}_2,\cdots,\boldsymbol{\beta}_s$ 为矩阵 $\boldsymbol{B}$ 的列向量组,则 $\boldsymbol{B}$ 的非零行数即为向量组 $\boldsymbol{\alpha}_1,\boldsymbol{\alpha}_2,\cdots,\boldsymbol{\alpha}_s$ 的秩. 设每个非零行中,从左向右的第一个非零元素所在的列数依次为 $i_1,i_2,\cdots,i_r$,则 $\boldsymbol{\beta}_{i_1},\boldsymbol{\beta}_{i_2},\cdots,\boldsymbol{\beta}_{i_r}$ 为 $\boldsymbol{\beta}_1,\boldsymbol{\beta}_2,\cdots,\boldsymbol{\beta}_s$ 的一个极大线性无关组,从而 $\boldsymbol{\alpha}_{i_1},\boldsymbol{\alpha}_{i_2},\cdots,\boldsymbol{\alpha}_{i_r}$ 即为 $\boldsymbol{\alpha}_1,\boldsymbol{\alpha}_2,\cdots,\boldsymbol{\alpha}_s$ 的一个极大线性无关组.

例 6 求向量组

$\boldsymbol{\alpha}_1=(1,4,2,1)$, $\boldsymbol{\alpha}_2=(-2,1,5,1)$, $\boldsymbol{\alpha}_3=(-1,2,4,1)$,

$$\boldsymbol{\alpha}_4=(-2,1,-1,1),\ \boldsymbol{\alpha}_5=(2,3,0,\frac{1}{3})$$

的极大线性无关组与秩.

解 将$\boldsymbol{\alpha}_1^{\mathrm{T}},\boldsymbol{\alpha}_2^{\mathrm{T}},\boldsymbol{\alpha}_3^{\mathrm{T}},\boldsymbol{\alpha}_4^{\mathrm{T}},\boldsymbol{\alpha}_5^{\mathrm{T}}$ 按列排成矩阵

$$\boldsymbol{A}=(\boldsymbol{\alpha}_1^{\mathrm{T}},\boldsymbol{\alpha}_2^{\mathrm{T}},\boldsymbol{\alpha}_3^{\mathrm{T}},\boldsymbol{\alpha}_4^{\mathrm{T}},\boldsymbol{\alpha}_5^{\mathrm{T}})=\begin{pmatrix}1 & -2 & -1 & -2 & 2\\ 4 & 1 & 2 & 1 & 3\\ 2 & 5 & 4 & -1 & 0\\ 1 & 1 & 1 & 1 & \frac{1}{3}\end{pmatrix}.$$

对$\boldsymbol{A}$进行初等行变换化为阶梯形矩阵$\boldsymbol{B}$

$$\boldsymbol{A}=\begin{pmatrix}1 & -2 & -1 & -2 & 2\\ 4 & 1 & 2 & 1 & 3\\ 2 & 5 & 4 & -1 & 0\\ 1 & 1 & 1 & 1 & \frac{1}{3}\end{pmatrix}\to\begin{pmatrix}1 & -2 & -1 & -2 & 2\\ 0 & 9 & 6 & 9 & -5\\ 0 & 0 & 0 & -6 & 1\\ 0 & 0 & 0 & 0 & 0\end{pmatrix}=\boldsymbol{B}.$$

由此可知,$\boldsymbol{\alpha}_1,\boldsymbol{\alpha}_2,\boldsymbol{\alpha}_3,\boldsymbol{\alpha}_4,\boldsymbol{\alpha}_5$ 的秩为3,且$\boldsymbol{\alpha}_1,\boldsymbol{\alpha}_2,\boldsymbol{\alpha}_4$ 为其一个极大线性无关组.

设

$$\boldsymbol{A}=\begin{pmatrix}a_{11} & a_{12} & \cdots & a_{1n}\\ a_{21} & a_{22} & \cdots & a_{2n}\\ \vdots & \vdots & & \vdots\\ a_{m1} & a_{m2} & \cdots & a_{mn}\end{pmatrix}\in P^{m\times n},$$

其中 $P^{m\times n}$表示数域P 上全体$m\times n$ 矩阵的集合. 记

$$\boldsymbol{\alpha}_1=(a_{11},a_{12},\cdots,a_{1n}),$$
$$\boldsymbol{\alpha}_2=(a_{21},a_{22},\cdots,a_{2n}),$$
$$\vdots$$
$$\boldsymbol{\alpha}_m=(a_{m1},a_{m2},\cdots,a_{mn}),$$

称 $\boldsymbol{\alpha}_1,\boldsymbol{\alpha}_2,\cdots,\boldsymbol{\alpha}_m$ 为矩阵$\boldsymbol{A}$ 的**行向量组**,$\boldsymbol{A}$ 可写成

$$\boldsymbol{A}=\begin{pmatrix}\boldsymbol{\alpha}_1\\ \boldsymbol{\alpha}_2\\ \vdots\\ \boldsymbol{\alpha}_m\end{pmatrix}.$$

同样令 $\boldsymbol{\beta}_1,\boldsymbol{\beta}_2,\cdots,\boldsymbol{\beta}_n$ 为 $\boldsymbol{A}$ 的各列构成的 m 维向量,称为 $\boldsymbol{A}$ 的**列向量组**,$\boldsymbol{A}$ 可写成

$$\boldsymbol{A}=(\boldsymbol{\beta}_1,\boldsymbol{\beta}_2,\cdots,\boldsymbol{\beta}_n).$$

定理7 设 $\boldsymbol{A}\in P^{m\times n}$,则 $\boldsymbol{A}$ 的秩等于 $\boldsymbol{A}$ 的行向量组的秩,也等于 $\boldsymbol{A}$ 的列向量组的秩.

证 设 $\mathrm{r}(\boldsymbol{A})=r$. 当 $r=0$ 时,结论显然成立. 设 $r>0$,则 $\boldsymbol{A}$ 中存在一个 r 阶子式不等于 0. 该子式位于 $\boldsymbol{A}$ 的某 r 行,因而 $\boldsymbol{A}$ 的这 r 个向量线性无关. 如果 $\boldsymbol{A}$ 中有 $r+1$ 个行向量线性无关,则 $\boldsymbol{A}$ 的这 $r+1$ 行中含有一个$r+1$ 阶子式不为零,这与 $\boldsymbol{A}$ 的秩为 r 矛盾. 因此,$\boldsymbol{A}$ 的行向量组的秩为 r. 类似地可证 $\boldsymbol{A}$ 的列向量组的秩也为 r.

习题 3.3

1. 将向量 $\boldsymbol{\beta}=(3,-2,3)$表示成 $\boldsymbol{\alpha}_1=(0,1,1)$,$\boldsymbol{\alpha}_2=(1,0,1)$,$\boldsymbol{\alpha}_3=(1,1,0)$的线性组合.

2. 判断下列向量组是否线性相关.

(1)$\boldsymbol{\alpha}_1=(1,2,-1,5)$,$\boldsymbol{\alpha}_2=(2,-1,1,1)$,$\boldsymbol{\alpha}_3=(4,3,-1,5)$.

(2)$\boldsymbol{\alpha}_1=(1,-2,3,-4)$,$\boldsymbol{\alpha}_2=(0,1,-1,1)$,$\boldsymbol{\alpha}_3=(1,3,0,1)$,$\boldsymbol{\alpha}_4=(0,1,3,1)$.

3. 设 $\boldsymbol{\alpha}_1=(1,1,1)$,$\boldsymbol{\alpha}_2=(1,2,3)$,$\boldsymbol{\alpha}_3=(1,3,t)$. 讨论 t 为何值时

(1)$\boldsymbol{\alpha}_1,\boldsymbol{\alpha}_2,\boldsymbol{\alpha}_3$ 线性无关;

(2)$\boldsymbol{\alpha}_1,\boldsymbol{\alpha}_2,\boldsymbol{\alpha}_3$ 线性相关.

4. 求向量组 $\boldsymbol{\alpha}_1=(1,0,-1,-1)$,$\boldsymbol{\alpha}_2=(-1,1,2,-2)$,$\boldsymbol{\alpha}_3=(3,-1,-4,0)$,$\boldsymbol{\alpha}_4=(2,2,1,1)$,$\boldsymbol{\alpha}_5=(-9,2,10,-6)$的极大线性无关组与秩,并将其余向量表示该极大线性无关组的线性组合.

5. 设向量组 $\boldsymbol{\alpha}_1,\boldsymbol{\alpha}_2,\cdots,\boldsymbol{\alpha}_s$ 线性无关. 证明:$\boldsymbol{\alpha}_1,\boldsymbol{\alpha}_1+\boldsymbol{\alpha}_2,\cdots,\boldsymbol{\alpha}_1+\boldsymbol{\alpha}_2+\cdots+\boldsymbol{\alpha}_s$ 线性无关.

§3.4 线性方程组有解的判别定理

这一节利用向量和矩阵的理论，给出线性方程组有解的判别条件.

设线性方程组为

$$\begin{cases} a_{11}x_1+a_{12}x_2+\cdots+a_{1n}x_n=b_1 \\ a_{21}x_1+a_{22}x_2+\cdots+a_{2n}x_n=b_2 \\ \quad\vdots \\ a_{s1}x_1+a_{s2}x_2+\cdots+a_{sn}x_n=b_s. \end{cases} \tag{3.4.1}$$

关于方程组(3.4.1)是否有解的问题，我们有

定理8(判别定理) 线性方程组(3.4.1)有解的充分必要条件是它的系数矩阵与增广矩阵的秩相等.

证 设 $\boldsymbol{\alpha}_1,\boldsymbol{\alpha}_2,\cdots,\boldsymbol{\alpha}_n,\boldsymbol{\beta}$ 分别表示方程组(3.4.1)的增广矩阵的列向量，则方程组(3.4.1)可写成

$$x_1\boldsymbol{\alpha}_1+x_2\boldsymbol{\alpha}_2+\cdots+x_n\boldsymbol{\alpha}_n=\boldsymbol{\beta}.$$

设方程组(3.4.1)有解，则 $\boldsymbol{\beta}$ 可由 $\boldsymbol{\alpha}_1,\cdots,\boldsymbol{\alpha}_n$ 线性表示，从而 $\boldsymbol{\alpha}_1,\cdots,\boldsymbol{\alpha}_n$ 与 $\boldsymbol{\alpha}_1,\cdots,\boldsymbol{\alpha}_n,\boldsymbol{\beta}$ 等价，因而有相同的秩，而它们正是方程组(3.4.1)的系数矩阵 $\mathbf{A}$ 和增广矩阵 $\overline{\mathbf{A}}$ 的列向量，因此 $\mathbf{A}$ 与 $\overline{\mathbf{A}}$ 的秩相等.

反过来，设 $\mathbf{A}$ 与 $\overline{\mathbf{A}}$ 的秩相等，即其列向量组 $\boldsymbol{\alpha}_1,\cdots,\boldsymbol{\alpha}_n$ 与 $\boldsymbol{\alpha}_1,\cdots,\boldsymbol{\alpha}_n,\boldsymbol{\beta}$ 有相同的秩，从而 $\boldsymbol{\beta}$ 可由 $\boldsymbol{\alpha}_1,\cdots,\boldsymbol{\alpha}_n$ 线性表示，因此方程组(3.4.1)有解.

下面根据克莱姆法则，给出一般线性方程组的一个解法.

定理9 设线性方程组(3.4.1)有解，其系数矩阵 $\mathbf{A}$ 的秩为 r.

(1) 如果 $r=n$，则方程组(3.4.1)有惟一解；

(2) 如果 $r<n$，则方程组(3.4.1)有无穷多组解.

证 因为 $\mathrm{r}(\mathbf{A})=r$，所以 $\mathbf{A}$ 有一个不为零的 r 阶子式 D. 不妨设 D 位于 $\mathbf{A}$ 的左上角，从而方程组(3.4.1)同解于线性方程组

$$\begin{cases} a_{11}x_1+\cdots+a_{1r}x_r+\cdots+a_{1n}x_n=b_1, \\ \quad\vdots \\ a_{r1}x_1+\cdots+a_{rr}x_r+\cdots+a_{rn}x_n=b_r. \end{cases} \tag{3.4.2}$$

当 $r=n$ 时,方程组(3.4.2)的系数行列式 $D\neq 0$,由克莱姆法则,方程组(3.4.2)有惟一解.从而方程组(3.4.1)有惟一解.

当 $r<n$ 时,将方程组(3.4.2)改写成

$$\begin{cases} a_{11}x_1+\cdots+a_{1r}x_r=b_1-a_{1\,r+1}x_{r+1}-\cdots-a_{1n}x_n, \\ \quad\vdots \\ a_{r1}x_1+\cdots+a_{rr}x_r=b_r-a_{r\,r+1}x_{r+1}-\cdots-a_{rn}x_n. \end{cases} \tag{3.4.3}$$

把方程组(3.4.3)看成为 $x_1,\cdots,x_r$ 的方程组,其系数行列式 $D\neq 0$,由克莱姆法则,对自由未知量 $x_{r+1},\cdots,x_n$ 的任一组取值,方程组(3.4.3)有惟一解.这样,利用克莱姆法则可解得

$$\begin{cases} x_1=d_1'+c_{1\,r+1}'x_{r+1}+\cdots+c_{1n}'x_n, \\ \quad\vdots \\ x_r=d_r'+c_{r\,r+1}'x_{r+1}+\cdots+c_{rn}'x_n. \end{cases} \tag{3.4.4}$$

式(3.4.4)就是方程组(3.4.1)的一般解.当然方程组(3.4.1)有无穷多组解.

例1 讨论 a,b 取何值时,方程组

$$\begin{cases} ax_1+x_2+x_3=4, \\ x_1+bx_2+x_3=3, \\ x_1+2bx_2+x_3=4 \end{cases} \tag{3.4.5}$$

有解?并求解.

解 方程组(3.4.5)的系数行列式为

$$D=\begin{vmatrix} a & 1 & 1 \\ 1 & b & 1 \\ 1 & 2b & 1 \end{vmatrix}=-b(a-1).$$

(1) 当 $b\neq 0, a\neq 1$ 时,$D\neq 0$,所以方程组(3.4.5)有惟一解:

$$x_1=\frac{2b-1}{b(a-1)},\quad x_2=\frac{1}{b},\quad x_3=\frac{2ab-4b+1}{b(a-1)}.$$

(2) 当 $b=0$ 时,方程组(3.4.5)的增广矩阵为

$$\overline{\mathbf{A}}=\begin{pmatrix} a & 1 & 1 & 4 \\ 1 & 0 & 1 & 3 \\ 1 & 0 & 1 & 4 \end{pmatrix}.$$

将 $\overline{\mathbf{A}}$ 化成阶梯形矩阵

$$\bar{\mathbf{A}} \longrightarrow \begin{pmatrix} a & 1 & 1 & 4 \\ 1 & 0 & 1 & 3 \\ 0 & 0 & 0 & 1 \end{pmatrix}.$$

所以系数矩阵与增广矩阵的秩不等,因此方程组(3.4.5)无解.

(3) 当 $a=1$ 时,将增广矩阵化成阶梯形

$$\begin{pmatrix} 1 & 1 & 1 & 4 \\ 1 & b & 1 & 3 \\ 1 & 2b & 1 & 4 \end{pmatrix} \longrightarrow \begin{pmatrix} 1 & 1 & 1 & 4 \\ 1 & b & 1 & 3 \\ -1 & 0 & -1 & -2 \end{pmatrix}$$

$$\longrightarrow \begin{pmatrix} 0 & 1 & 0 & 2 \\ 0 & b & 0 & 1 \\ -1 & 0 & -1 & -2 \end{pmatrix} \longrightarrow \begin{pmatrix} -1 & 0 & -1 & -2 \\ 0 & 1 & 0 & 2 \\ 0 & 0 & 0 & 1-2b \end{pmatrix}.$$

当 $b\neq\frac{1}{2}$ 时,方程组(3.4.5)无解;当 $b=\frac{1}{2}$ 时,方程组(3.4.5)有无穷多个解,此时方程组(3.4.5)同解于方程组

$$\begin{cases} x_1+x_3=2, \\ x_2 \quad\;\; =2. \end{cases}$$

解得

$$\begin{cases} x_1=2-x_3, \\ x_2=2, \end{cases}$$

其中 x_3 为自由未知量.

习题 3.4

1. 讨论 a,b 取何值时,线性方程组

$$\begin{cases} ax_1+2x_2+3x_3=8, \\ 2ax_1+2x_2+3x_2=10, \\ x_1+2x_2+bx_3=5 \end{cases}$$

有无穷多解.

2. 讨论 a,b 取何值时,非齐次线性方程组

$$\begin{cases} x_1+x_2+x_3+x_4+x_5=a, \\ 3x_1+2x_2+x_3+x_4-3x_5=0, \\ x_2+2x_3+2x_4+6x_5=b, \\ 5x_1+4x_2+3x_3+3x_4-x_5=2 \end{cases}$$

有解.

3. 已知向量

$$\boldsymbol{\alpha}_1=(1,0,2,3),\quad \boldsymbol{\alpha}_2=(1,1,3,5),\quad \boldsymbol{\alpha}_3=(1,-1,a+2,1),$$
$$\boldsymbol{\alpha}_4=(1,2,4,a+8),\quad \boldsymbol{\beta}_4=(1,1,b,5).$$

(1)讨论 a,b 为何值时,$\boldsymbol{\beta}$ 不能表示成 $\boldsymbol{\alpha}_1,\boldsymbol{\alpha}_2,\boldsymbol{\alpha}_3,\boldsymbol{\alpha}_4$ 的线性组合.

(2)讨论 a,b 为何值时,$\boldsymbol{\beta}$ 可惟一表示成 $\boldsymbol{\alpha}_1,\boldsymbol{\alpha}_2,\boldsymbol{\alpha}_3,\boldsymbol{\alpha}_4$ 的线性组合.

4. 设线性方程组

$$\begin{cases}x_1+x_2+x_3=0,\\ x_1+2x_2+ax_3=0,\\ x_1+4x_2+a^2x_3=0\end{cases}$$

与方程 $x_1+2x_2+2x_3=a-1$ 有公共解. 求 a 的值.

§3.5 线性方程组解的结构

上节我们解决了线性方程组是否有解的判别问题. 本节来讨论有解的线性方程组解的结构问题,就是研究方程组有多个解时,解与解的关系.

1. 齐次线性方程组解的结构

设有齐次线性方程组

$$\begin{cases}a_{11}x_1+a_{12}x_2+\cdots+a_{1n}x_n=0,\\ a_{21}x_1+a_{22}x_2+\cdots+a_{2n}x_n=0,\\ \qquad\vdots\\ a_{s1}x_1+a_{s2}x_2+\cdots+a_{sn}x_n=0.\end{cases}\tag{3.5.1}$$

为了便于讨论解与解之间的关系,我们把方程组(3.5.1)的解写成是 n 维列向量,称为**解向量**.

(Ⅰ) 解的性质.

(1) 若 $\boldsymbol{\alpha}=(a_1,\cdots,a_n)^{\mathrm{T}}$ 是方程组(3.5.1)的解,则 $\forall k\in P$,$k\boldsymbol{\alpha}=(ka_1,\cdots,ka_n)^{\mathrm{T}}$ 也是方程组(3.5.1)的解.

(2) 若 $\boldsymbol{\alpha}=(a_1,\cdots,a_n)^{\mathrm{T}}$,$\boldsymbol{\beta}=(b_1,\cdots,b_n)^{\mathrm{T}}$ 均为方程组(3.5.1)的解,则 $\boldsymbol{\alpha}+\boldsymbol{\beta}=(a_1+b_1,\cdots,a_n+b_n)^{\mathrm{T}}$ 也是方程组(3.5.1)的解.

(3) 若 $\boldsymbol{\alpha}_1,\cdots,\boldsymbol{\alpha}_r$ 为方程组(3.5.1)的 r 个解向量,则 $k_1\boldsymbol{\alpha}_1+\cdots+k_r\boldsymbol{\alpha}_r$ 仍为方程组(3.5.1)的解,其中 $k_1,\cdots,k_r\in P$.

由于多于 n 个的 n 维向量都线性相关，所以方程组(3.5.1)在有无穷多个解的情况下，其解向量全体由有限个解向量构成其极大线性无关组. 从而可用这有限个线性无关的解向量把方程组(3.5.1)的全部解表示出来，可见这有限个解起着基础的作用.

(Ⅱ) 基础解系.

定义 12 设 $\boldsymbol{\eta}_1,\cdots,\boldsymbol{\eta}_t$ 是方程组(3.5.1)的一组解，若

(1) $\boldsymbol{\eta}_1,\cdots,\boldsymbol{\eta}_t$ 线性无关，

(2) 方程组(3.5.1)的任一个解都可由 $\boldsymbol{\eta}_1,\cdots,\boldsymbol{\eta}_t$ 线性表示，则称 $\boldsymbol{\eta}_1,\cdots,\boldsymbol{\eta}_t$ 为方程组(3.5.1)的**基础解系**.

注：由定义知，基础解系实际上就是全体解向量的一个极大线性无关组；基础解系不惟一，但任意两个基础解系都是等价的，因而有相同个数的解向量.

定理 10(基础解系的存在性) 若齐次线性方程方程组(3.5.1)有非零解，则方程组(3.5.1)必存在基础解系，且基础解系含有 $n-r$ 个向量，其中 r 为系数矩阵的秩.

证 设方程组(3.5.1)的系数矩阵 $\boldsymbol{A}$ 的秩为 r，不妨设 $\boldsymbol{A}$ 的左上角的 r 阶子式不为 0. 于是方程组(3.5.1)同解于

$$\begin{cases} a_{11}x_1+\cdots+a_{1r}x_r=-a_{1\,r+1}x_{r+1}-\cdots-a_{1n}x_n, \\ \qquad\qquad\vdots \\ a_{r1}x_1+\cdots+a_{rr}x_r=-a_{r\,r+1}x_{r+1}-\cdots-a_{rn}x_n. \end{cases} \tag{3.5.2}$$

由于 $D=\begin{vmatrix} a_{11} & \cdots & a_{1r} \\ \vdots & & \vdots \\ a_{r1} & \cdots & a_{rr} \end{vmatrix}\neq 0$，由方程组(3.5.2)可得方程组(3.5.1)的一般解为：

$$\begin{cases} x_1=c_{11}x_{r+1}+c_{21}x_{r+2}+\cdots+c_{n-r,1}x_n, \\ x_2=c_{12}x_{r+1}+c_{22}x_{r+2}+\cdots+c_{n-r,2}x_n, \\ \qquad\qquad\vdots \\ x_r=c_{1r}x_{r+1}+c_{2r}x_{r+2}+\cdots+c_{n-r,r}x_n. \end{cases} \tag{3.5.3}$$

由于方程组(3.5.1)有非零解，所以 $r<n$. 从而方程组(3.5.3)中 $x_{r+1},\cdots,x_n$ 为自由未知量. 自由未知量 $x_{r+1},\cdots,x_n$ 分别取 1,0,⋯,

0; 0,1,0,…,0; …;0,…,0,1. 得 $n-r$ 个解向量

$$\begin{cases}\boldsymbol{\eta}_1=(c_{11},\cdots,c_{1r},1,0,\cdots,0)^{\mathrm{T}},\\ \boldsymbol{\eta}_2=(c_{21},\cdots,c_{2r},0,1,\cdots,0)^{\mathrm{T}},\\ \quad\vdots\\ \boldsymbol{\eta}_{n-r}=(c_{n-r,1},\cdots,c_{n-r,r},0,0,\cdots,1)^{\mathrm{T}}.\end{cases}\tag{3.5.4}$$

下证 $\boldsymbol{\eta}_1,\cdots,\boldsymbol{\eta}_{n-r}$ 就是方程组(3.5.1)的一个基础解系.

先证它线性无关:事实上,若

$$k_1\boldsymbol{\eta}_1+\cdots+k_{n-r}\boldsymbol{\eta}_{n-r}=\mathbf{0}.$$

即

$$k_1\boldsymbol{\eta}_1+\cdots+k_{n-r}\boldsymbol{\eta}_{n-r}=(*,\cdots,*,k_1,\cdots,k_{n-r})^{\mathrm{T}}=\mathbf{0}=(0,\cdots,0,0,\cdots,0)^{\mathrm{T}}.$$

所以 $k_1=\cdots=k_{n-r}=0$,故 $\boldsymbol{\eta}_1,\cdots,\boldsymbol{\eta}_{n-r}$ 线性无关.

再证方程组(3.5.1)的任一个解可以由 $\boldsymbol{\eta}_1,\cdots,\boldsymbol{\eta}_{n-r}$ 线性表示.

设 $\boldsymbol{\eta}=(c_1,\cdots,c_r,c_{r+1},c_{r+2},\cdots,c_n)^{\mathrm{T}}$ 为方程组(3.5.1)的任一个解.

由于 $\boldsymbol{\eta}_1,\cdots,\boldsymbol{\eta}_{n-r}$ 为方程组(3.5.1)的解,所以

$$c_{r+1}\boldsymbol{\eta}_1+\cdots+c_n\boldsymbol{\eta}_{n-r}$$

也为方程组(3.5.1)的解.

现说明: $\boldsymbol{\eta}=c_{r+1}\boldsymbol{\eta}_1+\cdots+c_n\boldsymbol{\eta}_{n-r}$.

事实上,令 $\boldsymbol{\varepsilon}=\boldsymbol{\eta}-c_{r+1}\boldsymbol{\eta}_1-\cdots-c_n\boldsymbol{\eta}_{n-r}$,则 $\boldsymbol{\varepsilon}$ 为方程组(3.5.1)的解,且 $\boldsymbol{\varepsilon}$ 的后 $n-r$ 个分量均为 0. 故可设

$$\boldsymbol{\varepsilon}=(a_1,a_2,\cdots,a_r,0,\cdots,0)^{\mathrm{T}}.$$

由方程组(3.5.2)知

$$a_1(a_{11},\cdots,a_{r1})^{\mathrm{T}}+\cdots+a_r(a_{1r},\cdots,a_{rr})^{\mathrm{T}}=\mathbf{0}.$$

由于向量组 $(a_{11},\cdots,a_{r1})^{\mathrm{T}},\cdots,(a_{1r},\cdots,a_{rr})^{\mathrm{T}}$ 线性无关,故 $a_1=\cdots=a_r=0$. 因此,$\boldsymbol{\varepsilon}=\mathbf{0}$,故

$$\boldsymbol{\eta}=c_{r+1}\boldsymbol{\eta}_1+\cdots+c_n\boldsymbol{\eta}_{n-r}.$$

因此,$\boldsymbol{\eta}_1,\cdots,\boldsymbol{\eta}_{n-r}$ 为方程组(3.5.1)的一个基础解系.

(Ⅲ) 齐次线性方程组(3.5.1)的解的结构定理.

设 $\boldsymbol{\eta}_1,\cdots,\boldsymbol{\eta}_{n-r}$ 为方程组(3.5.1)的一个基础解系,则方程组(3.5.1)的全部解(通解)是:

$$\boldsymbol{\eta}=k_1\boldsymbol{\eta}_1+\cdots+k_{n-r}\boldsymbol{\eta}_{n-r},$$

其中,$k_1,\cdots,k_{n-r}$为P中任意数.

例1 求齐次线性方程组

$$\begin{cases}x_1-x_2+5x_3-x_4=0,\\x_1+x_2-2x_3+3x_4=0,\\3x_1-x_2+8x_3+x_4=0,\\x_1+3x_2-9x_3+7x_4=0\end{cases}$$

的一个基础解系和一般解.

解 对系数矩阵$\boldsymbol{A}$进行初等行变换

$$\boldsymbol{A}=\begin{pmatrix}1&-1&5&-1\\1&1&-2&3\\3&-1&8&1\\1&3&-9&7\end{pmatrix}\longrightarrow\begin{pmatrix}1&-1&5&-1\\0&2&-7&4\\0&2&-7&4\\0&4&-14&8\end{pmatrix}$$

$$\longrightarrow\begin{pmatrix}1&-1&5&-1\\0&2&-7&4\\0&0&0&0\\0&0&0&0\end{pmatrix}.$$

相应的齐次线性方程组为

$$\begin{cases}x_1-x_2+5x_3-x_4=0,\\2x_2-7x_3+4x_4=0.\end{cases}$$

x_3,x_4为自由未知量.分别取$x_3=1,x_4=0$或$x_3=0,x_4=1$,得

$$\boldsymbol{\eta}_1=\left(-\frac{3}{2},\frac{7}{2},1,0\right),\quad\boldsymbol{\eta}_2=(-1,-2,0,1)^{\mathrm{T}}.$$

$\boldsymbol{\eta}_1,\boldsymbol{\eta}_2$是原方程组的一个基础解系.原方程组的一般解为

$$\boldsymbol{\eta}=k_1\boldsymbol{\eta}_1+k_2\boldsymbol{\eta}_2=\left(-\frac{3}{2}k_1-k_2,\frac{7}{2}k_1-2k_2,k_1,k_2\right)^{\mathrm{T}},$$

其中k_1,k_2为P中的任意数.

2. 非齐次线性方程组解的结构

设一般线性方程组为

$$\begin{cases}a_{11}x_1+a_{12}x_2+\cdots+a_{1n}x_n=b_1,\\a_{21}x_1+a_{22}x_2+\cdots+a_{2n}x_n=b_2,\\\qquad\vdots\\a_{s1}x_1+a_{s2}x_2+\cdots+a_{sn}x_n=b_s,\end{cases}\tag{3.5.5}$$

将其常数项 $b_1,\cdots,b_s$ 全换成零,得出齐次线性方程组

$$\begin{cases}a_{11}x_1+a_{12}x_2+\cdots+a_{1n}x_n=0,\\a_{21}x_1+a_{22}x_2+\cdots+a_{2n}x_n=0,\\\qquad\vdots\\a_{s1}x_1+a_{s2}x_2+\cdots+a_{sn}x_n=0.\end{cases}\tag{3.5.6}$$

称方程组(3.5.6)为方程组(3.5.5)的**导出组**.

(Ⅰ)解的性质.

(1) 线性方程组(3.5.5)的两个解的差是其导出组(3.5.6)的解.

(2) 线性方程组(3.5.5)的一个解与其导出组(3.5.6)的一个解的和仍是方程组(3.5.5)的一个解.

(Ⅱ)解的结构.

定理 11 若 $\boldsymbol{\gamma}_0$ 是线性方程组(3.5.5)的一个解(称为特解),则方程组(3.5.5)的任一个解 $\boldsymbol{\gamma}$ 都可以表示成

$$\boldsymbol{\gamma}=\boldsymbol{\gamma}_0+\boldsymbol{\eta},$$

其中 $\boldsymbol{\eta}$ 是导出组(3.5.6)的一个解.

证 设 $\boldsymbol{\gamma}$ 是方程组(3.5.5)的任一个解,则 $\boldsymbol{\gamma}=\boldsymbol{\gamma}_0+(\boldsymbol{\gamma}-\boldsymbol{\gamma}_0)$. 记 $\boldsymbol{\eta}=\boldsymbol{\gamma}-\boldsymbol{\gamma}_0$,则由性质(1)知,$\boldsymbol{\eta}$ 是导出组(3.5.6)的一个解.

根据定理 11,我们有一般线性方程组的解的结构定理:设 $\boldsymbol{\gamma}_0$ 是方程组(3.5.5)的一个特解,则方程组(3.5.5)的一般解(通解)为

$$\boldsymbol{\gamma}=\boldsymbol{\gamma}_0+k_1\boldsymbol{\eta}_1+\cdots+k_r\boldsymbol{\eta}_r,$$

其中 $\boldsymbol{\eta}_1,\cdots,\boldsymbol{\eta}_r$ 为导出组(3.5.6)的一个基础解系,$k_1,\cdots,k_r$ 为数域 P 中的任意数.

推论 在一般线性方程组(3.5.5)有解的情况下,解是惟一的充分必要条件是其导出组(3.5.6)只有零解.

证 设方程组(3.5.5)有惟一解. 如果导出组(3.5.6)有非零解,则其和为方程组(3.5.5)的另一个解,矛盾. 因此,方程组(3.5.6)只

有零解.

反过来,设导出组(3.5.6)只有零解.若方程组(3.5.5)有两个解,则其差为方程组(3.5.6)的非零解,矛盾.因此,方程组(3.5.5)的解惟一.

例2 解方程组

$$\begin{cases} x_1+2x_2+3x_3+x_4=5, \\ 2x_1+4x_2-x_4=-3, \\ -x_1-2x_2+3x_3+2x_4=8, \\ x_1+2x_2-9x_3-5x_4=-21. \end{cases} \quad (3.5.7)$$

解 对方程组(3.5.7)的增广矩阵 $\overline{\boldsymbol{A}}$ 进行初等行变换,将其化成阶梯形矩阵 $\overline{\boldsymbol{B}}$.

$$\overline{\boldsymbol{A}}=\begin{pmatrix} 1 & 2 & 3 & 1 & 5 \\ 2 & 4 & 0 & -1 & -3 \\ -1 & -2 & 3 & 2 & 8 \\ 1 & 2 & -9 & -5 & -21 \end{pmatrix} \longrightarrow \begin{pmatrix} 1 & 2 & 3 & 1 & 5 \\ 0 & 0 & 6 & 3 & 13 \\ 0 & 0 & 0 & 0 & 0 \\ 0 & 0 & 0 & 0 & 0 \end{pmatrix}=\overline{\boldsymbol{B}}.$$

$\overline{\boldsymbol{B}}$ 对应的线性方程组为

$$\begin{cases} x_1+2x_2+3x_3+x_4=5, \\ 6x_3+3x_4=13. \end{cases} \quad (3.5.8)$$

可取 x_2,x_4 为自由未知量.令 $x_2=x_4=0$,代入方程组(3.5.8)解得方程组(3.5.7)的一个特解

$$\boldsymbol{\gamma}_0=\left(-\frac{3}{2},0,\frac{13}{6},0\right)^{\mathrm{T}}.$$

方程组(3.5.8)的导出组为

$$\begin{cases} x_1+2x_2+3x_3+x_4=0, \\ 6x_3+3x_4=0. \end{cases} \quad (3.5.9)$$

分别令自由未知量 $(x_2,x_4)=(1,0),(0,1)$ 得方程组(3.5.7)的导出组的一个基础解系

$$\boldsymbol{\eta}_1=(-2,1,0,0)^{\mathrm{T}}, \quad \boldsymbol{\eta}_2=\left(\frac{1}{2},0,-\frac{1}{2},1\right)^{\mathrm{T}}.$$

因此方程组(3.5.7)的一般解为

$$\boldsymbol{\gamma}=\boldsymbol{\gamma}_0+k_1\boldsymbol{\eta}_1+k_2\boldsymbol{\eta}_2=$$

$$\left(-\frac{3}{2},0,\frac{13}{6},0\right)^{\mathrm{T}} + k_1 (-2,1,0,0)^{\mathrm{T}} + k_2\left(\frac{1}{2},0,-\frac{1}{2},1\right)^{\mathrm{T}}.$$

其中 k_1,k_2 为数域 P 中的任意数.

求解线性方程组的方法步骤可归纳为：

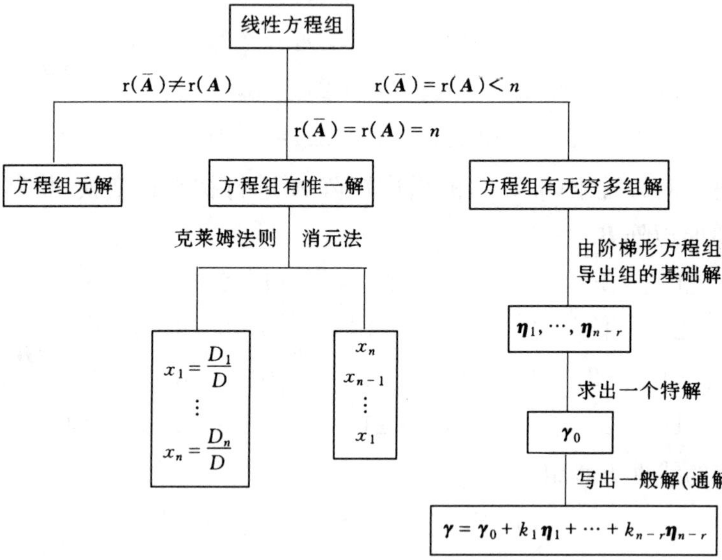

习题 3.5

1. 求齐次线性方程组

$$\begin{cases} x_1+2x_2+x_3-x_4=0, \\ 3x_1+6x_2-x_3-3x_4=0, \\ 5x_1+10x_2+x_3-5x_4=0 \end{cases}$$

的一个基础解系,并写出其全部解.

2. 求解非齐次线性方程组

$$\begin{cases} x_1+x_2+x_3+x_4+x_5=1, \\ 3x_1+2x_2+x_3+x_4-3x_5=0, \\ x_2+2x_3+2x_4+6x_5=3, \\ 5x_1+4x_2+3x_3+3x_4-x_5=2. \end{cases}$$

3. 设 $\boldsymbol{A}=\begin{pmatrix} a & 1 & 1 \\ 0 & a-1 & 0 \\ 1 & 1 & a \end{pmatrix}$, $\boldsymbol{\beta}=\begin{pmatrix} b \\ 1 \\ 1 \end{pmatrix}$. 已知线性方程组 $\boldsymbol{AX}=\boldsymbol{\beta}$ 至少有两个不同

的解.

(1)求 a,b 的值.

(2)求方程组 $\boldsymbol{AX}=\boldsymbol{\beta}$ 的通解.

4. 设 $\boldsymbol{A}$ 是 4 阶方阵,且 $\boldsymbol{A}$ 的秩为 3. 已知 $\boldsymbol{\alpha}_1,\boldsymbol{\alpha}_2,\boldsymbol{\alpha}_3$ 是非齐次线性方程组 $\boldsymbol{AX}=\boldsymbol{\beta}$ 的解,其中 $\boldsymbol{\alpha}_1=(1,2,-1,3)^{\mathrm{T}}$,$\boldsymbol{\alpha}_2+\boldsymbol{\alpha}_3=(2,0,-4,7)^{\mathrm{T}}$. 求方程组 $\boldsymbol{AX}=\boldsymbol{\beta}$ 的通解.

扫一扫,阅读拓展知识

第 3 章复习题

一、填空题

1. 设矩阵 $\boldsymbol{A}=\begin{pmatrix}1&2&1\\2&5&k\\3&8&7\end{pmatrix}$. 若齐次线性方程组 $\boldsymbol{AX}=\boldsymbol{0}$ 有非零解,则 $k=$________.

2. 设矩阵 $\boldsymbol{A}$ 的秩为 3. 已知 $\boldsymbol{\gamma}_1,\boldsymbol{\gamma}_2,\boldsymbol{\gamma}_3$ 是非齐次线性方程组 $\boldsymbol{AX}=\boldsymbol{\beta}$ 的解,其中 $\boldsymbol{\gamma}_1+\boldsymbol{\gamma}_2=(2,2,0,-4)^{\mathrm{T}}$,$\boldsymbol{\gamma}_2-\boldsymbol{\gamma}_3=(1,0,-1,3)^{\mathrm{T}}$,则 $\boldsymbol{AX}=2\boldsymbol{\beta}$ 的通解可表示为______.

3. 已知向量组 $\boldsymbol{\alpha}_1=(1,2,-1,1)$,$\boldsymbol{\alpha}_2=(2,0,t,0)$,$\boldsymbol{\alpha}_3=(0,-4,5,-2)$ 的秩为 2,则 $t=$________.

4. 设 4 阶矩阵 $\boldsymbol{A}$ 的秩为 2. 已知 $\boldsymbol{\gamma}_1=(1,0,1,-1)^{\mathrm{T}}$,$\boldsymbol{\gamma}_2=(2,-1,0,4)^{\mathrm{T}}$,$\boldsymbol{\gamma}_3=(2,0,-2,1)^{\mathrm{T}}$ 是非齐次线性方程组 $\boldsymbol{AX}=\boldsymbol{\beta}$ 的解,则 $\boldsymbol{AX}=\boldsymbol{0}$ 的通解可表示为________.

5. 若向量组 $\boldsymbol{\alpha}_1,\boldsymbol{\alpha}_2,\boldsymbol{\alpha}_3,\boldsymbol{\alpha}_4$ 线性无关,则 $\boldsymbol{\alpha}_1+\boldsymbol{\alpha}_2,\boldsymbol{\alpha}_2+\boldsymbol{\alpha}_3,\boldsymbol{\alpha}_3+\boldsymbol{\alpha}_4,\boldsymbol{\alpha}_4+\boldsymbol{\alpha}_1$ 线性________.(填"无关"或"相关").

二、选择题

1. 设 $\boldsymbol{A}$ 为 4×3 矩阵,$\boldsymbol{\gamma}_1,\boldsymbol{\gamma}_2,\boldsymbol{\gamma}_3$ 为非齐次线性方程组 $\boldsymbol{AX}=\boldsymbol{\beta}$ 的 3 个线性无关的解,k_1,k_2 为任意常数. 则 $\boldsymbol{AX}=\boldsymbol{\beta}$ 的通解为(　　).

(A) $\dfrac{\boldsymbol{\gamma}_2+\boldsymbol{\gamma}_3}{2}+k_1(\boldsymbol{\gamma}_2-\boldsymbol{\gamma}_1)$　　(B) $\dfrac{\boldsymbol{\gamma}_2-\boldsymbol{\gamma}_3}{2}+k_1(\boldsymbol{\gamma}_2-\boldsymbol{\gamma}_1)$

(C) $\dfrac{\boldsymbol{\gamma}_2+\boldsymbol{\gamma}_3}{2}+k_1(\boldsymbol{\gamma}_2-\boldsymbol{\gamma}_1)+k_2(\boldsymbol{\gamma}_3-\boldsymbol{\gamma}_1)$　　(D) $\dfrac{\boldsymbol{\gamma}_2-\boldsymbol{\gamma}_3}{2}+k_1(\boldsymbol{\gamma}_2-\boldsymbol{\gamma}_1)+k_2(\boldsymbol{\gamma}_3-\boldsymbol{\gamma}_1)$

2. 设 $\boldsymbol{\gamma}_1,\boldsymbol{\gamma}_2$ 为非齐次线性方程组 $\boldsymbol{AX}=\boldsymbol{\beta}$ 的解,k 为任意常数. 则(　　).

(A) $k\boldsymbol{\gamma}_1+\boldsymbol{\gamma}_2$ 为 $\boldsymbol{AX}=\boldsymbol{\beta}$ 的解　　(B) $k\boldsymbol{\gamma}_1+(1-k)\boldsymbol{\gamma}_2$ 为 $\boldsymbol{AX}=0$ 的解

(C) $k\boldsymbol{\gamma}_1+(1-k)\boldsymbol{\gamma}_2$ 为 $\boldsymbol{AX}=\boldsymbol{\beta}$ 的解　　(D) $k\boldsymbol{\gamma}_1+\boldsymbol{\gamma}_2$ 为 $\boldsymbol{AX}=0$ 的解

3. 设 $\boldsymbol{\alpha}_1,\boldsymbol{\alpha}_2,\cdots,\boldsymbol{\alpha}_r$ 都是 n 维列向量,$\boldsymbol{A}$ 是 $m\times n$ 矩阵,则下列选项正确的是(　　).

(A)若 $\boldsymbol{\alpha}_1,\boldsymbol{\alpha}_2,\cdots,\boldsymbol{\alpha}_r$ 线性相关,则 $\boldsymbol{A\alpha}_1,\boldsymbol{A\alpha}_2,\cdots,\boldsymbol{A\alpha}_r$ 线性相关

(B)若 $\boldsymbol{\alpha}_1,\boldsymbol{\alpha}_2,\cdots,\boldsymbol{\alpha}_r$ 线性相关,则 $\boldsymbol{A\alpha}_1,\boldsymbol{A\alpha}_2,\cdots,\boldsymbol{A\alpha}_r$ 线性无关

(C)若 $\boldsymbol{\alpha}_1,\boldsymbol{\alpha}_2,\cdots,\boldsymbol{\alpha}_r$ 线性无关,则 $\boldsymbol{A\alpha}_1,\boldsymbol{A\alpha}_2,\cdots,\boldsymbol{A\alpha}_r$ 线性相关

(D)若$\boldsymbol{\alpha}_1,\boldsymbol{\alpha}_2,\cdots,\boldsymbol{\alpha}_r$ 线性无关,则 $\boldsymbol{A}\boldsymbol{\alpha}_1,\boldsymbol{A}\boldsymbol{\alpha}_2,\cdots,\boldsymbol{A}\boldsymbol{\alpha}_r$ 线性无关

4. 设向量组$\boldsymbol{\alpha}_1,\boldsymbol{\alpha}_2,\cdots,\boldsymbol{\alpha}_r$ 可由向量组$\boldsymbol{\beta}_1,\boldsymbol{\beta}_2,\cdots,\boldsymbol{\beta}_s$ 线性表出. 则下列说法正确的是(　　).

(A)若$\boldsymbol{\beta}_1,\boldsymbol{\beta}_2,\cdots,\boldsymbol{\beta}_s$ 线性无关,则 $r\leqslant s$　　(B)若$\boldsymbol{\beta}_1,\boldsymbol{\beta}_2,\cdots,\boldsymbol{\beta}_s$ 线性无关,则 $r\geqslant s$

(C)若$\boldsymbol{\alpha}_1,\boldsymbol{\alpha}_2,\cdots,\boldsymbol{\alpha}_r$ 线性无关,则 $r\leqslant s$　　(D)若$\boldsymbol{\alpha}_1,\boldsymbol{\alpha}_2,\cdots,\boldsymbol{\alpha}_r$ 线性无关,则 $r\geqslant s$

5. 设向量组$\boldsymbol{\alpha}_1,\boldsymbol{\alpha}_2,\cdots,\boldsymbol{\alpha}_r$可由$\boldsymbol{\beta}_1,\boldsymbol{\beta}_2,\cdots,\boldsymbol{\beta}_s$线性表出. 则下列说法正确的是(　　).

(A)若 $r>s$,则$\boldsymbol{\alpha}_1,\boldsymbol{\alpha}_2,\cdots,\boldsymbol{\alpha}_r$ 线性相关

(B)若 $r<s$,则$\boldsymbol{\alpha}_1,\boldsymbol{\alpha}_2,\cdots,\boldsymbol{\alpha}_r$ 线性相关

(C)若 $r>s$,则$\boldsymbol{\alpha}_1,\boldsymbol{\alpha}_2,\cdots,\boldsymbol{\alpha}_r$ 线性无关

(D)若 $r<s$,则$\boldsymbol{\alpha}_1,\boldsymbol{\alpha}_2,\cdots,\boldsymbol{\alpha}_r$ 线性无关

6. 设 $m\times n$ 阶矩阵 $\boldsymbol{A}$ 的行向量组线性无关,则(　　).

(A)$\mathrm{r}(\boldsymbol{A})<m$　　(B)$\mathrm{r}(\boldsymbol{A})>m$　　(C)$\mathrm{r}(\boldsymbol{A})=m$　　(D)$\mathrm{r}(\boldsymbol{A})=n$

7. 向量组 $\boldsymbol{\alpha}_1,\boldsymbol{\alpha}_2,\cdots,\boldsymbol{\alpha}_s(s\geqslant 2)$线性相关的充分必要条件是(　　).

A. $\boldsymbol{\alpha}_1,\boldsymbol{\alpha}_2,\cdots,\boldsymbol{\alpha}_s$ 中至少有一个零向量

B. $\boldsymbol{\alpha}_1,\boldsymbol{\alpha}_2,\cdots,\boldsymbol{\alpha}_s$ 中至少有两个向量的对应分量成比例

C. $\boldsymbol{\alpha}_1,\boldsymbol{\alpha}_2,\cdots,\boldsymbol{\alpha}_s$ 中至少有一个向量可由其余向量线性表示

D. $\boldsymbol{\alpha}_1,\boldsymbol{\alpha}_2,\cdots,\boldsymbol{\alpha}_s$ 中至少有一部分组$\boldsymbol{\alpha}_{i_1},\boldsymbol{\alpha}_{i_2},\cdots,\boldsymbol{\alpha}_{i_t}(t<s)$线性相关

8. 设 $\boldsymbol{A}$ 是 $m\times n$ 矩阵,$\boldsymbol{B}$ 是 $n\times m$ 矩阵. 若 $\boldsymbol{AB}=\boldsymbol{E}$,则(　　).

(A)$\mathrm{r}(\boldsymbol{A})=n$, $\mathrm{r}(\boldsymbol{B})=n$　　(B)$\mathrm{r}(\boldsymbol{A})=m$, $\mathrm{r}(\boldsymbol{B})=n$

(C)$\mathrm{r}(\boldsymbol{A})=m$, $\mathrm{r}(\boldsymbol{B})=n$　　(D)$\mathrm{r}(\boldsymbol{A})=m$, $\mathrm{r}(\boldsymbol{B})=m$

9. 设 $\boldsymbol{A}$ 是 $m\times n$ 矩阵. 线性方程组 $\boldsymbol{AX}=\boldsymbol{\beta}$ 有解的充分必要条件是(　　)。

(A)$\boldsymbol{A}$ 的列向量组线性无关　　(B)$\boldsymbol{\beta}$ 可由 $\boldsymbol{A}$ 的列向量组线性表出

(C)$\boldsymbol{A}$ 的行向量组线性无关　　(D)$\boldsymbol{\beta}$ 可由 $\boldsymbol{A}$ 的行向量组线性表出

10. 设 $\boldsymbol{A}$ 是 $m\times n$ 矩阵. 线性方程组 $\boldsymbol{AX}=0$ 只有零解的充分必要条件是(　　).

(A)$\boldsymbol{A}$ 的列向量组线性无关　　(B)$\boldsymbol{A}$ 的列向量组线性相关

(C)$\boldsymbol{A}$ 的行向量组线性无关　　(D)$\boldsymbol{A}$ 的行向量组线性相关

三、计算题

1. 求齐次线性方程组$\begin{cases}2x_1-4x_2+5x_3+3x_4=0,\\3x_1-6x_2+4x_3+2x_4=0,\\4x_1-8x_2+17x_3+11x_4=0\end{cases}$的基础解系与通解.

2. 已知线性方程组$\begin{cases}x_1+5x_2-x_3-x_4=-1,\\x_1-2x_2+x_3+3x_4=3,\\3x_1+8x_2-x_3+x_4=1,\\x_1-9x_2+3x_3+7x_4=7,\end{cases}$ 求其通解.

3. 对于线性方程组$\begin{cases}\lambda x_1+x_2+x_3=\lambda-3,\\x_1+\lambda x_2+x_3=-2,\\x_1+x_2+\lambda x_3=-2,\end{cases}$讨论当 λ 为何值时,方程组无解、

有惟一解和有无穷多解。在方程有无穷多解时,试用其通解。

4.已知非齐次线性方程组$\begin{cases} x_1+x_2+ax_3=1, \\ x_1+ax_2+ax_3=3, \\ ax_1+x_2+x_3=b \end{cases}$有无穷多解. 求 a 与 b 的值,以及该方程组的通解.

5.求向量组 $\boldsymbol{\alpha}_1=(1,0,2,1)$,$\boldsymbol{\alpha}_2=(1,2,0,1)$,$\boldsymbol{\alpha}_3=(2,1,3,2)$,$\boldsymbol{\alpha}_4=(2,5,-1,4)$,$\boldsymbol{\alpha}_5=(1,-1,3,-1)$的极大线性无关组与秩,并将其他向量表示成该极大线性无关组的线性组合.

四、证明题

1.设 $\boldsymbol{A},\boldsymbol{B}$ 均是 $m\times n$ 矩阵. 证明:$\mathrm{r}(\boldsymbol{A}+\boldsymbol{B})\leqslant \mathrm{r}(\boldsymbol{A})+\mathrm{r}(\boldsymbol{B})$.

2.设 $\boldsymbol{A}$ 是 $m\times n$ 矩阵,$\boldsymbol{B}$ 是 $n\times l$ 矩阵. 证明:

(1)$\mathrm{r}(\boldsymbol{AB})\leqslant \min\{\mathrm{r}(\boldsymbol{A}),\mathrm{r}(\boldsymbol{B})\}$.

(2)若 $\boldsymbol{AB}=0$,则 $\mathrm{r}(\boldsymbol{A})+\mathrm{r}(\boldsymbol{B})\leqslant n$.

3.设 $\boldsymbol{A}$ 是 $m\times n$ 实矩阵. 证明:

(1)$\boldsymbol{AX}=0$ 与 $\boldsymbol{A}^{\mathrm{T}}\boldsymbol{AX}=0$ 同解.

(2) $\mathrm{r}(\boldsymbol{A})=\mathrm{r}(\boldsymbol{A}^{\mathrm{T}}\boldsymbol{A})$.

4.设 n 阶矩阵 $\boldsymbol{A}$ 的秩为 $n-1$,$\boldsymbol{A}^*$ 为 $\boldsymbol{A}$ 的伴随矩阵. 证明:$\mathrm{r}(\boldsymbol{A}^*)=1$.

5.设向量组 $\boldsymbol{\alpha}_1,\boldsymbol{\alpha}_2,\boldsymbol{\alpha}_3,\boldsymbol{\alpha}_4$ 线性无关,

$\boldsymbol{\beta}_1=\boldsymbol{\alpha}_1-\boldsymbol{\alpha}_2+\boldsymbol{\alpha}_3-\boldsymbol{\alpha}_4$,$\boldsymbol{\beta}_2=\boldsymbol{\alpha}_2-\boldsymbol{\alpha}_3$,$\boldsymbol{\beta}_3=2\boldsymbol{\alpha}_3-3\boldsymbol{\alpha}_4$,$\boldsymbol{\beta}_4=\boldsymbol{\alpha}_1+\boldsymbol{\alpha}_2+\boldsymbol{\alpha}_3-4\boldsymbol{\alpha}_4$.

证明:$\boldsymbol{\beta}_1,\boldsymbol{\beta}_2,\boldsymbol{\beta}_3$ 是向量组 $\boldsymbol{\beta}_1,\boldsymbol{\beta}_2,\boldsymbol{\beta}_3,\boldsymbol{\beta}_4$ 的一个极大线性无关组.

6.设 $\boldsymbol{A},\boldsymbol{B}$ 都是 n 阶方阵,证明:方程组 $\boldsymbol{ABX}=0$ 与 $\boldsymbol{BX}=0$ 同解的充分必要条件是 $\mathrm{r}(\boldsymbol{AB})=\mathrm{r}(\boldsymbol{B})$.

7.设向量组 $\boldsymbol{\alpha}_1,\boldsymbol{\alpha}_2,\cdots,\boldsymbol{\alpha}_s$ 线性无关,$\boldsymbol{\beta}_1=\boldsymbol{\alpha}_1+\boldsymbol{\alpha}_2,\cdots,\boldsymbol{\beta}_{n-1}=\boldsymbol{\alpha}_{n-1}+\boldsymbol{\alpha}_n,\boldsymbol{\beta}_n=\boldsymbol{\alpha}_n+\boldsymbol{\alpha}_1$.
证明:(1)当 n 为奇数时,$\boldsymbol{\beta}_1,\cdots,\boldsymbol{\beta}_{n-1},\boldsymbol{\beta}_n$ 线性无关.

(2)当 n 为偶数时,$\boldsymbol{\beta}_1,\cdots,\boldsymbol{\beta}_{n-1},\boldsymbol{\beta}_n$ 线性相关.

8.设 $\boldsymbol{A}$ 是 $m\times n$ 矩阵. 线性方程组 $\boldsymbol{AX}=\boldsymbol{\beta}$ 有解的充分必要条件是齐次线性方程组 $\boldsymbol{A}^{\mathrm{T}}\boldsymbol{Y}=0$ 的每一个解都是 $\boldsymbol{\beta}^{\mathrm{T}}\boldsymbol{Y}=0$ 的解.

9.设 $\boldsymbol{A}$ 是 n 阶矩阵. 证明:若对任意 n 维列向量 $\boldsymbol{X}$ 都有 $\boldsymbol{AX}=\boldsymbol{0}$,则 $\boldsymbol{A}=\boldsymbol{0}$.

扫一扫,获取参考答案

第 4 章

n 维向量空间

在第 3 章我们引入了数域 P 上 n 维向量的概念，定义了 n 维向量的运算，讨论了 n 维向量之间的线性关系，并定义了 n 维向量空间 P^n. 这一章我们将对 n 维向量空间作更深入的讨论.

§4.1 n 维向量空间的子空间

定义 1 设 V 是 P^n 的一个非空子集合，如果

(1) 对任意 $\boldsymbol{\alpha},\boldsymbol{\beta}\in V$，有 $\boldsymbol{\alpha}+\boldsymbol{\beta}\in V$；

(2) 对任意 $\boldsymbol{\alpha}\in V$，任意 $k\in P$，有 $k\boldsymbol{\alpha}\in V$.

则称 V 为 n 维向量空间 P^n 的**子空间**.

由子空间的定义可知，P^n 是自身的子空间，这是 P^n 的最大子空间. 由一个零向量组成的子集合也是 P^n 的一个子空间，称为**零子空间**，这是 P^n 最小的子空间. 这两个子空间称为 P^n 的**平凡子空间**，而 P^n 的其他子空间称为 P^n 的非平凡子空间或真子空间.

例 1 设 V 是 P^n 的一个子空间，则 $\mathbf{0}\in V$.

证 因为 $V\neq\varnothing$，所以存在 $\boldsymbol{\alpha}\in V$. 因此 $-\boldsymbol{\alpha}=(-1)\boldsymbol{\alpha}\in V$，从而

$$\mathbf{0}=\boldsymbol{\alpha}+(-\boldsymbol{\alpha})\in V.$$

例 2 设 $\boldsymbol{\alpha}_1,\cdots,\boldsymbol{\alpha}_s\in P^n$，令

$$V=\{k_1\boldsymbol{\alpha}_1+\cdots+k_s\boldsymbol{\alpha}_s\mid k_1,\cdots,k_s\in P\}.$$

则 V 是 P^n 的一个子空间,称为由 $\boldsymbol{\alpha}_1,\cdots,\boldsymbol{\alpha}_s$ 生成的子空间,记为

$$L(\boldsymbol{\alpha}_1,\cdots,\boldsymbol{\alpha}_s).$$

定理 1 $L(\boldsymbol{\alpha}_1,\cdots,\boldsymbol{\alpha}_s)$是 P^n 的包含 $\boldsymbol{\alpha}_1,\cdots,\boldsymbol{\alpha}_s$ 的最小子空间.

证 设 V 是 P^n 的包含 $\boldsymbol{\alpha}_1,\cdots,\boldsymbol{\alpha}_s$ 的任意一个子空间,对任意 $\boldsymbol{\alpha}\in L(\boldsymbol{\alpha}_1,\cdots,\boldsymbol{\alpha}_s)$,设 $\boldsymbol{\alpha}=k_1\boldsymbol{\alpha}_1+\cdots+k_s\boldsymbol{\alpha}_s$. 由于 $\boldsymbol{\alpha}_1,\cdots,\boldsymbol{\alpha}_s\in V$ 且 V 为 P^n 的子空间,所以 $\boldsymbol{\alpha}=k_1\boldsymbol{\alpha}_1+\cdots+k_s\boldsymbol{\alpha}_s\in V$. 因此 $L(\boldsymbol{\alpha}_1,\cdots,\boldsymbol{\alpha}_s)\subseteq V$,即$L(\boldsymbol{\alpha}_1,\cdots,\boldsymbol{\alpha}_s)$是 P^n 的包含 $\boldsymbol{\alpha}_1,\cdots,\boldsymbol{\alpha}_s$ 的最小子空间.

例 3 设 V_1,V_2 为 P^n 的两个子空间,则容易验证

$$V_1\cap V_2=\{\boldsymbol{\alpha}\mid\boldsymbol{\alpha}\in V_1 \text{ 且 } \boldsymbol{\alpha}\in V_2\},$$

$$V_1+V_2=\{\boldsymbol{\alpha}_1+\boldsymbol{\alpha}_2\mid\boldsymbol{\alpha}_1\in V_1,\boldsymbol{\alpha}_2\in V_2\}$$

都是 P^n 的子空间.

习题 4.1

1. 设
$$W_1=\{(x_1,x_2,x_3)\mid x_1-2x_2+3x_3=0\},$$
$$W_2=\{(x_1,x_2,x_3)\mid x_1-2x_2+3x_3=1\}.$$
证明:W_1 是$\mathbb{R}^3$ 的子空间,W_2 不是$\mathbb{R}^3$ 的子空间.

2. 设 $\boldsymbol{A}$ 是 $m\times n$ 矩阵,$V=\{\boldsymbol{X}\mid\boldsymbol{AX}=\boldsymbol{0}\}$. 证明:$V$ 是 P^n 的子空间(称为齐次线性方程组 $\boldsymbol{AX}=\boldsymbol{0}$ 的**解空间**).

3. 设向量组 $\boldsymbol{\alpha}_1,\boldsymbol{\alpha}_2,\cdots,\boldsymbol{\alpha}_r$ 可由向量组 $\boldsymbol{\beta}_1,\boldsymbol{\beta}_2,\cdots,\boldsymbol{\beta}_s$ 线性表出. 证明:
$$L(\boldsymbol{\alpha}_1,\boldsymbol{\alpha}_2,\cdots,\boldsymbol{\alpha}_r)\subseteq L(\boldsymbol{\beta}_1,\boldsymbol{\beta}_2,\cdots,\boldsymbol{\beta}_s).$$

4. 设 V_1,V_2 均是 P^n 的子空间. 证明:$V_1\cup V_2$ 是 P^n 的子空间的充分必要条件是 $V_1\subseteq V_2$ 或 $V_2\subseteq V_1$.

§4.2 基、维数与坐标

定义 2 设 V 是 P^n 的子空间,$\boldsymbol{\alpha}_1,\cdots,\boldsymbol{\alpha}_r\in V$. 如果

(1) $\boldsymbol{\alpha}_1,\cdots,\boldsymbol{\alpha}_r$ 线性无关;

(2) $V=L(\boldsymbol{\alpha}_1,\cdots,\boldsymbol{\alpha}_r)$.

则称 $\boldsymbol{\alpha}_1,\cdots,\boldsymbol{\alpha}_r$ 为 V 的基,r 称为子空间 V 的维数,记为$\dim V=r$. 此时称 V 为 P^n 的 **r 维子空间**.

当 $V=\{\boldsymbol{0}\}$时,规定 V 的维数为 0.

子空间 V 可看成一个特殊的向量组,它的基就是它的一个极大

线性无关组,它的维数就是它作为向量组的秩.

例 1 n 维单位向量组 $\boldsymbol{\varepsilon}_1=(1,0,\cdots,0)$,$\boldsymbol{\varepsilon}_2=(0,1,\cdots,0)$,$\cdots$,$\boldsymbol{\varepsilon}_n=(0,0,\cdots,1)$是 P^n 的一个基. 所以 P^n 的维数为 n.

基的重要意义主要在于以下内容.

定理 2 设 V 是 P^n 的一个子空间,$\boldsymbol{\alpha}_1,\cdots,\boldsymbol{\alpha}_r$ 为 V 的一个基. 则 V 的每一个向量都可以惟一地表示成 $\boldsymbol{\alpha}_1,\cdots,\boldsymbol{\alpha}_r$ 的线性组合.

证 由于 $V=L(\boldsymbol{\alpha}_1,\cdots,\boldsymbol{\alpha}_r)$,所以 V 中每一个向量 $\boldsymbol{\alpha}$ 都可以表示成 $\boldsymbol{\alpha}_1,\cdots,\boldsymbol{\alpha}_r$ 的线性组合:

$$\boldsymbol{\alpha}=k_1\boldsymbol{\alpha}_1+\cdots+k_r\boldsymbol{\alpha}_r.$$

我们只需证明,这种表示法是惟一的. 如果 $\boldsymbol{\alpha}$ 还可以表示成

$$\boldsymbol{\alpha}=k_1'\boldsymbol{\alpha}_1+\cdots+k_r'\boldsymbol{\alpha}_r,$$

则

$$(k_1-k_1')\boldsymbol{\alpha}_1+\cdots+(k_r-k_r')\boldsymbol{\alpha}_r=\mathbf{0}.$$

由于 $\boldsymbol{\alpha}_1,\cdots,\boldsymbol{\alpha}_r$ 线性无关,所以 $k_i-k_i'=0$,即 $k_i=k_i'$, $i=1,\cdots,r$.

定理 3 设 $\boldsymbol{\alpha}_1,\cdots,\boldsymbol{\alpha}_r;\boldsymbol{\beta}_1,\cdots,\boldsymbol{\beta}_s\in P^n$,则

(1) $L(\boldsymbol{\alpha}_1,\cdots,\boldsymbol{\alpha}_r)=L(\boldsymbol{\beta}_1,\cdots,\boldsymbol{\beta}_s)$的充分必要条件是 $\boldsymbol{\alpha}_1,\cdots,\boldsymbol{\alpha}_r$ 与$\boldsymbol{\beta}_1,\cdots,\boldsymbol{\beta}_s$ 等价;

(2) 维 $L(\boldsymbol{\alpha}_1,\cdots,\boldsymbol{\alpha}_r)=$秩$(\boldsymbol{\alpha}_1,\cdots,\boldsymbol{\alpha}_r)$.

证 (1) 设 $L(\boldsymbol{\alpha}_1,\cdots,\boldsymbol{\alpha}_r)=L(\boldsymbol{\beta}_1,\cdots,\boldsymbol{\beta}_s)$. 则每个 $\boldsymbol{\alpha}_i\in L(\boldsymbol{\beta}_1,\cdots,\boldsymbol{\beta}_s)$. 因此,每个 $\boldsymbol{\alpha}_i$ 都可由 $\boldsymbol{\beta}_1,\cdots,\boldsymbol{\beta}_s$ 线性表示. 同理,每个 $\boldsymbol{\beta}_j$ 都可由 $\boldsymbol{\alpha}_1,\cdots,\boldsymbol{\alpha}_r$ 线性表示. 故 $\boldsymbol{\alpha}_1,\cdots,\boldsymbol{\alpha}_r$ 与 $\boldsymbol{\beta}_1,\cdots,\boldsymbol{\beta}_s$ 等价.

反过来,设 $\boldsymbol{\alpha}_1,\cdots,\boldsymbol{\alpha}_r$ 与 $\boldsymbol{\beta}_1,\cdots,\boldsymbol{\beta}_s$ 等价. 则对任意 $\boldsymbol{\alpha}\in L(\boldsymbol{\alpha}_1,\cdots,\boldsymbol{\alpha}_r)$,$\boldsymbol{\alpha}$ 可由 $\boldsymbol{\alpha}_1,\cdots,\boldsymbol{\alpha}_r$ 线性表示,从而 $\boldsymbol{\alpha}$ 可由 $\boldsymbol{\beta}_1,\cdots,\boldsymbol{\beta}_s$ 线性表示,所以 $\boldsymbol{\alpha}\in L(\boldsymbol{\beta}_1,\cdots,\boldsymbol{\beta}_s)$. 因此 $L(\boldsymbol{\alpha}_1,\cdots,\boldsymbol{\alpha}_r)\subseteq L(\boldsymbol{\beta}_1,\cdots,\boldsymbol{\beta}_s)$. 同样,$L(\boldsymbol{\beta}_1,\cdots,\boldsymbol{\beta}_s)\subseteq L(\boldsymbol{\alpha}_1,\cdots,\boldsymbol{\alpha}_r)$. 故 $L(\boldsymbol{\alpha}_1,\cdots,\boldsymbol{\alpha}_r)=L(\boldsymbol{\beta}_1,\cdots,\boldsymbol{\beta}_s)$.

(2) 设秩$(\boldsymbol{\alpha}_1,\cdots,\boldsymbol{\alpha}_r)=s\ (\leqslant r)$. 不妨设 $\boldsymbol{\alpha}_1,\cdots,\boldsymbol{\alpha}_s$ 是它的一个极大线性无关组,从而 $\boldsymbol{\alpha}_1,\cdots,\boldsymbol{\alpha}_r$ 与 $\boldsymbol{\alpha}_1,\cdots,\boldsymbol{\alpha}_s$ 等价. 由(1),$L(\boldsymbol{\alpha}_1,\cdots,\boldsymbol{\alpha}_r)=L(\boldsymbol{\alpha}_1,\cdots,\boldsymbol{\alpha}_s)$. 所以 $\boldsymbol{\alpha}_1,\cdots,\boldsymbol{\alpha}_s$ 就是 $L(\boldsymbol{\alpha}_1,\cdots,\boldsymbol{\alpha}_r)$的一个基. 因此,维 $L(\boldsymbol{\alpha}_1,\cdots,\boldsymbol{\alpha}_r)=$秩$(\boldsymbol{\alpha}_1,\cdots,\boldsymbol{\alpha}_r)$.

下面的例子说明 P^n 的子空间的基可以扩充为 P^n 的一个基.

例 2 设 V 是 P^n 的 r 维子空间,$\boldsymbol{\alpha}_1,\cdots,\boldsymbol{\alpha}_r$ 为 V 的一个基. 则存

在 $\boldsymbol{\alpha}_{r+1},\cdots,\boldsymbol{\alpha}_n\in P^n$,使得 $\boldsymbol{\alpha}_1,\cdots,\boldsymbol{\alpha}_r,\boldsymbol{\alpha}_{r+1},\cdots,\boldsymbol{\alpha}_n$ 是 P^n 的一个基.

证 因为 $\dim P^n=n$. 如果 $r<n$,则 $\boldsymbol{\alpha}_1,\cdots,\boldsymbol{\alpha}_r$ 不是 P^n 的极大线性无关组,从而存在 $\boldsymbol{\alpha}_{r+1}\in P^n$,使得 $\boldsymbol{\alpha}_1,\cdots,\boldsymbol{\alpha}_r,\boldsymbol{\alpha}_{r+1}$ 线性无关. 当 $r+1=n$ 时,$\boldsymbol{\alpha}_1,\cdots,\boldsymbol{\alpha}_r,\boldsymbol{\alpha}_{r+1}$ 已是 P^n 的一个基了. 当 $r+1<n$ 时,继续上面的讨论. 但是有限步后,这过程必终止,从而结论得到证明.

在解析几何中,为了研究向量的性质,引入坐标是一个重要的步骤. 对于 n 维向量空间 P^n,坐标同样是一个有力的工具.

定义 3 设 V 是 P^n 的 r 维子空间($r>0$),$\boldsymbol{\alpha}_1,\boldsymbol{\alpha}_2,\cdots,\boldsymbol{\alpha}_r$ 为 V 的一个基. 设 $\boldsymbol{\alpha}\in V$,

$$\boldsymbol{\alpha}=k_1\boldsymbol{\alpha}_1+k_2\boldsymbol{\alpha}_2+\cdots+k_r\boldsymbol{\alpha}_r, \tag{4.2.1}$$

其中 $k_1,k_2,\cdots,k_r\in P$. 称有序数组 $k_1,k_2,\cdots,k_r$ 为 $\boldsymbol{\alpha}$ 在基 $\boldsymbol{\alpha}_1,\boldsymbol{\alpha}_2,\cdots,\boldsymbol{\alpha}_r$ 下的**坐标**,记为 $(k_1,k_2,\cdots,k_r)^{\mathrm{T}}$.

有时为了写起来方便,我们引入一种形式的写法,把向量

$$\boldsymbol{\alpha}=k_1\boldsymbol{\alpha}_1+k_2\boldsymbol{\alpha}_2+\cdots+k_r\boldsymbol{\alpha}_r$$

写成

$$\boldsymbol{\alpha}=(\boldsymbol{\alpha}_1,\boldsymbol{\alpha}_2,\cdots,\boldsymbol{\alpha}_r)\begin{pmatrix}k_1\\k_2\\\vdots\\k_r\end{pmatrix}.$$

例 3 设 $\boldsymbol{\alpha}_1=(1,1,1)$,$\boldsymbol{\alpha}_2=(1,1,-1)$,$\boldsymbol{\alpha}_3=(1,-1,-1)$,$\boldsymbol{\alpha}=(1,2,1)$. 易知 $\boldsymbol{\alpha}_1,\boldsymbol{\alpha}_2,\boldsymbol{\alpha}_3$ 为 $\mathbb{R}^3$ 的一个基. 求 $\boldsymbol{\alpha}$ 在 $\boldsymbol{\alpha}_1,\boldsymbol{\alpha}_2,\boldsymbol{\alpha}_3$ 下的坐标.

解 设所求的坐标为 (k_1,k_2,k_3),则

$$\boldsymbol{\alpha}=k_1\boldsymbol{\alpha}_1+k_2\boldsymbol{\alpha}_2+k_3\boldsymbol{\alpha}_3,$$

因此

$$\begin{cases}k_1+k_2+k_3=1,\\k_1+k_2-k_3=2,\\k_1-k_2-k_3=1.\end{cases}$$

解得 $k_1=1,k_2=\dfrac{1}{2},k_3=-\dfrac{1}{2}$. 于是 $\boldsymbol{\alpha}$ 在基 $\boldsymbol{\alpha}_1,\boldsymbol{\alpha}_2,\boldsymbol{\alpha}_3$ 下的坐标为 $\left(1,\dfrac{1}{2},-\dfrac{1}{2}\right)$.

例 4 在 P^n 中,由例 1 知,$\boldsymbol{\varepsilon}_1=(1,0,\cdots,0)$,$\boldsymbol{\varepsilon}_2=(0,1,\cdots,0)$,$\cdots$,$\boldsymbol{\varepsilon}_n=(0,0,\cdots,1)$为 P^n 的一个基,称为标准基. 对 $\boldsymbol{\alpha}\in P^n$,设 $\boldsymbol{\alpha}=(a_1,a_2,\cdots,a_n)$,则有

$$\boldsymbol{\alpha}=a_1\boldsymbol{\varepsilon}_1+a_2\boldsymbol{\varepsilon}_2+\cdots+a_n\boldsymbol{\varepsilon}_n.$$

因此,$(a_1,a_2,\cdots,a_n)$就是 $\boldsymbol{\alpha}$ 在基 $\boldsymbol{\varepsilon}_1,\boldsymbol{\varepsilon}_2,\cdots,\boldsymbol{\varepsilon}_n$ 下的坐标.

令

$$\boldsymbol{\varepsilon}_1'=(1,1,\cdots,1),\ \boldsymbol{\varepsilon}_2'=(0,1,1,\cdots,1),\ \cdots,\ \boldsymbol{\varepsilon}_n'=(0,\cdots,0,1).$$

则 $\boldsymbol{\varepsilon}_1',\boldsymbol{\varepsilon}_2',\cdots,\boldsymbol{\varepsilon}_n'$ 也是 P^n 的一个基,且

$$\boldsymbol{\alpha}=a_1\boldsymbol{\varepsilon}_1'+(a_2-a_1)\boldsymbol{\varepsilon}_2'+\cdots+(a_n-a_{n-1})\boldsymbol{\varepsilon}_n'.$$

因此,$\boldsymbol{\alpha}$ 在基 $\boldsymbol{\varepsilon}_1',\boldsymbol{\varepsilon}_2',\cdots,\boldsymbol{\varepsilon}_n'$ 下的坐标为$(a_1,a_2-a_1,\cdots,a_n-a_{n-1})$.

此例说明,向量坐标的确定依赖于基的选择,所以离开基来谈坐标是没有意义的.

习题 4.2

1. 在 $\mathbb{R}^4$ 中,求由 $\boldsymbol{\alpha}_1,\boldsymbol{\alpha}_2,\boldsymbol{\alpha}_3,\boldsymbol{\alpha}_4$ 生成的子空间的维数和一个基.
$\boldsymbol{\alpha}_1=(2,1,3,-1)$,$\boldsymbol{\alpha}_2=(-1,1,-3,1)$,$\boldsymbol{\alpha}_3=(1,5,3,-1)$,$\boldsymbol{\alpha}_4=(1,5,-3,1)$.

2. 证明:$\boldsymbol{\alpha}_1,\boldsymbol{\alpha}_2,\boldsymbol{\alpha}_3$ 是 $\mathbb{R}^3$ 的一个基,并求 $\boldsymbol{\beta}$ 在 $\boldsymbol{\alpha}_1,\boldsymbol{\alpha}_2,\boldsymbol{\alpha}_3$ 下的坐标,其中
$\boldsymbol{\alpha}_1=(1,2,3)$,$\boldsymbol{\alpha}_2=(2,2,4)$,$\boldsymbol{\alpha}_3=(3,1,3)$,$\boldsymbol{\beta}=(7,8,13)$.

3. 设 $\boldsymbol{\alpha}_1,\boldsymbol{\alpha}_2,\cdots,\boldsymbol{\alpha}_n$ 为 n 阶方阵 $\boldsymbol{A}$ 的行向量组. 证明:$\boldsymbol{\alpha}_1,\boldsymbol{\alpha}_2,\cdots,\boldsymbol{\alpha}_n$ 为 P^n 的一个基的充分必要条件是$|\boldsymbol{A}|\neq 0$.

4. 设 A 是 $m\times n$ 矩阵,且 $\mathrm{r}(A)=r$,$V=\{X|AX=0\}$. 证明:V 是 P^n 的 $n-r$ 维子空间.

§4.3 基变换与坐标变换

由上节的讨论知，坐标依赖于基的选取，本节就来讨论这种依赖关系.

设 V 是 P^n 的 r 维子空间，$\boldsymbol{\alpha}_1,\cdots,\boldsymbol{\alpha}_r$；$\boldsymbol{\beta}_1,\cdots,\boldsymbol{\beta}_r$ 是 V 的两个基. 设

$$\begin{cases}\boldsymbol{\beta}_1=a_{11}\boldsymbol{\alpha}_1+a_{21}\boldsymbol{\alpha}_2+\cdots+a_{r1}\boldsymbol{\alpha}_r,\\ \boldsymbol{\beta}_2=a_{12}\boldsymbol{\alpha}_1+a_{22}\boldsymbol{\alpha}_2+\cdots+a_{r2}\boldsymbol{\alpha}_r,\\ \quad\vdots\\ \boldsymbol{\beta}_r=a_{1r}\boldsymbol{\alpha}_1+a_{2r}\boldsymbol{\alpha}_2+\cdots+a_{rr}\boldsymbol{\alpha}_r.\end{cases} \tag{4.3.1}$$

可形式地写成

$$(\boldsymbol{\beta}_1,\boldsymbol{\beta}_2,\cdots,\boldsymbol{\beta}_r)=(\boldsymbol{\alpha}_1,\boldsymbol{\alpha}_2,\cdots,\boldsymbol{\alpha}_r)\boldsymbol{A}, \tag{4.3.2}$$

其中

$$\boldsymbol{A}=\begin{pmatrix}a_{11}&a_{12}&\cdots&a_{1r}\\a_{21}&a_{22}&\cdots&a_{2r}\\\vdots&\vdots&&\vdots\\a_{r1}&a_{r2}&\cdots&a_{rr}\end{pmatrix}.$$

称 $\boldsymbol{A}$ 为基 $\boldsymbol{\alpha}_1,\cdots,\boldsymbol{\alpha}_r$ 到基 $\boldsymbol{\beta}_1,\cdots,\boldsymbol{\beta}_r$ 的**过渡矩阵**. 注意到，$\boldsymbol{A}$ 的列向量依次是 $\boldsymbol{\beta}_1,\cdots,\boldsymbol{\beta}_r$ 在基 $\boldsymbol{\alpha}_1,\cdots,\boldsymbol{\alpha}_r$ 下的坐标.

定理 4 过渡矩阵是可逆矩阵.

证 设 V 是 P^n 的 r 维子空间，$r>0$，$\boldsymbol{\alpha}_1,\cdots,\boldsymbol{\alpha}_r$；$\boldsymbol{\beta}_1,\cdots,\boldsymbol{\beta}_r$ 是 V 的两个基，$\boldsymbol{A}$ 为 $\boldsymbol{\alpha}_1,\cdots,\boldsymbol{\alpha}_r$ 到 $\boldsymbol{\beta}_1,\cdots,\boldsymbol{\beta}_r$ 的过渡矩阵，即

$$(\boldsymbol{\beta}_1,\cdots,\boldsymbol{\beta}_r)=(\boldsymbol{\alpha}_1,\cdots,\boldsymbol{\alpha}_r)\boldsymbol{A}. \tag{4.3.3}$$

设 $\boldsymbol{B}$ 为基 $\boldsymbol{\beta}_1,\cdots,\boldsymbol{\beta}_r$ 到基 $\boldsymbol{\alpha}_1,\cdots,\boldsymbol{\alpha}_r$ 的过渡矩阵，即

$$(\boldsymbol{\alpha}_1,\cdots,\boldsymbol{\alpha}_r)=(\boldsymbol{\beta}_1,\cdots,\boldsymbol{\beta}_r)\boldsymbol{B}. \tag{4.3.4}$$

则

$$(\boldsymbol{\alpha}_1,\cdots,\boldsymbol{\alpha}_r)=(\boldsymbol{\alpha}_1,\cdots,\boldsymbol{\alpha}_r)\boldsymbol{AB}, \tag{4.3.5}$$

即

$$(\boldsymbol{\alpha}_1,\cdots,\boldsymbol{\alpha}_r)\boldsymbol{E}=(\boldsymbol{\alpha}_1,\cdots,\boldsymbol{\alpha}_r)\boldsymbol{AB}.$$

由于一个向量在同一组基下的坐标是惟一的，因而 $\boldsymbol{AB}=\boldsymbol{E}$，即 $\boldsymbol{A}$ 是可逆的. 同时有 $\boldsymbol{B}=\boldsymbol{A}^{-1}$.

设 $\boldsymbol{\alpha}$ 在基 $\boldsymbol{\alpha}_1,\cdots,\boldsymbol{\alpha}_r$ 与 $\boldsymbol{\beta}_1,\cdots,\boldsymbol{\beta}_r$ 下的坐标分别为 $(x_1,\cdots,x_r)$ 与 $(y_1,\cdots,y_r)$，即

$$\boldsymbol{\alpha}=(\boldsymbol{\alpha}_1,\boldsymbol{\alpha}_2,\cdots,\boldsymbol{\alpha}_r)\begin{pmatrix}x_1\\x_2\\\vdots\\x_r\end{pmatrix}=(\boldsymbol{\beta}_1,\boldsymbol{\beta}_2,\cdots,\boldsymbol{\beta}_r)\begin{pmatrix}y_1\\y_2\\\vdots\\y_r\end{pmatrix}. \tag{4.3.6}$$

设 $\boldsymbol{\alpha}_1,\cdots,\boldsymbol{\alpha}_r$ 到 $\boldsymbol{\beta}_1,\cdots,\boldsymbol{\beta}_r$ 的过渡矩阵为 $\boldsymbol{A}$，即

$$(\boldsymbol{\beta}_1,\cdots,\boldsymbol{\beta}_r)=(\boldsymbol{\alpha}_1,\cdots,\boldsymbol{\alpha}_r)\boldsymbol{A}.$$

则

$$\boldsymbol{\alpha}=(\boldsymbol{\alpha}_1,\boldsymbol{\alpha}_2,\cdots,\boldsymbol{\alpha}_r)\begin{pmatrix}x_1\\x_2\\\vdots\\x_r\end{pmatrix}=(\boldsymbol{\alpha}_1,\boldsymbol{\alpha}_2,\cdots,\boldsymbol{\alpha}_r)\boldsymbol{A}\begin{pmatrix}y_1\\y_2\\\vdots\\y_r\end{pmatrix}.$$

由坐标的惟一性得

$$\begin{pmatrix}x_1\\x_2\\\vdots\\x_r\end{pmatrix}=\boldsymbol{A}\begin{pmatrix}y_1\\y_2\\\vdots\\y_r\end{pmatrix} \quad 或 \quad \begin{pmatrix}y_1\\y_2\\\vdots\\y_r\end{pmatrix}=\boldsymbol{A}^{-1}\begin{pmatrix}x_1\\x_2\\\vdots\\x_r\end{pmatrix}. \tag{4.3.7}$$

这就是基由 $\boldsymbol{\alpha}_1,\cdots,\boldsymbol{\alpha}_r$ 换成 $\boldsymbol{\beta}_1,\cdots,\boldsymbol{\beta}_r$ 时的**坐标变换公式**.

一般来说，求过渡矩阵是按定义来求，但对 P^n，可以借助于标准基这一媒介，问题的解决变得简单一些.

例 1 在 P^4 中给定两个基：

$$\boldsymbol{\alpha}_1=(1,2,-1,0),\qquad \boldsymbol{\alpha}_2=(1,-1,1,1),$$
$$\boldsymbol{\alpha}_3=(-1,2,1,1),\qquad \boldsymbol{\alpha}_4=(-1,-1,0,1);$$
$$\boldsymbol{\beta}_1=(2,1,0,1),\qquad \boldsymbol{\beta}_2=(0,1,2,2),$$
$$\boldsymbol{\beta}_3=(-2,1,1,2),\qquad \boldsymbol{\beta}_4=(1,3,1,2).$$

求基 $\boldsymbol{\alpha}_1,\boldsymbol{\alpha}_2,\boldsymbol{\alpha}_3,\boldsymbol{\alpha}_4$ 到基 $\boldsymbol{\beta}_1,\boldsymbol{\beta}_2,\boldsymbol{\beta}_3,\boldsymbol{\beta}_4$ 的过渡矩阵.

解 取 P^4 的标准基 $\boldsymbol{\varepsilon}_1=(1,0,0,0)$，$\boldsymbol{\varepsilon}_2=(0,1,0,0)$，$\boldsymbol{\varepsilon}_3=(0,0,1,0)$，$\boldsymbol{\varepsilon}_4=(0,0,0,1)$，则

$$(\boldsymbol{\alpha}_1,\boldsymbol{\alpha}_2,\boldsymbol{\alpha}_3,\boldsymbol{\alpha}_4)=(\boldsymbol{\varepsilon}_1,\boldsymbol{\varepsilon}_2,\boldsymbol{\varepsilon}_3,\boldsymbol{\varepsilon}_4)\boldsymbol{B},$$

其中

$$\boldsymbol{B}=\begin{pmatrix}1&1&-1&-1\\2&-1&2&-1\\-1&1&1&0\\0&1&1&1\end{pmatrix}.$$

$$(\boldsymbol{\beta}_1,\boldsymbol{\beta}_2,\boldsymbol{\beta}_3,\boldsymbol{\beta}_4)=(\boldsymbol{\varepsilon}_1,\boldsymbol{\varepsilon}_2,\boldsymbol{\varepsilon}_3,\boldsymbol{\varepsilon}_4)\boldsymbol{C},$$

其中

$$\boldsymbol{C}=\begin{pmatrix}2&0&-2&1\\1&1&1&3\\0&2&1&1\\1&2&2&2\end{pmatrix}.$$

所以$(\boldsymbol{\beta}_1,\boldsymbol{\beta}_2,\boldsymbol{\beta}_3,\boldsymbol{\beta}_4)=(\boldsymbol{\alpha}_1,\boldsymbol{\alpha}_2,\boldsymbol{\alpha}_3,\boldsymbol{\alpha}_4)\boldsymbol{B}^{-1}\boldsymbol{C}$,即 $\boldsymbol{\alpha}_1,\boldsymbol{\alpha}_2,\boldsymbol{\alpha}_3,\boldsymbol{\alpha}_4$ 到 $\boldsymbol{\beta}_1,\boldsymbol{\beta}_2,\boldsymbol{\beta}_3,\boldsymbol{\beta}_4$ 的过渡矩阵为

$$\boldsymbol{A}=\boldsymbol{B}^{-1}\boldsymbol{C}=\begin{pmatrix}1&0&1&1\\1&1&0&1\\0&1&1&1\\0&0&1&0\end{pmatrix}.$$

而 $\boldsymbol{B}^{-1}\boldsymbol{C}$ 可如下求:

$$(\boldsymbol{B}\ \vdots\ \boldsymbol{C})\xrightarrow{\text{初等行变换}}(\boldsymbol{E}\ \vdots\ \boldsymbol{B}^{-1}\boldsymbol{C}).$$

习题 4.3

1. 在$\mathbb{R}^3$ 中,求基 $\alpha_1,\alpha_2,\alpha_3$ 到基 β_1,β_2,β_3 的过渡矩阵,其中

$$\boldsymbol{\alpha}_1=(1,1,1),\boldsymbol{\alpha}_2=(1,0,-1),\boldsymbol{\alpha}_3=(1,0,1);$$
$$\boldsymbol{\beta}_1=(1,2,1),\boldsymbol{\beta}_2=(2,3,4),\boldsymbol{\beta}_3=(3,4,3).$$

2. 设 $\boldsymbol{\alpha}_1,\boldsymbol{\alpha}_2,\boldsymbol{\alpha}_3,\boldsymbol{\alpha}_4$ 与 $\boldsymbol{\beta}_1,\boldsymbol{\beta}_2,\boldsymbol{\beta}_3,\boldsymbol{\beta}_4$ 是$\mathbb{R}^4$ 的两个基,且

$$\begin{cases}\boldsymbol{\beta}_1=\boldsymbol{\alpha}_1+3\boldsymbol{\alpha}_2-5\boldsymbol{\alpha}_3-7\boldsymbol{\alpha}_4,\\\boldsymbol{\beta}_2=\boldsymbol{\alpha}_2+2\boldsymbol{\alpha}_3-3\boldsymbol{\alpha}_4,\\\boldsymbol{\beta}_3=\boldsymbol{\alpha}_3+2\boldsymbol{\alpha}_4,\\\boldsymbol{\beta}_4=\boldsymbol{\alpha}_4,\end{cases}$$

(1)求基 $\boldsymbol{\alpha}_1,\boldsymbol{\alpha}_2,\boldsymbol{\alpha}_3,\boldsymbol{\alpha}_4$ 到基 $\boldsymbol{\beta}_1,\boldsymbol{\beta}_2,\boldsymbol{\beta}_3,\boldsymbol{\beta}_4$ 的过渡矩阵.

(2)已知 $\boldsymbol{\alpha}=\boldsymbol{\alpha}_1-2\boldsymbol{\alpha}_2+3\boldsymbol{\alpha}_3+\boldsymbol{\alpha}_4$,求 $\boldsymbol{\alpha}$ 在基 $\boldsymbol{\beta}_1,\boldsymbol{\beta}_2,\boldsymbol{\beta}_3,\boldsymbol{\beta}_4$ 的坐标.

3. 设 $\boldsymbol{\alpha}_1,\boldsymbol{\alpha}_2,\cdots,\boldsymbol{\alpha}_n$ 是 P^n 的一个基,A 是 n 阶可逆矩阵. 令

$$(\boldsymbol{\beta}_1,\boldsymbol{\beta}_2,\cdots,\boldsymbol{\beta}_n)=(\boldsymbol{\alpha}_1,\boldsymbol{\alpha}_2,\cdots,\boldsymbol{\alpha}_n)\boldsymbol{A}.$$

证明：$\boldsymbol{\beta}_1,\boldsymbol{\beta}_2,\cdots,\boldsymbol{\beta}_n$ 是 P^n 的一个基.

4. 在$\mathbb{R}^4$ 中求非零向量 $\boldsymbol{\alpha}$，使得 $\boldsymbol{\alpha}$ 在基 $\boldsymbol{\varepsilon}_1=(1,0,0,0)$，$\boldsymbol{\varepsilon}_2=(0,1,0,0)$，$\boldsymbol{\varepsilon}_3=(0,0,1,0)$，$\boldsymbol{\varepsilon}_4=(0,0,0,1)$与 $\boldsymbol{\varepsilon}_1'=(2,1,-1,1)$，$\boldsymbol{\varepsilon}_2'=(0,3,1,0)$，$\boldsymbol{\varepsilon}_3'=(5,3,2,1)$，$\boldsymbol{\varepsilon}_4'=(6,6,1,3)$下有相同的坐标.

§4.4　欧氏空间$\mathbb{R}^n$

在这一节中，我们取数域为实数域 $\mathbb{R}$，进一步讨论 n 维向量空间 $\mathbb{R}^n$.

1. 向量的内积、长度和夹角

在解析几何中，向量的数量积，向量的长度和夹角是我们熟悉的概念，现在我们在 $\mathbb{R}^n$中引入这些概念.

定义 4　设 $\boldsymbol{\alpha}=(a_1,a_2,\cdots,a_n)$，$\boldsymbol{\beta}=(b_1,b_2,\cdots,b_n)\in\mathbb{R}^n$. 规定

$$(\boldsymbol{\alpha},\boldsymbol{\beta})=a_1b_1+a_2b_2+\cdots+a_nb_n.$$

实数$(\boldsymbol{\alpha},\boldsymbol{\beta})$称为 $\boldsymbol{\alpha},\boldsymbol{\beta}$ 的**内积**.

如果把 n 维向量 $\boldsymbol{\alpha},\boldsymbol{\beta}$ 视为 $1\times n$ 矩阵，则它们的内积又可表示为

$$(\boldsymbol{\alpha},\boldsymbol{\beta})=\boldsymbol{\alpha}\boldsymbol{\beta}^{\mathrm{T}}=\boldsymbol{\beta}\boldsymbol{\alpha}^{\mathrm{T}}.$$

定义 5　n 维向量空间$\mathbb{R}^n$，连同其上的内积运算一起，称为 n 维**欧几里德空间**，简称为**欧氏空间**，仍记为$\mathbb{R}^n$.

由内积的定义，不难验证下列基本性质.

(1) $(\boldsymbol{\alpha},\boldsymbol{\beta})=(\boldsymbol{\beta},\boldsymbol{\alpha})$；

(2) $(k\boldsymbol{\alpha},\boldsymbol{\beta})=k(\boldsymbol{\alpha},\boldsymbol{\beta})$；

(3) $(\boldsymbol{\alpha}+\boldsymbol{\beta},\boldsymbol{\gamma})=(\boldsymbol{\alpha},\boldsymbol{\gamma})+(\boldsymbol{\beta},\boldsymbol{\gamma})$；

(4) $(\boldsymbol{\alpha},\boldsymbol{\alpha})\geqslant 0$，且$(\boldsymbol{\alpha},\boldsymbol{\alpha})=0$ 当且仅当 $\boldsymbol{\alpha}=\mathbf{0}$.

其中 $\boldsymbol{\alpha},\boldsymbol{\beta},\boldsymbol{\gamma}\in\mathbb{R}^n$，$k\in\mathbb{R}$.

由上述性质还可得到下列性质.

(5) $(k\boldsymbol{\alpha},l\boldsymbol{\beta})=kl(\boldsymbol{\alpha},\boldsymbol{\beta})$， $k,l\in\mathbb{R}$；

(6) $(\boldsymbol{\alpha},\boldsymbol{\beta}+\boldsymbol{\gamma})=(\boldsymbol{\alpha},\boldsymbol{\beta})+(\boldsymbol{\alpha},\boldsymbol{\gamma})$；

(7) $(\boldsymbol{\alpha},\mathbf{0})=0$；

(8) $\left(\sum\limits_{i=1}^{n}k_i\boldsymbol{\alpha}_i,\sum\limits_{j=1}^{m}l_j\boldsymbol{\beta}_j\right)=\sum\limits_{i=1}^{n}\sum\limits_{j=1}^{m}k_il_j(\boldsymbol{\alpha}_i,\boldsymbol{\beta}_j)$， $k_i,l_j\in\mathbb{R}$.

由于对欧氏空间 $\mathbb{R}^n$中的任意向量 $\boldsymbol{\alpha}$ 来说，$(\boldsymbol{\alpha},\boldsymbol{\alpha})$总是一个非负

的实数,我们可以引入向量的长度的概念.

定义6 设$\boldsymbol{\alpha}\in\mathbb{R}^n$. 非负实数$\sqrt{(\boldsymbol{\alpha},\boldsymbol{\alpha})}$称为向量$\boldsymbol{\alpha}$的**长度**(或**模**),记为$|\boldsymbol{\alpha}|=\sqrt{(\boldsymbol{\alpha},\boldsymbol{\alpha})}$.

显然,$|\boldsymbol{\alpha}|=0$的充分必要条件是$\boldsymbol{\alpha}=\mathbf{0}$. 当$|\boldsymbol{\alpha}|=1$时,称$\boldsymbol{\alpha}$为**单位向量**. 若$\boldsymbol{\alpha}\neq\mathbf{0}$,则$\frac{1}{|\boldsymbol{\alpha}|}\boldsymbol{\alpha}$是单位向量,$\frac{1}{|\boldsymbol{\alpha}|}\boldsymbol{\alpha}$称为$\boldsymbol{\alpha}$的**单位化**.

为了定义两向量的夹角,我们来证明一个重要的不等式.

定理5 对于$\mathbb{R}^n$中任意两个向量$\boldsymbol{\alpha},\boldsymbol{\beta}$,有下列不等式成立

$$|(\boldsymbol{\alpha},\boldsymbol{\beta})|\leqslant|\boldsymbol{\alpha}||\boldsymbol{\beta}|. \tag{4.4.1}$$

其中等号成立的充分必要条件是$\boldsymbol{\alpha},\boldsymbol{\beta}$线性相关.

证 如果$\boldsymbol{\alpha},\boldsymbol{\beta}$线性相关,则或$\boldsymbol{\alpha}=\mathbf{0}$,或$\boldsymbol{\beta}=k\boldsymbol{\alpha}$, $k\in\mathbb{R}$. 无论哪种情况都有

$$(\boldsymbol{\alpha},\boldsymbol{\beta})^2=(\boldsymbol{\alpha},\boldsymbol{\alpha})(\boldsymbol{\beta},\boldsymbol{\beta}),$$

从而有

$$|(\boldsymbol{\alpha},\boldsymbol{\beta})|=|\boldsymbol{\alpha}||\boldsymbol{\beta}|.$$

设$\boldsymbol{\alpha},\boldsymbol{\beta}$线性无关,则对任意$t\in\mathbb{R}$, $t\boldsymbol{\alpha}+\boldsymbol{\beta}\neq\mathbf{0}$. 于是$(t\boldsymbol{\alpha}+\boldsymbol{\beta},t\boldsymbol{\alpha}+\boldsymbol{\beta})>0$,即

$$t^2(\boldsymbol{\alpha},\boldsymbol{\alpha})+2t(\boldsymbol{\alpha},\boldsymbol{\beta})+(\boldsymbol{\beta},\boldsymbol{\beta})>0.$$

上式左边是t的二次三项式,由于它对t的任意实数值来说都是正数,所以判别式一定小于零,即

$$(\boldsymbol{\alpha},\boldsymbol{\beta})^2-(\boldsymbol{\alpha},\boldsymbol{\alpha})(\boldsymbol{\beta},\boldsymbol{\beta})<0,$$

从而$|(\boldsymbol{\alpha},\boldsymbol{\beta})|<|\boldsymbol{\alpha}||\boldsymbol{\beta}|$.

不等式(4.4.1)称为柯西(Cauchy)不等式.

例1 对于任意实数$a_1,a_2,\cdots,a_n;b_1,b_2,\cdots,b_n$有

$$|a_1b_1+a_2b_2+\cdots+a_nb_n|\leqslant\sqrt{a_1^2+a_2^2+\cdots+a_n^2}\sqrt{b_1^2+b_2^2+\cdots+b_n^2}.$$

证 设$\boldsymbol{\alpha}=(a_1,a_2,\cdots,a_n)$,$\boldsymbol{\beta}=(b_1,b_2,\cdots,b_n)$,则$\boldsymbol{\alpha},\boldsymbol{\beta}\in\mathbb{R}^n$. 由式(4.4.1)得

$$|a_1b_1+a_2b_2+\cdots+a_nb_n|=|(\boldsymbol{\alpha},\boldsymbol{\beta})|\leqslant|\boldsymbol{\alpha}||\boldsymbol{\beta}|=$$
$$\sqrt{a_1^2+a_2^2+\cdots+a_n^2}\sqrt{b_1^2+b_2^2+\cdots+b_n^2}.$$

例2 设a,b,c都是正数,且$a+b+c=1$. 求证

$$\frac{1}{a}+\frac{1}{b}+\frac{1}{c}\geqslant 9.$$

证 设 $\boldsymbol{\alpha}=(\sqrt{a},\sqrt{b},\sqrt{c})$，$\boldsymbol{\beta}=\left(\frac{1}{\sqrt{a}},\frac{1}{\sqrt{b}},\frac{1}{\sqrt{c}}\right)$. 则 $\boldsymbol{\alpha},\boldsymbol{\beta}\in\mathbb{R}^3$. 由柯西不等式，

$$\left(\sqrt{a}\cdot\frac{1}{\sqrt{a}}+\sqrt{b}\cdot\frac{1}{\sqrt{b}}+\sqrt{c}\cdot\frac{1}{\sqrt{c}}\right)^2\leqslant$$
$$((\sqrt{a})^2+(\sqrt{b})^2+(\sqrt{c})^2)\left(\left(\frac{1}{\sqrt{a}}\right)^2+\left(\frac{1}{\sqrt{b}}\right)^2+\left(\frac{1}{\sqrt{c}}\right)^2\right).$$

即

$$9\leqslant(a+b+c)\left(\frac{1}{a}+\frac{1}{b}+\frac{1}{c}\right).$$

由于 $a+b+c=1$，所以

$$\frac{1}{a}+\frac{1}{b}+\frac{1}{c}\geqslant 9.$$

例 3 对任意 $\boldsymbol{\alpha},\boldsymbol{\beta}\in\mathbb{R}^3$，下面的三角不等式成立.

$$|\boldsymbol{\alpha}+\boldsymbol{\beta}|\leqslant|\boldsymbol{\alpha}|+|\boldsymbol{\beta}|.$$

证 因为

$$|\boldsymbol{\alpha}+\boldsymbol{\beta}|^2=(\boldsymbol{\alpha}+\boldsymbol{\beta},\boldsymbol{\alpha}+\boldsymbol{\beta})=(\boldsymbol{\alpha},\boldsymbol{\alpha})+2(\boldsymbol{\alpha},\boldsymbol{\beta})+(\boldsymbol{\beta},\boldsymbol{\beta})\leqslant$$
$$(\boldsymbol{\alpha},\boldsymbol{\alpha})+2|\boldsymbol{\alpha}||\boldsymbol{\beta}|+(\boldsymbol{\beta},\boldsymbol{\beta})=(|\boldsymbol{\alpha}|+|\boldsymbol{\beta}|)^2,$$

所以

$$|\boldsymbol{\alpha}+\boldsymbol{\beta}|\leqslant|\boldsymbol{\alpha}|+|\boldsymbol{\beta}|.$$

现在来定义 $\mathbb{R}^n$ 中两个向量的夹角.

定义 7 设 $\boldsymbol{\alpha},\boldsymbol{\beta}\in\mathbb{R}^n$，规定 $\boldsymbol{\alpha}$ 与 $\boldsymbol{\beta}$ 的夹角为

$$\langle\boldsymbol{\alpha},\boldsymbol{\beta}\rangle=\arccos\frac{(\boldsymbol{\alpha},\boldsymbol{\beta})}{|\boldsymbol{\alpha}||\boldsymbol{\beta}|},\quad 0\leqslant\langle\boldsymbol{\alpha},\boldsymbol{\beta}\rangle\leqslant\pi.$$

由不等式(4.4.1)知

$$-1\leqslant\frac{(\boldsymbol{\alpha},\boldsymbol{\beta})}{|\boldsymbol{\alpha}||\boldsymbol{\beta}|}\leqslant 1,$$

所以这样定义夹角是合理的.

定义 8 设 $\boldsymbol{\alpha},\boldsymbol{\beta}\in\mathbb{R}^n$，如果 $(\boldsymbol{\alpha},\boldsymbol{\beta})=0$，则称向量 $\boldsymbol{\alpha}$ 与 $\boldsymbol{\beta}$ **正交**或**垂直**，记为 $\boldsymbol{\alpha}\perp\boldsymbol{\beta}$.

零向量与任何向量正交，两个非零向量正交的充分必要条件是

$\langle \boldsymbol{\alpha}, \boldsymbol{\beta} \rangle = \dfrac{\pi}{2}$.

当 $\boldsymbol{\alpha} \perp \boldsymbol{\beta}$ 时,我们有勾股定理

$$|\boldsymbol{\alpha}+\boldsymbol{\beta}|^2 = |\boldsymbol{\alpha}|^2 + |\boldsymbol{\beta}|^2.$$

事实上

$$|\boldsymbol{\alpha}+\boldsymbol{\beta}|^2 = (\boldsymbol{\alpha}+\boldsymbol{\beta}, \boldsymbol{\alpha}+\boldsymbol{\beta}) = (\boldsymbol{\alpha}, \boldsymbol{\alpha}) + (\boldsymbol{\beta}, \boldsymbol{\beta}) = |\boldsymbol{\alpha}|^2 + |\boldsymbol{\beta}|^2.$$

不难把勾股定理推广到多个向量的情形,即如果向量 $\boldsymbol{\alpha}_1, \boldsymbol{\alpha}_2, \cdots, \boldsymbol{\alpha}_m$ 两两正交,则

$$|\boldsymbol{\alpha}_1 + \boldsymbol{\alpha}_2 + \cdots + \boldsymbol{\alpha}_m|^2 = |\boldsymbol{\alpha}_1|^2 + |\boldsymbol{\alpha}_2|^2 + \cdots + |\boldsymbol{\alpha}_m|^2.$$

2. 标准正交基

定义 9 设 V 是$\mathbb{R}^n$的子空间,$\boldsymbol{\alpha}_1, \boldsymbol{\alpha}_2, \cdots, \boldsymbol{\alpha}_r \in V$. 如果它们是两两正交的非零向量组,就称为**正交向量组**.

定理 6 正交向量组是线性无关的.

证 设 $\boldsymbol{\alpha}_1, \boldsymbol{\alpha}_2 \cdots, \boldsymbol{\alpha}_s$ 是正交向量组. 设有

$$k_1\boldsymbol{\alpha}_1 + k_2\boldsymbol{\alpha}_2 + \cdots + k_s\boldsymbol{\alpha}_s = \mathbf{0}.$$

用 $\boldsymbol{\alpha}_i$ 与上等式两边作内积

$$(\boldsymbol{\alpha}_i, k_1\boldsymbol{\alpha}_1 + k_2\boldsymbol{\alpha}_2 + \cdots + k_s\boldsymbol{\alpha}_s) = (\boldsymbol{\alpha}_i, \mathbf{0}) = 0.$$

由内积的性质和正交性质有

$$k_i(\boldsymbol{\alpha}_i, \boldsymbol{\alpha}_i) = 0.$$

由于 $\boldsymbol{\alpha}_i \neq \mathbf{0}$,有$(\boldsymbol{\alpha}_i, \boldsymbol{\alpha}_i) > 0$,从而有 $k_i = 0\ (i = 1, 2, \cdots, s)$. 这就证明了 $\boldsymbol{\alpha}_1, \boldsymbol{\alpha}_2 \cdots, \boldsymbol{\alpha}_s$ 线性无关.

这个结果说明,在欧氏空间 $\mathbb{R}^n$ 中,两两正交的非零向量不能超过 n 个.

定义 10 设 V 是$\mathbb{R}^n$的 r 维子空间,由 V 中 r 个向量组成的正交向量组称为 V 的正交基. 由 V 中 r 个单位向量组成的正交基称为**标准正交基**.

例 4 欧氏空间 $\mathbb{R}^n$的基

$$\boldsymbol{\varepsilon}_1 = (1, 0, \cdots, 0),\ \boldsymbol{\varepsilon}_2 = (0, 1, \cdots, 0),\ \cdots,\ \boldsymbol{\varepsilon}_n = (0, 0, \cdots, 1)$$

是 $\mathbb{R}^n$的一个标准正交基.

在标准正交基下,向量的坐标可以用内积表示出来.

设 $\boldsymbol{\alpha}_1, \boldsymbol{\alpha}_2, \cdots, \boldsymbol{\alpha}_r$ 为 V 的一标准正交基,$\boldsymbol{\alpha} \in V$,设

$$\boldsymbol{\alpha}=x_1\boldsymbol{\alpha}_1+x_2\boldsymbol{\alpha}_2+\cdots+x_r\boldsymbol{\alpha}_r. \tag{4.4.2}$$

在式(4.4.2)两边用$\boldsymbol{\alpha}_i(i=1,2,\cdots,s)$作内积,则

$$x_i=(\boldsymbol{\alpha}_i,\boldsymbol{\alpha}).$$

因此

$$\boldsymbol{\alpha}=(\boldsymbol{\alpha}_1,\boldsymbol{\alpha})\boldsymbol{\alpha}_1+(\boldsymbol{\alpha}_2,\boldsymbol{\alpha})\boldsymbol{\alpha}_2+\cdots+(\boldsymbol{\alpha}_r,\boldsymbol{\alpha})\boldsymbol{\alpha}_r.$$

3. 施密特(Schmidt)正交化方法

在欧氏空间 $\mathbb{R}^n$中,是否每个非零子空间都存在标准正交基呢?下面将肯定地回答这一问题.

定理 7 设$\boldsymbol{\alpha}_1,\boldsymbol{\alpha}_2,\cdots,\boldsymbol{\alpha}_m$ 是 $\mathbb{R}^n$中线性无关向量组,则存在 $\mathbb{R}^n$的正交向量组$\boldsymbol{\beta}_1,\cdots,\boldsymbol{\beta}_m$ 使得每个$\boldsymbol{\beta}_k$ 可由$\boldsymbol{\alpha}_1,\cdots,\boldsymbol{\alpha}_m$ 线性表示.

证 先取$\boldsymbol{\beta}_1=\boldsymbol{\alpha}_1$,则$\boldsymbol{\beta}_1$ 可由$\boldsymbol{\alpha}_1$ 线性表示.其次,取

$$\boldsymbol{\beta}_2=\boldsymbol{\alpha}_2-\frac{(\boldsymbol{\alpha}_2,\boldsymbol{\beta}_1)}{(\boldsymbol{\beta}_1,\boldsymbol{\beta}_1)}\boldsymbol{\beta}_1.$$

则$\boldsymbol{\beta}_2$ 可由$\boldsymbol{\alpha}_1,\boldsymbol{\alpha}_2$ 线性表出,且因为$\boldsymbol{\alpha}_1,\boldsymbol{\alpha}_2$ 线性无关,所以$\boldsymbol{\beta}_2\neq\mathbf{0}$.又由

$$(\boldsymbol{\beta}_2,\boldsymbol{\beta}_1)=(\boldsymbol{\alpha}_2,\boldsymbol{\beta}_1)-\frac{(\boldsymbol{\alpha}_2,\boldsymbol{\beta}_1)}{(\boldsymbol{\beta}_1,\boldsymbol{\beta}_1)}(\boldsymbol{\beta}_1,\boldsymbol{\beta}_1)=0,$$

所以$\boldsymbol{\beta}_2$ 与$\boldsymbol{\beta}_1$ 正交.

假设$1<k\leqslant m$,而满足定理要求的$\boldsymbol{\beta}_1,\cdots,\boldsymbol{\beta}_{k-1}$都已求出.取

$$\boldsymbol{\beta}_k=\boldsymbol{\alpha}_k-\frac{(\boldsymbol{\alpha}_k,\boldsymbol{\beta}_1)}{(\boldsymbol{\beta}_1,\boldsymbol{\beta}_1)}\boldsymbol{\beta}_1-\cdots-\frac{(\boldsymbol{\alpha}_k,\boldsymbol{\beta}_{k-1})}{(\boldsymbol{\beta}_{k-1},\boldsymbol{\beta}_{k-1})}\boldsymbol{\beta}_{k-1}.$$

由于假定了$\boldsymbol{\beta}_i$ 可由$\boldsymbol{\alpha}_1,\cdots,\boldsymbol{\alpha}_i$ 线性表出,$i=1,\cdots,k-1$,所以$\boldsymbol{\beta}_k$ 可由$\boldsymbol{\alpha}_1,\cdots,\boldsymbol{\alpha}_k$ 线性表出:

$$\boldsymbol{\beta}_k=l_1\boldsymbol{\alpha}_1+\cdots+l_{k-1}\boldsymbol{\alpha}_{k-1}+\boldsymbol{\alpha}_k.$$

由于$\boldsymbol{\alpha}_1,\cdots,\boldsymbol{\alpha}_k$ 线性无关,所以$\boldsymbol{\beta}_k\neq\mathbf{0}$.

又因为假设了$\boldsymbol{\beta}_1,\cdots,\boldsymbol{\beta}_{k-1}$两两正交,所以

$$(\boldsymbol{\beta}_k,\boldsymbol{\beta}_i)=(\boldsymbol{\alpha}_k,\boldsymbol{\beta}_i)-\frac{(\boldsymbol{\alpha}_k,\boldsymbol{\beta}_i)}{(\boldsymbol{\beta}_i,\boldsymbol{\beta}_i)}(\boldsymbol{\beta}_i,\boldsymbol{\beta}_i)=0,\ \ i=1,\cdots,k-1.$$

这样,$\boldsymbol{\beta}_1,\cdots,\boldsymbol{\beta}_k$ 也满足定理的要求.定理得证.

这个定理的证明实际上给出了一个方法,使得我们可以从欧氏空间$\mathbb{R}^n$的任一组线性无关向量组出发,得到一个正交向量组.这个方法称为**施密特(Schmidt)正交化方法**.

将定理中的$\boldsymbol{\beta}_1,\cdots,\boldsymbol{\beta}_m$ 单位化

$$\boldsymbol{\gamma}_i=\frac{\boldsymbol{\beta}_i}{|\boldsymbol{\beta}_i|}\quad i=1,2,\cdots,m,$$

就得到单位正交向量组$\boldsymbol{\gamma}_1,\boldsymbol{\gamma}_2,\cdots,\boldsymbol{\gamma}_m$. 从而我们可以证明：$\mathbb{R}^n$的任一非零子空间都存在标准正交基.

例 5 在$\mathbb{R}^4$中，把$\boldsymbol{\alpha}_1=(1,1,0,0)$，$\boldsymbol{\alpha}_2=(1,0,1,0)$，$\boldsymbol{\alpha}_3=(-1,0,0,1)$，$\boldsymbol{\alpha}_4=(1,-1,-1,1)$化成单位正交向量组.

解 先把它们正交化，取

$$\boldsymbol{\beta}_1=\boldsymbol{\alpha}_1=(1,1,0,0),$$

$$\boldsymbol{\beta}_2=\boldsymbol{\alpha}_2-\frac{(\boldsymbol{\alpha}_2,\boldsymbol{\beta}_1)}{(\boldsymbol{\beta}_1,\boldsymbol{\beta}_1)}\boldsymbol{\beta}_1=(1,0,1,0)-\frac{1}{2}(1,1,0,0)=\left(\frac{1}{2},-\frac{1}{2},1,0\right),$$

$$\boldsymbol{\beta}_3=\boldsymbol{\alpha}_3-\frac{(\boldsymbol{\alpha}_3,\boldsymbol{\beta}_1)}{(\boldsymbol{\beta}_1,\boldsymbol{\beta}_1)}\boldsymbol{\beta}_1-\frac{(\boldsymbol{\alpha}_3,\boldsymbol{\beta}_2)}{(\boldsymbol{\beta}_2,\boldsymbol{\beta}_2)}\boldsymbol{\beta}_2=(-1,0,0,1)+\frac{1}{2}(1,1,0,0)+\frac{1}{3}\left(\frac{1}{2},-\frac{1}{2},1,0\right)=\left(-\frac{1}{3},\frac{1}{3},\frac{1}{3},1\right),$$

$$\boldsymbol{\beta}_4=\boldsymbol{\alpha}_4-\frac{(\boldsymbol{\alpha}_4,\boldsymbol{\beta}_1)}{(\boldsymbol{\beta}_1,\boldsymbol{\beta}_1)}\boldsymbol{\beta}_1-\frac{(\boldsymbol{\alpha}_4,\boldsymbol{\beta}_2)}{(\boldsymbol{\beta}_2,\boldsymbol{\beta}_2)}\boldsymbol{\beta}_2-\frac{(\boldsymbol{\alpha}_4,\boldsymbol{\beta}_3)}{(\boldsymbol{\beta}_3,\boldsymbol{\beta}_3)}\boldsymbol{\beta}_3=(1,-1,-1,1).$$

再单位化，

$$\boldsymbol{\gamma}_1=\frac{\boldsymbol{\beta}_1}{|\boldsymbol{\beta}_1|}=\left(\frac{1}{\sqrt{2}},\frac{1}{\sqrt{2}},0,0\right),$$

$$\boldsymbol{\gamma}_2=\frac{\boldsymbol{\beta}_2}{|\boldsymbol{\beta}_2|}=\left(\frac{1}{\sqrt{6}},-\frac{1}{\sqrt{6}},\frac{2}{\sqrt{6}},0\right),$$

$$\boldsymbol{\gamma}_3=\frac{\boldsymbol{\beta}_3}{|\boldsymbol{\beta}_3|}=\left(-\frac{1}{\sqrt{12}},\frac{1}{\sqrt{12}},\frac{1}{\sqrt{12}},\frac{3}{\sqrt{12}}\right),$$

$$\boldsymbol{\gamma}_4=\frac{\boldsymbol{\beta}_4}{|\boldsymbol{\beta}_4|}=\left(\frac{1}{2},-\frac{1}{2},-\frac{1}{2},\frac{1}{2}\right).$$

则$\boldsymbol{\gamma}_1,\boldsymbol{\gamma}_2,\boldsymbol{\gamma}_3,\boldsymbol{\gamma}_4$即为所求.

4. 正交矩阵

定义 11 设$\boldsymbol{A}\in\mathbb{R}^{n\times n}$. 如果$\boldsymbol{A}\boldsymbol{A}^{\mathrm{T}}=\boldsymbol{A}^{\mathrm{T}}\boldsymbol{A}=\boldsymbol{E}$，则称$\boldsymbol{A}$为正交矩阵.

容易证明

(1) 若 $\boldsymbol{A}$ 为正交矩阵,则 $|\boldsymbol{A}|=\pm 1$;

(2) 若 $\boldsymbol{A}$ 为正交矩阵,则 $\boldsymbol{A}^{-1},\boldsymbol{A}^{\mathrm{T}},\boldsymbol{A}^{*}$ 都是正交矩阵;

(3) 若 $\boldsymbol{A},\boldsymbol{B}$ 是正交矩阵,则 $\boldsymbol{AB}$ 也是正交矩阵.

定理 8 设 $\boldsymbol{A}\in\mathbb{R}^{n\times n}$,$\boldsymbol{A}$ 为正交矩阵的充分必要条件是 $\boldsymbol{A}$ 的行(列)向量组是单位正交向量组.

证 设

$$\boldsymbol{A}=\begin{pmatrix}\boldsymbol{\alpha}_1\\ \vdots\\ \boldsymbol{\alpha}_n\end{pmatrix},\quad \boldsymbol{\alpha}_1,\cdots,\boldsymbol{\alpha}_n \text{ 是 } \boldsymbol{A} \text{ 的行向量组}.$$

则

$$\boldsymbol{AA}^{\mathrm{T}}=\begin{pmatrix}\boldsymbol{\alpha}_1\\ \vdots\\ \boldsymbol{\alpha}_n\end{pmatrix}(\boldsymbol{\alpha}_1^{\mathrm{T}},\cdots,\boldsymbol{\alpha}_n^{\mathrm{T}})=$$

$$\begin{pmatrix}\boldsymbol{\alpha}_1\boldsymbol{\alpha}_1^{\mathrm{T}} & \boldsymbol{\alpha}_1\boldsymbol{\alpha}_2^{\mathrm{T}} & \cdots & \boldsymbol{\alpha}_1\boldsymbol{\alpha}_n^{\mathrm{T}}\\ \vdots & \vdots & & \vdots\\ \boldsymbol{\alpha}_n\boldsymbol{\alpha}_1^{\mathrm{T}} & \boldsymbol{\alpha}_n\boldsymbol{\alpha}_2^{\mathrm{T}} & \cdots & \boldsymbol{\alpha}_n\boldsymbol{\alpha}_n^{\mathrm{T}}\end{pmatrix}=$$

$$\begin{pmatrix}(\boldsymbol{\alpha}_1,\boldsymbol{\alpha}_1) & (\boldsymbol{\alpha}_1,\boldsymbol{\alpha}_2) & \cdots & (\boldsymbol{\alpha}_1,\boldsymbol{\alpha}_n)\\ \vdots & \vdots & & \vdots\\ (\boldsymbol{\alpha}_n,\boldsymbol{\alpha}_1) & (\boldsymbol{\alpha}_n,\boldsymbol{\alpha}_2) & \cdots & (\boldsymbol{\alpha}_n,\boldsymbol{\alpha}_n)\end{pmatrix}.$$

因而 $\boldsymbol{AA}^{\mathrm{T}}=\boldsymbol{E}$ 的充要条件是

$$(\boldsymbol{\alpha}_i,\boldsymbol{\alpha}_j)=\begin{cases}1, & i=j,\\ 0, & i\neq j,\end{cases}\quad (i,j=1,2,\cdots,n).$$

易见定理成立.

这定理说明:n 阶正交矩阵的行(列)向量组是欧氏空间 $\mathbb{R}^n$的一个标准正交基.

定理 9 一个标准正交基到另一个标准正交基的过渡矩阵是正交矩阵.

证 设 V 是 $\mathbb{R}^n$的 r 维子空间($r>0$). $\boldsymbol{\alpha}_1,\cdots,\boldsymbol{\alpha}_r$ 与 $\boldsymbol{\beta}_1,\cdots,\boldsymbol{\beta}_r$ 是 V 的两个标准正交基,均取作列向量. $\boldsymbol{\alpha}_1,\cdots,\boldsymbol{\alpha}_r$ 到 $\boldsymbol{\beta}_1,\cdots,\boldsymbol{\beta}_r$ 的过渡矩阵为 $\boldsymbol{A}$,即

$$(\boldsymbol{\beta}_1,\cdots,\boldsymbol{\beta}_r)=(\boldsymbol{\alpha}_1,\cdots,\boldsymbol{\alpha}_r)\boldsymbol{A}. \tag{4.4.3}$$

记 $\boldsymbol{B}=(\boldsymbol{\beta}_1,\cdots,\boldsymbol{\beta}_r)\in\mathbb{R}^{n\times r}$,则

$$\boldsymbol{B}^{\mathrm{T}}\boldsymbol{B}=\begin{pmatrix}\boldsymbol{\beta}_1^{\mathrm{T}}\\ \vdots\\ \boldsymbol{\beta}_r^{\mathrm{T}}\end{pmatrix}(\boldsymbol{\beta}_1,\cdots,\boldsymbol{\beta}_r)=\begin{pmatrix}\boldsymbol{\beta}_1^{\mathrm{T}}\boldsymbol{\beta}_1 & \cdots & \boldsymbol{\beta}_1^{\mathrm{T}}\boldsymbol{\beta}_r\\ \vdots & & \vdots\\ \boldsymbol{\beta}_r^{\mathrm{T}}\boldsymbol{\beta}_1 & \cdots & \boldsymbol{\beta}_r^{\mathrm{T}}\boldsymbol{\beta}_r\end{pmatrix}=\boldsymbol{E}_r\in\mathbb{R}^{r\times r}.$$

记 $\boldsymbol{C}=(\boldsymbol{\alpha}_1,\cdots,\boldsymbol{\alpha}_s)\in\mathbb{R}^{n\times r}$,则同样有 $\boldsymbol{C}^{\mathrm{T}}\boldsymbol{C}=\boldsymbol{E}_r$. 而式(4.4.3)为 $\boldsymbol{B}=\boldsymbol{C}\boldsymbol{A}$,所以 $\boldsymbol{B}^{\mathrm{T}}=\boldsymbol{A}^{\mathrm{T}}\boldsymbol{C}^{\mathrm{T}}$,于是

$$\boldsymbol{B}^{\mathrm{T}}\boldsymbol{B}=\boldsymbol{A}^{\mathrm{T}}\boldsymbol{C}^{\mathrm{T}}\boldsymbol{C}\boldsymbol{A},$$

即

$$\boldsymbol{A}^{\mathrm{T}}\boldsymbol{A}=\boldsymbol{E}.$$

所以 $\boldsymbol{A}$ 是正交矩阵.

习题 4.4

1. 在 $\mathbb{R}^4$ 中,$\boldsymbol{\alpha}=(-1,0,-1,0)$,$\boldsymbol{\beta}=(1,1,1,1)$. 求 $\boldsymbol{\alpha}$ 与 $\boldsymbol{\beta}$ 的长度,以及 $\boldsymbol{\alpha}$ 与 $\boldsymbol{\beta}$ 的夹角.

2. 在 $\mathbb{R}^3$ 中,$\boldsymbol{\alpha}=(3,3,0)$,$\boldsymbol{\beta}=(1,2,3)$. 求向量 $\boldsymbol{\gamma}$,使得 $\boldsymbol{\gamma}\perp\boldsymbol{\alpha}$ 且 $\boldsymbol{\gamma}\perp\boldsymbol{\beta}$.

3. 用施密特正交化方法将 $\mathbb{R}^4$ 的基 $\boldsymbol{\alpha}_1,\boldsymbol{\alpha}_2,\boldsymbol{\alpha}_3,\boldsymbol{\alpha}_4$ 变成标准正交基,其中

$$\boldsymbol{\alpha}_1=(1,1,1,1),\boldsymbol{\alpha}_2=(1,1,1,0),\boldsymbol{\alpha}_3=(1,1,0,0),\boldsymbol{\alpha}_4=(1,0,0,0).$$

4. 已知矩阵 $A=\begin{pmatrix}x & 0 & y\\ \frac{1}{2} & \frac{\sqrt{3}}{2} & a\\ \frac{\sqrt{3}}{2} & b & c\end{pmatrix}$ 是正交阵. 求 a,b,c,x,y 的值.

扫一扫,阅读拓展知识

第 4 章复习题

一、填空题

1. 设 $V=\{(a_1,a_2,\cdots,a_n)\mid a_1+a_2+\cdots+a_n=0\}$. 则 $\dim V=$ ________.

2. 在向量空间 $\mathbb{R}^3$ 中,由基 $\boldsymbol{\alpha}_1,\frac{1}{2}\boldsymbol{\alpha}_2,\frac{1}{3}\boldsymbol{\alpha}_3$ 到基 $\boldsymbol{\alpha}_1+\boldsymbol{\alpha}_2,\boldsymbol{\alpha}_2+\boldsymbol{\alpha}_3,\boldsymbol{\alpha}_3+\boldsymbol{\alpha}_1$ 的过渡矩阵为________.

3. 在 P^4 中,向量(a_1,a_2,a_3,a_4)在基 $\boldsymbol{\alpha}_1=(1,0,0,0)$,$\boldsymbol{\alpha}_2=(1,1,0,0)$,$\boldsymbol{\alpha}_3=$

$(1,1,1,0)$，$\boldsymbol{\alpha}_4=(1,1,1,1)$下的坐标维________.

4. 在向量空间$\mathbb{R}^3$中，向量$\boldsymbol{\alpha}=(1,\sqrt{6},1)$与$\boldsymbol{\beta}=(1,0,1)$的夹角为________.

5. 在向量空间$\mathbb{R}^3$中，向量$\boldsymbol{\alpha}_1=(1,1,-1)$，$\boldsymbol{\alpha}_2=(1,-2,a)$，$\boldsymbol{\alpha}_3=(1,b,c)$两两正交，则$a=$________，$b=$________，$c=$________.

二、选择题

1. 设V是P^n的子空间，$\boldsymbol{\alpha}_1,\boldsymbol{\alpha}_2,\cdots,\boldsymbol{\alpha}_r\in V$. 则下列命题正确的是（　　）.

(A)若$\boldsymbol{\alpha}_1,\boldsymbol{\alpha}_2,\cdots,\boldsymbol{\alpha}_r$线性无关，则$\dim V\geqslant r$

(B)若$\boldsymbol{\alpha}_1,\boldsymbol{\alpha}_2,\cdots,\boldsymbol{\alpha}_r$线性无关，则$\dim V<r$

(C)若$\boldsymbol{\alpha}_1,\boldsymbol{\alpha}_2,\cdots,\boldsymbol{\alpha}_r$线性相关，则$\dim V\geqslant r$

(D)若$\boldsymbol{\alpha}_1,\boldsymbol{\alpha}_2,\cdots,\boldsymbol{\alpha}_r$线性相关，则$\dim V<r$

2. 设V是P^n的子空间，$\boldsymbol{\alpha}_1,\boldsymbol{\alpha}_2,\cdots,\boldsymbol{\alpha}_r\in V$. 则下列命题不正确的是（　　）.

(A)若$\dim V=r$，且$\boldsymbol{\alpha}_1,\boldsymbol{\alpha}_2,\cdots,\boldsymbol{\alpha}_r$线性无关，则$\boldsymbol{\alpha}_1,\boldsymbol{\alpha}_2,\cdots,\boldsymbol{\alpha}_r$为$V$的基

(B)若$\dim V=r$，且$V=L(\boldsymbol{\alpha}_1,\boldsymbol{\alpha}_2,\cdots,\boldsymbol{\alpha}_r)$，则$\boldsymbol{\alpha}_1,\boldsymbol{\alpha}_2,\cdots,\boldsymbol{\alpha}_r$为$V$的基

(C)若$\dim V<r$，则$\boldsymbol{\alpha}_1,\boldsymbol{\alpha}_2,\cdots,\boldsymbol{\alpha}_r$线性相关

(D)若$\dim V>r$，则$\boldsymbol{\alpha}_1,\boldsymbol{\alpha}_2,\cdots,\boldsymbol{\alpha}_r$线性无关

3. 设α与β是$\mathbb{R}^n$中两个向量. 下列不等式不一定正确的是（　　）.

(A)$|(\boldsymbol{\alpha},\boldsymbol{\beta})|\leqslant|\boldsymbol{\alpha}||\boldsymbol{\beta}|$　　(B)$|\boldsymbol{\alpha}+\boldsymbol{\beta}|\leqslant|\boldsymbol{\alpha}|+|\boldsymbol{\beta}|$

(C)$|\boldsymbol{\alpha}+\boldsymbol{\beta}|^2\leqslant|\boldsymbol{\alpha}|^2+|\boldsymbol{\beta}|^2$　　(D)$|\boldsymbol{\alpha}|-|\boldsymbol{\beta}|\leqslant|\boldsymbol{\alpha}-\boldsymbol{\beta}|$

4. 设V是$\mathbb{R}^n$的m维子空间，$m\geqslant1$. 则下列说法正确的是（　　）.

(A)V中至多只有m个两两正交的非零向量

(B)V中任意m个线性无关的向量都两两正交

(C)V中任意m个线性无关的向量都构成V的标准正交基

(D)V中任意m个两两正交的非零向量都构成V的标准正交基

5. 设$\boldsymbol{A},\boldsymbol{B}$都是$n$阶正交阵. 则下列说法不正确的是（　　）.

(A)$\boldsymbol{A}\boldsymbol{B}^{\mathrm{T}}$是正交阵　　(B)$\boldsymbol{A}+\boldsymbol{B}$是正交阵

(C)$|\boldsymbol{A}^*|=\pm1$　　(D)$(\boldsymbol{A}\boldsymbol{B})^{-1}=\boldsymbol{B}^{\mathrm{T}}\boldsymbol{A}^{\mathrm{T}}$

三、计算题

1. 在P^4中，求子空间$L(\boldsymbol{\alpha}_1,\boldsymbol{\alpha}_2,\boldsymbol{\alpha}_3,\boldsymbol{\alpha}_4,\boldsymbol{\alpha}_5)$的维数和一个基，其中

$$\boldsymbol{\alpha}_1=(1,0,2,1),\boldsymbol{\alpha}_2=(1,2,0,1),\boldsymbol{\alpha}_3=(2,1,3,2),$$
$$\boldsymbol{\alpha}_4=(2,5,-1,4),\boldsymbol{\alpha}_5=(1,-1,3,-1).$$

2. 在$\mathbb{R}^4$中，求基$\boldsymbol{\alpha}_1,\boldsymbol{\alpha}_2,\boldsymbol{\alpha}_3,\boldsymbol{\alpha}_4$到基$\boldsymbol{\beta}_1,\boldsymbol{\beta}_2,\boldsymbol{\beta}_3,\boldsymbol{\beta}_4$的过渡矩阵，其中

$$\boldsymbol{\alpha}_1=(1,1,1,1),\boldsymbol{\alpha}_2=(1,1,-1,-1),\boldsymbol{\alpha}_3=(1,-1,1,-1),\boldsymbol{\alpha}_4=(1,-1,-1,1),$$
$$\boldsymbol{\beta}_1=(1,2,1,-2),\boldsymbol{\beta}_2=(2,3,0,1),\boldsymbol{\beta}_3=(1,2,1,4),\boldsymbol{\beta}_4=(1,3,-1,0).$$

若α在基$\alpha_1,\alpha_2,\alpha_3,\alpha_4$下坐标为$(1,-1,2,0)$，求$\alpha$在基$\beta_1,\beta_2,\beta_3,\beta_4$下的坐标.

3. 设V是P^n的子空间，且$\boldsymbol{\alpha}_1,\boldsymbol{\alpha}_2,\cdots,\boldsymbol{\alpha}_m$为$V$的一个基. 若向量$\boldsymbol{\alpha}$在基$\boldsymbol{\alpha}_1,\boldsymbol{\alpha}_2,\cdots,\boldsymbol{\alpha}_m$下的坐标为$(m,m-1,\cdots,1)$. 求$\boldsymbol{\alpha}$在基$\boldsymbol{\alpha}_1,\boldsymbol{\alpha}_1+\boldsymbol{\alpha}_2,\cdots,\boldsymbol{\alpha}_1+\boldsymbol{\alpha}_2+\cdots+\boldsymbol{\alpha}_m$

下的坐标.

4. 在$\mathbb{R}^4$中，$\boldsymbol{\alpha}_1=(1,1,0,0)$，$\boldsymbol{\alpha}_2=(1,0,1,0)$，$\boldsymbol{\alpha}_3=(1,0,0,-1)$. 求单位向量$\boldsymbol{\alpha}_4$，使得$\boldsymbol{\alpha}_4\perp\boldsymbol{\alpha}_i$，$i=1,2,3$.

5. 在$\mathbb{R}^4$中，用Schmidt正交化方法将向量组

$$\boldsymbol{\alpha}_1=(1,1,0,0),\boldsymbol{\alpha}_2=(1,0,1,0),\boldsymbol{\alpha}_3=(1,-1,1,1),\boldsymbol{\alpha}_4=(1,-1,-1,-1)$$

化为$\mathbb{R}^4$的一个标准正交基.

四、证明题

1. 设V是P^n的m维子空间，$\boldsymbol{\alpha}_1,\boldsymbol{\alpha}_2,\cdots,\boldsymbol{\alpha}_m\in V$. 证明：若对任意$\boldsymbol{\beta}\in V$，$\boldsymbol{\beta},\boldsymbol{\alpha}_1,\boldsymbol{\alpha}_2,\cdots,\boldsymbol{\alpha}_m$线性相关，则$\boldsymbol{\alpha}_1,\boldsymbol{\alpha}_2,\cdots,\boldsymbol{\alpha}_m$是$V$的基.

2. 设$\boldsymbol{\alpha}_1,\boldsymbol{\alpha}_2,\cdots,\boldsymbol{\alpha}_n$为$\mathbb{R}^n$的一个标准正交基，$\boldsymbol{\alpha}\in\mathbb{R}^n$. 证明：

$$|\boldsymbol{\alpha}|^2=(\boldsymbol{\alpha},\boldsymbol{\alpha}_1)^2+(\boldsymbol{\alpha},\boldsymbol{\alpha}_2)^2+\cdots+(\boldsymbol{\alpha},\boldsymbol{\alpha}_n)^2.$$

3. 设$\boldsymbol{\alpha}_1,\boldsymbol{\alpha}_2,\cdots,\boldsymbol{\alpha}_n$为$\mathbb{R}^n$的一个标准正交基，$(\boldsymbol{\beta}_1,\boldsymbol{\beta}_2,\cdots,\boldsymbol{\beta}_n)=(\boldsymbol{\alpha}_1,\boldsymbol{\alpha}_2,\cdots,\boldsymbol{\alpha}_n)\boldsymbol{A}$，其中$\boldsymbol{A}$是$n$阶方阵. 证明：$\boldsymbol{\beta}_1,\boldsymbol{\beta}_2,\cdots,\boldsymbol{\beta}_n$是$\mathbb{R}^n$的一个标准正交基的充分必要条件是$\boldsymbol{A}$是正交阵.

4. 设$\boldsymbol{\alpha},\boldsymbol{\beta}\in\mathbb{R}^n$，$\boldsymbol{A}$是$n$阶正交矩阵. 证明：

(1) $|\boldsymbol{A}\boldsymbol{\alpha}|=|\boldsymbol{\alpha}|$.

(2) $\langle\boldsymbol{A}\boldsymbol{\alpha},\boldsymbol{A}\boldsymbol{\beta}\rangle=\langle\boldsymbol{\alpha},\boldsymbol{\beta}\rangle$.

5. 设$\boldsymbol{A}$既是上三角阵又是正交阵. 证明：$\boldsymbol{A}$为对角阵，且对角线上元素为±1.

6. 设$\boldsymbol{A}$是n阶实方阵，$\boldsymbol{A}^*$为$\boldsymbol{A}$的伴随矩阵. 证明：$\boldsymbol{A}$是正交阵的充分必要条件是$\boldsymbol{A}^*$是正交阵.

扫一扫，获取参考答案

第5章

矩阵相似对角形

在许多实际问题的研究中,常遇到要将一个矩阵化为相似对角形的问题,这一章我们就来讨论方阵与对角形矩阵相似问题.

§5.1 特征值与特征向量

怎样的矩阵才能与对角形矩阵相似? 为了解决这一问题,需要用到特征值与特征向量的概念,而且特征值与特征向量在线性代数和工程技术的各个领域中都有着广泛的应用.

定义1 设 $\boldsymbol{A}\in P^{n\times n}$. 如果存在数 $\lambda_0\in P$ 及非零列向量 $\boldsymbol{\alpha}\in P^n$,使得

$$\boldsymbol{A\alpha}=\lambda_0\boldsymbol{\alpha}. \tag{5.1.1}$$

则称 λ_0 为 $\boldsymbol{A}$ 的**特征值**,$\boldsymbol{\alpha}$ 为 $\boldsymbol{A}$ 的属于 λ_0 的**特征向量**.

下面讨论特征值、特征向量的求法.

由于式(5.1.1)与 $(\lambda_0\boldsymbol{E}-\boldsymbol{A})\boldsymbol{\alpha}=\boldsymbol{0}$ 等价,所以 λ_0 为 $\boldsymbol{A}$ 的特征值的充分必要条件是齐次线性方程组

$$(\lambda_0\boldsymbol{E}-\boldsymbol{A})\boldsymbol{X}=\boldsymbol{0} \tag{5.1.2}$$

有非零解,充分必要条件是系数行列式满足

$$|\lambda_0\boldsymbol{E}-\boldsymbol{A}|=0. \tag{5.1.3}$$

我们引入以下定义.

定义 2 设 $\boldsymbol{A}=(a_{ij})_{n\times n}$,$\lambda$ 是一个未知数,矩阵 $\lambda\boldsymbol{E}-\boldsymbol{A}$ 的行列式

$$|\lambda\boldsymbol{E}-\boldsymbol{A}|=\begin{vmatrix}\lambda-a_{11} & -a_{12} & \cdots & -a_{1n}\\ -a_{21} & \lambda-a_{22} & \cdots & -a_{2n}\\ \vdots & \vdots & & \vdots\\ -a_{n1} & -a_{n2} & \cdots & \lambda-a_{nn}\end{vmatrix} \tag{5.1.4}$$

称为 $\boldsymbol{A}$ 的**特征多项式**,这是数域 P 上的一个 n 次多项式.

由上面的分析知道,如果 λ_0 为 $\boldsymbol{A}$ 的特征值,则 λ_0 一定是 $\boldsymbol{A}$ 的特征多项式的一个根;反过来,如果 λ_0 是 $\boldsymbol{A}$ 的特征多项式在数域 P 中的一个根,即 $|\lambda_0\boldsymbol{E}-\boldsymbol{A}|=0$,则 λ_0 就是 $\boldsymbol{A}$ 的一个特征值.

因此,确定 $\boldsymbol{A}$ 的特征值与特征向量的方法为.

(1) 写出 $\boldsymbol{A}$ 的特征多项式 $|\lambda\boldsymbol{E}-\boldsymbol{A}|$;

(2) 求出 $|\lambda\boldsymbol{E}-\boldsymbol{A}|$ 在 P 中的全部根,它们就是 $\boldsymbol{A}$ 的全部特征值;

(3) 把每个特征值 λ_0 代入方程组(5.1.2),求出它的基础解系,基础解系所含向量就是该特征值对应的线性无关的特征向量.这样就可求得矩阵 $\boldsymbol{A}$ 的所有特征值及属于它们的特征向量.

例 1 求矩阵

$$\boldsymbol{A}=\begin{pmatrix}-1 & 1 & 0\\ -4 & 3 & 0\\ 1 & 0 & 2\end{pmatrix}$$

的特征值与特征向量.

解 $\boldsymbol{A}$ 的特征多项式为

$$|\lambda\boldsymbol{E}-\boldsymbol{A}|=\begin{vmatrix}\lambda+1 & -1 & 0\\ 4 & \lambda-3 & 0\\ -1 & 0 & \lambda-2\end{vmatrix}=(\lambda-1)^2(\lambda-2).$$

所以 $\boldsymbol{A}$ 的特征值为 $\lambda_1=2,\lambda_2=\lambda_3=1$.

将特征值 $\lambda=2$ 代入齐次线性方程组

$$(\lambda\boldsymbol{E}-\boldsymbol{A})\begin{pmatrix}x_1\\ x_2\\ x_3\end{pmatrix}=\boldsymbol{0}$$

得

$$\begin{cases}3x_1-x_2=0,\\4x_1-x_2=0,\\-x_1\quad\quad=0.\end{cases}$$

它的基础解系为

$$\boldsymbol{\alpha}=\begin{pmatrix}0\\0\\1\end{pmatrix}.$$

因此,属于 $\lambda=2$ 的全部特征向量为

$$k\boldsymbol{\alpha}=k\begin{pmatrix}0\\0\\1\end{pmatrix},\text{其中 }k\text{ 为任意非零常数.}$$

再把特征值 $\lambda=1$ 代入齐次线性方程组

$$(\lambda\boldsymbol{E}-\boldsymbol{A})\begin{pmatrix}x_1\\x_2\\x_3\end{pmatrix}=\boldsymbol{0}$$

得

$$\begin{cases}2x_1-x_2\quad\quad=0,\\4x_1-2x_2\quad\quad=0,\\-x_1\quad\quad-x_3=0.\end{cases}$$

它的基础解系为

$$\boldsymbol{\beta}=\begin{pmatrix}-1\\-2\\1\end{pmatrix}.$$

因此属于 $\lambda=1$ 的全部特征向量为

$$k\boldsymbol{\beta}=k\begin{pmatrix}-1\\-2\\1\end{pmatrix},\text{其中 }k\text{ 为任意非零常数.}$$

例 2 求矩阵

$$\boldsymbol{A}=\begin{pmatrix}0&1&1\\1&0&1\\1&1&0\end{pmatrix}$$

的特征值与特征向量.

解 $\boldsymbol{A}$ 的特征多项式为

$$|\lambda\boldsymbol{E}-\boldsymbol{A}|=\begin{vmatrix}\lambda & -1 & -1\\ -1 & \lambda & -1\\ -1 & -1 & \lambda\end{vmatrix}=(\lambda-2)(\lambda+1)^2.$$

所以 $\boldsymbol{A}$ 的特征值为 $\lambda_1=2,\lambda_2=\lambda_3=-1$.

将特征值 $\lambda=2$ 代入齐次线性方程组

$$(\lambda\boldsymbol{E}-\boldsymbol{A})\begin{pmatrix}x_1\\x_2\\x_3\end{pmatrix}=\boldsymbol{0}$$

得

$$\begin{cases}2x_1-x_2-x_3=0,\\-x_1+2x_2-x_3=0,\\-x_1-x_2+2x_3=0.\end{cases}$$

它的基础解系是

$$\boldsymbol{\alpha}_1=\begin{pmatrix}1\\1\\1\end{pmatrix}.$$

因此,属于 $\lambda=2$ 的全部特征向量为

$k_1\boldsymbol{\alpha}_1$，其中 k_1 为任意非零常数.

将 $\lambda=-1$ 代入齐次线性方程组

$$(\lambda\boldsymbol{E}-\boldsymbol{A})\begin{pmatrix}x_1\\x_2\\x_3\end{pmatrix}=\boldsymbol{0}$$

得

$$\begin{cases}-x_1-x_2-x_3=0,\\-x_1-x_2-x_3=0,\\-x_1-x_2-x_3=0.\end{cases}$$

它的基础解系是

$$\boldsymbol{\alpha}_2=\begin{pmatrix}-1\\1\\0\end{pmatrix},\quad \boldsymbol{\alpha}_3=\begin{pmatrix}-1\\0\\1\end{pmatrix}.$$

因此,属于$\lambda=-1$的全部特征向量为

$$k_2\boldsymbol{\alpha}_2+k_3\boldsymbol{\alpha}_3,\quad k_2,k_3\text{ 为不全为 0 的常数.}$$

下面讨论特征值的一些性质.

例 3 设$\boldsymbol{A}=(a_{ij})\in\mathbb{P}^{n\times n}$,$\lambda_1,\lambda_2,\cdots,\lambda_n$为$\boldsymbol{A}$的全部特征值. 则

$$\lambda_1+\lambda_2+\cdots+\lambda_n=a_{11}+a_{22}+\cdots+a_{nn}\quad(\text{称为 }\boldsymbol{A}\text{ 的迹}),$$

$$\lambda_1\lambda_2\cdots\lambda_n=|\boldsymbol{A}|.$$

证 $\boldsymbol{A}$的特征多项式

$$|\lambda\boldsymbol{E}-\boldsymbol{A}|=\begin{vmatrix}\lambda-a_{11} & -a_{12} & \cdots & -a_{1n}\\ -a_{21} & \lambda-a_{22} & \cdots & -a_{2n}\\ \vdots & \vdots & & \vdots\\ -a_{n1} & -a_{n2} & \cdots & \lambda-a_{nn}\end{vmatrix}=$$

$$\lambda^n-(a_{11}+a_{22}+\cdots+a_{nn})\lambda^{n-1}+\cdots+(-1)^n|\boldsymbol{A}|. \tag{5.1.5}$$

这是因为$|\lambda\boldsymbol{E}-\boldsymbol{A}|$有一项

$$(\lambda-a_{11})(\lambda-a_{22})\cdots(\lambda-a_{nn})=\lambda^n-(a_{11}+a_{22}+\cdots+a_{nn})\lambda^{n-1}+\cdots,$$

展开式的其余各项至多包含$n-2$个主对角元,故它们的次数至多为$n-2$.

在特征多项式中令$\lambda=0$,得到常数项为$|-\boldsymbol{A}|=(-1)^n|\boldsymbol{A}|$. 因此有式(5.1.5).

又因为

$$|\lambda\boldsymbol{E}-\boldsymbol{A}|=(\lambda-\lambda_1)(\lambda-\lambda_2)\cdots(\lambda-\lambda_n)=$$

$$\lambda^n-(\lambda_1+\lambda_2+\cdots+\lambda_n)\lambda^{n-1}+\cdots+(-1)^n\lambda_1\lambda_2\cdots\lambda_n,$$

因而

$$\lambda_1+\lambda_2+\cdots+\lambda_n=a_{11}+a_{22}+\cdots+a_{nn},$$

$$\lambda_1\lambda_2\cdots\lambda_n=|\boldsymbol{A}|.$$

设λ_0是$\boldsymbol{A}$的一个特征值. 令

$$V_{\lambda_0}=\{\boldsymbol{\alpha}\in P^n\,|\,\boldsymbol{A\alpha}=\lambda_0\boldsymbol{\alpha}\},$$

则V_{λ_0}恰为齐次线性方程组

$$(\lambda_0\boldsymbol{E}-\boldsymbol{A})\boldsymbol{X}=\boldsymbol{0}$$

的解空间. 我们称V_{λ_0}为$\boldsymbol{A}$的属于λ_0的**特征子空间**.

因此，$\dim V_{\lambda_0}=n-r(\lambda_0\boldsymbol{E}-\boldsymbol{A})$.

定理 1 矩阵 $\boldsymbol{A}$ 的属于不同特征值的特征向量线性无关.

证 对特征值的个数 k 用数学归纳法.

当 $k=1$ 时，设 $\boldsymbol{\alpha}_1$ 为属于特征值 λ_1 的特征向量，所以 $\boldsymbol{\alpha}_1$ 线性无关.

当 $k>1$ 时，假设对 $k-1$ 定理成立. 设 $\lambda_1,\cdots,\lambda_k$ 为 k 个不同的特征值，$\boldsymbol{\alpha}_1,\boldsymbol{\alpha}_2,\cdots,\boldsymbol{\alpha}_k$ 分别为属于 $\lambda_1,\lambda_2,\cdots,\lambda_k$ 的特征向量. 设

$$a_1\boldsymbol{\alpha}_1+a_2\boldsymbol{\alpha}_2+\cdots+a_k\boldsymbol{\alpha}_k=\boldsymbol{0}. \tag{5.1.6}$$

则
$$\boldsymbol{A}(a_1\boldsymbol{\alpha}_1+a_2\boldsymbol{\alpha}_2+\cdots+a_k\boldsymbol{\alpha}_k)=\boldsymbol{A0}=\boldsymbol{0},$$

$$a_1\boldsymbol{A\alpha}_1+a_2\boldsymbol{A\alpha}_2+\cdots+a_k\boldsymbol{A\alpha}_k=\boldsymbol{0},$$

即
$$a_1\lambda_1\boldsymbol{\alpha}_1+a_2\lambda_2\boldsymbol{\alpha}_2+\cdots+a_k\lambda_k\boldsymbol{\alpha}_k=\boldsymbol{0}. \tag{5.1.7}$$

用 λ_k 乘式(5.1.6)得

$$a_1\lambda_k\boldsymbol{\alpha}_1+a_2\lambda_k\boldsymbol{\alpha}_2+\cdots+a_k\lambda_k\boldsymbol{\alpha}_k=\boldsymbol{0}. \tag{5.1.8}$$

由式(5.1.7)及式(5.1.8)得

$$a_1(\lambda_k-\lambda_1)\boldsymbol{\alpha}_1+a_2(\lambda_k-\lambda_2)\boldsymbol{\alpha}_2+\cdots+a_{k-1}(\lambda_k-\lambda_{k-1})\boldsymbol{\alpha}_{k-1}=\boldsymbol{0}.$$

由归纳假设，$\boldsymbol{\alpha}_1,\boldsymbol{\alpha}_2,\cdots,\boldsymbol{\alpha}_{k-1}$线性无关，所以

$$a_i(\lambda_k-\lambda_i)=0,\quad i=1,2,\cdots,k-1.$$

由于 $\lambda_k\neq\lambda_i$，$i=1,2,\cdots,k-1$，所以，$a_i=0$，$i=1,2,\cdots,k-1$. 从而式(5.1.6)为

$$a_k\boldsymbol{\alpha}_k=\boldsymbol{0}.$$

由于 $\boldsymbol{\alpha}_k\neq\boldsymbol{0}$，所以 $a_k=0$. 因此 $\boldsymbol{\alpha}_1,\boldsymbol{\alpha}_2,\cdots,\boldsymbol{\alpha}_k$ 线性无关，即定理对 k 也成立.

定理 2 设 λ_1,λ_2 是 $\boldsymbol{A}$ 的不同特征值，$\boldsymbol{\alpha}_1,\cdots,\boldsymbol{\alpha}_s$ 是 $\boldsymbol{A}$ 的属于 λ_1 的线性无关的特征向量，$\boldsymbol{\beta}_1,\cdots,\boldsymbol{\beta}_t$ 是 $\boldsymbol{A}$ 的属于 λ_2 的线性无关的特征向量，则 $\boldsymbol{\alpha}_1,\cdots,\boldsymbol{\alpha}_s,\boldsymbol{\beta}_1,\cdots,\boldsymbol{\beta}_t$ 线性无关.

证 设

$$k_1\boldsymbol{\alpha}_1+\cdots+k_s\boldsymbol{\alpha}_s+c_1\boldsymbol{\beta}_1+\cdots+c_t\boldsymbol{\beta}_t=\boldsymbol{0}.$$

令

$$\boldsymbol{\alpha}=k_1\boldsymbol{\alpha}_1+\cdots+k_s\boldsymbol{\alpha}_s,$$

$$\boldsymbol{\beta}=c_1\boldsymbol{\beta}_1+\cdots+c_t\boldsymbol{\beta}_t.$$

则

$$\boldsymbol{\alpha}+\boldsymbol{\beta}=\mathbf{0}. \tag{5.1.9}$$

若 $\boldsymbol{\alpha}\neq\mathbf{0}$,则 $\boldsymbol{\beta}\neq\mathbf{0}$,因为 $\boldsymbol{\alpha},\boldsymbol{\beta}$ 分别是 $\boldsymbol{A}$ 的属于 λ_1,λ_2 的特征向量,$\boldsymbol{\alpha},\boldsymbol{\beta}$ 线性无关,与式(5.1.9)矛盾,因此

$$\boldsymbol{\alpha}=\mathbf{0} \quad 且 \quad \boldsymbol{\beta}=\mathbf{0},$$

即

$$k_1\boldsymbol{\alpha}_1+\cdots+k_s\boldsymbol{\alpha}_s=\mathbf{0},\ c_1\boldsymbol{\beta}_1+\cdots+c_t\boldsymbol{\beta}_t=\mathbf{0}.$$

所以 $k_1=\cdots=k_s=0,c_1=\cdots=c_t=0$. 故 $\boldsymbol{\alpha}_1,\cdots,\boldsymbol{\alpha}_s,\boldsymbol{\beta}_1,\cdots,\boldsymbol{\beta}_t$ 线性无关.

定理2可以推广到多个特征值的情况.

习题 5.1

1. 求下列矩阵的特征值与特征向量.

(1) $\begin{pmatrix} 0 & 0 & 2 \\ -1 & 1 & 2 \\ -1 & 0 & 3 \end{pmatrix}$; (2) $\begin{pmatrix} 0 & 1 & 0 & 0 \\ 1 & 2 & -1 & 1 \\ -2 & 2 & 0 & 2 \\ -2 & 1 & 0 & 2 \end{pmatrix}$.

2. 设 $\boldsymbol{A}=\begin{pmatrix} 2 & 1 & 1 \\ 1 & 2 & 1 \\ 1 & 1 & 2 \end{pmatrix}$,且 $\boldsymbol{\alpha}=\begin{pmatrix} 1 \\ k \\ 1 \end{pmatrix}$ 是 $\boldsymbol{A}$ 的特征向量. 求 k 的值.

3. 已知矩阵 $\begin{pmatrix} a & 6 & 0 \\ -3 & -5 & 0 \\ -3 & -6 & 1 \end{pmatrix}$ 的特征值为 $1,1,b$. 求 a 与 b 的值.

4. 设 $\boldsymbol{A}$ 是 n 阶矩阵,λ_1,λ_2 是 $\boldsymbol{A}$ 的两个不同的特征值,$\boldsymbol{\alpha}_1,\boldsymbol{\alpha}_2$ 分别是 $\boldsymbol{A}$ 的属于特征值 λ_1,λ_2 的特征向量. 证明:$\boldsymbol{\alpha}_1+\boldsymbol{\alpha}_2$ 不是 $\boldsymbol{A}$ 的特征向量.

§5.2 矩阵的相似

定义3 设 $\boldsymbol{A},\boldsymbol{B}$ 是数域 P 上两个 n 阶矩阵,如果存在数域 P 上的 n 阶可逆矩阵 $\boldsymbol{X}$,使得 $\boldsymbol{B}=\boldsymbol{X}^{-1}\boldsymbol{A}\boldsymbol{X}$,则称 $\boldsymbol{A}$ **相似于** $\boldsymbol{B}$,记作 $\boldsymbol{A}\sim\boldsymbol{B}$.

我们称定义中的可逆矩阵 $\boldsymbol{X}$ 为**相似变换矩阵**.

相似是矩阵之间的一种关系,这种关系具有下面性质:

(1) 反身性:$\boldsymbol{A}\sim\boldsymbol{A}$;

(2) 对称性:如果 $\boldsymbol{A}\sim\boldsymbol{B}$,则 $\boldsymbol{B}\sim\boldsymbol{A}$;

(3) 传递性：如果 $\boldsymbol{A}\sim\boldsymbol{B}$，$\boldsymbol{B}\sim\boldsymbol{C}$，则 $\boldsymbol{A}\sim\boldsymbol{C}$.

定理 3 相似矩阵有相同的特征多项式.

证 设 $\boldsymbol{A}\sim\boldsymbol{B}$，则存在可逆矩阵 $\boldsymbol{X}$，使得 $\boldsymbol{B}=\boldsymbol{X}^{-1}\boldsymbol{A}\boldsymbol{X}$. 于是

$$\begin{aligned}|\lambda\boldsymbol{E}-\boldsymbol{B}|=&|\lambda\boldsymbol{E}-\boldsymbol{X}^{-1}\boldsymbol{A}\boldsymbol{X}|=\\&|\boldsymbol{X}^{-1}(\lambda\boldsymbol{E}-\boldsymbol{A})\boldsymbol{X}|=\\&|\boldsymbol{X}^{-1}||\lambda\boldsymbol{E}-\boldsymbol{A}||\boldsymbol{X}|=\\&|\lambda\boldsymbol{E}-\boldsymbol{A}|.\end{aligned}$$

应该指出，定理 3 之逆不真，例如

$$\boldsymbol{A}=\begin{pmatrix}1&0\\0&1\end{pmatrix},\quad \boldsymbol{B}=\begin{pmatrix}1&1\\0&1\end{pmatrix},$$

则 $|\lambda\boldsymbol{E}-\boldsymbol{B}|=|\lambda\boldsymbol{E}-\boldsymbol{A}|=(\lambda-1)^2$，但 $\boldsymbol{A}$ 与 $\boldsymbol{B}$ 不相似，因为与 $\boldsymbol{A}$ 相似的矩阵只能是 $\boldsymbol{A}$ 本身.

定理 4 设 $\boldsymbol{A}\in\boldsymbol{P}^{n\times n}$，$\lambda_0$ 是 $\boldsymbol{A}$ 的 k 重特征值，V_{λ_0} 是 $\boldsymbol{A}$ 的属于 λ_0 的特征子空间，则

$$\dim V_{\lambda_0}\leqslant k.$$

证 设 $\dim V_{\lambda_0}=r$. 显然 $r\neq 0$. 设 $\boldsymbol{\alpha}_1,\cdots,\boldsymbol{\alpha}_r$ 是 V_{λ_0} 的一个基. 它可以扩充为 $\boldsymbol{P}^n$ 的一个基 $\boldsymbol{\alpha}_1,\cdots,\boldsymbol{\alpha}_r,\boldsymbol{\alpha}_{r+1}\cdots,\boldsymbol{\alpha}_n$. 这里 $\boldsymbol{\alpha}_i$ 都是列向量，令

$$\boldsymbol{X}=(\boldsymbol{\alpha}_1,\cdots,\boldsymbol{\alpha}_r,\boldsymbol{\alpha}_{r+1},\cdots,\boldsymbol{\alpha}_n),$$

则 $\boldsymbol{X}$ 是 n 阶可逆矩阵，而

$$\begin{aligned}\boldsymbol{A}\boldsymbol{X}&=(\boldsymbol{A}\boldsymbol{\alpha}_1,\cdots,\boldsymbol{A}\boldsymbol{\alpha}_r,\boldsymbol{A}\boldsymbol{\alpha}_{r+1},\cdots,\boldsymbol{A}\boldsymbol{\alpha}_n)\\&=(\lambda_0\boldsymbol{\alpha}_1,\cdots,\lambda_0\boldsymbol{\alpha}_r,\boldsymbol{A}\boldsymbol{\alpha}_{r+1},\cdots,\boldsymbol{A}\boldsymbol{\alpha}_n).\end{aligned}$$

注意到 $\boldsymbol{A}\boldsymbol{\alpha}_{r+1},\cdots,\boldsymbol{A}\boldsymbol{\alpha}_n\in\boldsymbol{P}^n$，它们可以表示为 $\boldsymbol{\alpha}_1,\cdots,\boldsymbol{\alpha}_n$ 的线性组合，因而

$$\boldsymbol{A}\boldsymbol{X}=(\boldsymbol{\alpha}_1,\cdots,\boldsymbol{\alpha}_r,\boldsymbol{\alpha}_{r+1},\cdots,\boldsymbol{\alpha}_n)\begin{pmatrix}\underbrace{\begin{matrix}\lambda_0&&\\&\ddots&\\&&\lambda_0\end{matrix}}_{r}&*\\0&\boldsymbol{B}_{n-r}\end{pmatrix},$$

即

$$\boldsymbol{X}^{-1}\boldsymbol{A}\boldsymbol{X}=\begin{pmatrix}\underbrace{\begin{matrix}\lambda_0&&\\&\ddots&\\&&\lambda_0\end{matrix}}_{r}&*\\0&\boldsymbol{B}_{n-r}\end{pmatrix}$$

于是

$$|\lambda \boldsymbol{E}-\boldsymbol{A}|=|\lambda \boldsymbol{E}-\boldsymbol{X}^{-1}\boldsymbol{A}\boldsymbol{X}|=(\lambda-\lambda_0)^r|\lambda \boldsymbol{E}_{n-r}-\boldsymbol{B}_{n-r}|.$$

所以 $r\leqslant k$.

对角矩阵可以认为是矩阵中最简单的一类,下面我们给出一个矩阵能相似于对角阵的条件.

设 $\boldsymbol{A}\in P^{n\times n}$,如果 $\boldsymbol{A}$ 相似于一个对角形矩阵,则称 $\boldsymbol{A}$ **可对角化**.

定理5 设 $\boldsymbol{A}\in P^{n\times n}$,则 $\boldsymbol{A}$ 相似于对角形矩阵的充分必要条件是 $\boldsymbol{A}$ 有 n 个线性无关的特征向量 $\boldsymbol{\alpha}_1,\boldsymbol{\alpha}_2,\cdots,\boldsymbol{\alpha}_n\in P^n$.

证 设 $\boldsymbol{A}$ 与对角形矩阵相似,则存在可逆矩阵 $\boldsymbol{Q}\in P^{n\times n}$,使

$$\boldsymbol{Q}^{-1}\boldsymbol{A}\boldsymbol{Q}=\begin{pmatrix}\lambda_1 & & & \\ & \lambda_2 & & \\ & & \ddots & \\ & & & \lambda_n\end{pmatrix},\lambda_1,\cdots,\lambda_n\in P. \qquad (5.2.1)$$

令 $\boldsymbol{Q}=(\boldsymbol{\alpha}_1,\boldsymbol{\alpha}_2,\cdots,\boldsymbol{\alpha}_n)$,则 $\boldsymbol{\alpha}_1,\cdots,\boldsymbol{\alpha}_n\in P^n$ 且线性无关. 于是式(5.2.1)成为

$$\boldsymbol{A}(\boldsymbol{\alpha}_1,\cdots,\boldsymbol{\alpha}_n)=(\boldsymbol{\alpha}_1,\cdots,\boldsymbol{\alpha}_n)\begin{pmatrix}\lambda_1 & & \\ & \ddots & \\ & & \lambda_n\end{pmatrix},$$

即 $\boldsymbol{A}\boldsymbol{\alpha}_1=\lambda_1\boldsymbol{\alpha}_1,\cdots,\boldsymbol{A}\boldsymbol{\alpha}_n=\lambda_n\boldsymbol{\alpha}_n$. 因此,$\boldsymbol{\alpha}_1,\cdots,\boldsymbol{\alpha}_n$ 是 $\boldsymbol{A}$ 的 n 个线性无关的特征向量.

反过来,将上述过程逆推过去即得.

推论 设 $\boldsymbol{A}\in P^{n\times n}$. 如果 $\boldsymbol{A}$ 有 n 个不同的特征值,则 $\boldsymbol{A}$ 相似于对角形矩阵.

定理6 设 $\boldsymbol{A}\in P^{n\times n}$,则 $\boldsymbol{A}$ 可对角化的充分必要条件是 $\boldsymbol{A}$ 的全部特征子空间维数之和为 n.

证 设 $\boldsymbol{A}$ 相似于对角形矩阵 $\boldsymbol{D}$,不妨设 $\boldsymbol{D}$ 为

$$\boldsymbol{D}=\begin{pmatrix}\underbrace{\lambda_1 \ \ddots \ \lambda_1}_{k_1} & & \\ & \ddots & \\ & & \underbrace{\lambda_t \ \ddots \ \lambda_t}_{k_t}\end{pmatrix}$$

其中$\lambda_1,\cdots,\lambda_t\in P$，且两两不同. 于是$\boldsymbol{A}$的全部不同的特征值为$\lambda_1,\cdots,\lambda_t$且重数分别为$k_1,\cdots,k_t$，$k_1+\cdots+k_t=n$.

由于存在可逆矩阵$\boldsymbol{Q}\in P^{n\times n}$，使得$\boldsymbol{Q}^{-1}\boldsymbol{A}\boldsymbol{Q}=\boldsymbol{D}$. 令

$$\boldsymbol{Q}=(\boldsymbol{\alpha}_1,\cdots,\boldsymbol{\alpha}_n).$$

则

$$\boldsymbol{A}(\boldsymbol{\alpha}_1,\cdots,\boldsymbol{\alpha}_n)=(\boldsymbol{\alpha}_1,\cdots,\boldsymbol{\alpha}_n)\boldsymbol{D},$$

从而有

$$\begin{aligned}&\boldsymbol{A}\boldsymbol{\alpha}_1=\lambda_1\boldsymbol{\alpha}_1,\cdots,\boldsymbol{A}\boldsymbol{\alpha}_{k_1}=\lambda_1\boldsymbol{\alpha}_{k_1},\\&\boldsymbol{A}\boldsymbol{\alpha}_{k_1+1}=\lambda_2\boldsymbol{\alpha}_{k_1+1},\cdots,\boldsymbol{A}\boldsymbol{\alpha}_{k_1+k_2}=\lambda_2\boldsymbol{\alpha}_{k_1+k_2},\\&\cdots\\&\boldsymbol{A}\boldsymbol{\alpha}_{k_1+\cdots+k_{t-1}+1}=\lambda_t\boldsymbol{\alpha}_{k_1+\cdots+k_{t-1}+1},\cdots,\boldsymbol{A}\boldsymbol{\alpha}_n=\lambda_t\boldsymbol{\alpha}_n.\end{aligned}$$

由于 $\boldsymbol{\alpha}_1,\cdots,\boldsymbol{\alpha}_{k_1}\in V_{\lambda_1}$，$\boldsymbol{\alpha}_{k_1+1},\cdots,\boldsymbol{\alpha}_{k_1+k_2}\in V_{\lambda_2},\cdots,$

$\boldsymbol{\alpha}_{k_1+\cdots+k_{t-1}+1},\cdots,\boldsymbol{\alpha}_n\in V_{\lambda_t}$.

所以$\dim V_{\lambda_i}\geqslant k_i\quad(i=1,2,\cdots,t)$. 但是$\dim V_{\lambda_i}\leqslant k_i$，所以$\dim V_{\lambda_i}=k_i$，从而

$$\sum_{i=1}^{t}\dim V_{\lambda_i}=\sum_{i=1}^{t}k_i=n.$$

反过来，设$\boldsymbol{A}$的全部特征值为$\lambda_1,\cdots,\lambda_t\in P$，且$\dim V_{\lambda_1}+\cdots+\dim V_{\lambda_t}=n$. 由于$\lambda_i\in P$，则齐次线性方程组

$$(\lambda_i\boldsymbol{E}-\boldsymbol{A})\boldsymbol{X}=\boldsymbol{0}$$

有基础解系属于P^n，且基础解系含$\dim V_{\lambda_i}$个向量. 因此，$\boldsymbol{A}$恰有n个线性无关的特征向量属于P^n，从而$\boldsymbol{A}$可对角化.

例1 设

$$\boldsymbol{A}=\begin{pmatrix}4&6&0\\-3&-5&0\\-3&-6&1\end{pmatrix}.$$

(1) 证明$\boldsymbol{A}$可对角化；

(2) 求$\boldsymbol{A}^{100}$.

证 (1) $\boldsymbol{A}$的特征多项式为

$$|\lambda\boldsymbol{E}-\boldsymbol{A}|=\begin{vmatrix}\lambda-4&-6&0\\3&\lambda+5&0\\3&6&\lambda-1\end{vmatrix}=(\lambda-1)^2(\lambda+2).$$

所以$\boldsymbol{A}$的特征值为$\lambda_1=-2,\lambda_2=\lambda_3=1$.

对特征值$\lambda=-2$,解方程组

$$\begin{cases}-6x_1-6x_2=0,\\ 3x_1+3x_2=0,\\ 3x_1+6x_2-3x_2=0\end{cases}$$

得基础解系

$$\boldsymbol{\alpha}_1=\begin{pmatrix}-1\\1\\1\end{pmatrix}.$$

对特征值$\lambda=1$,解方程组

$$\begin{cases}-3x_1-6x_2=0,\\ 3x_1+6x_2=0,\\ 3x_1+6x_2=0\end{cases}$$

得基础解系为

$$\boldsymbol{\alpha}_2=\begin{pmatrix}-2\\1\\0\end{pmatrix},\quad \boldsymbol{\alpha}_3=\begin{pmatrix}0\\0\\1\end{pmatrix}.$$

因此$\boldsymbol{\alpha}_1,\boldsymbol{\alpha}_2,\boldsymbol{\alpha}_3$是$\boldsymbol{A}$的三个线性无关的特征向量. 所以$\boldsymbol{A}$与对角形矩阵相似.

(2) 令

$$\boldsymbol{Q}=(\boldsymbol{\alpha}_1,\boldsymbol{\alpha}_2,\boldsymbol{\alpha}_3)=\begin{pmatrix}-1&-2&0\\1&1&0\\1&0&1\end{pmatrix}.$$

因为$\boldsymbol{A}(\boldsymbol{\alpha}_1,\boldsymbol{\alpha}_2,\boldsymbol{\alpha}_3)=(\boldsymbol{A}\boldsymbol{\alpha}_1,\boldsymbol{A}\boldsymbol{\alpha}_2,\boldsymbol{A}\boldsymbol{\alpha}_3)=(-2\boldsymbol{\alpha}_1,\boldsymbol{\alpha}_2,\boldsymbol{\alpha}_3)$,
所以

$$\boldsymbol{AQ}=\boldsymbol{Q}\begin{pmatrix}-2&0&0\\0&1&0\\0&0&1\end{pmatrix},$$

即

$$\boldsymbol{A}=\boldsymbol{Q}\begin{pmatrix}-2&&\\&1&\\&&1\end{pmatrix}\boldsymbol{Q}^{-1}.$$

于是 $A^{100}=Q\begin{pmatrix}(-2)^{100} & & \\ & 1 & \\ & & 1\end{pmatrix}Q^{-1}$.

求出 $Q^{-1}=\begin{pmatrix}1 & 2 & 0\\ -1 & -1 & 0\\ -1 & -2 & 1\end{pmatrix}$,所以

$$A^{100}=\begin{pmatrix}-2^{100}+2 & -2^{101}+2 & 0\\ 2^{100}-1 & 2^{101}-1 & 0\\ 2^{100}-1 & 2^{101}-2 & 1\end{pmatrix}.$$

习题 5.2

1. 已知矩阵 $\begin{pmatrix}1 & -2 & 2\\ 0 & a & -2\\ 0 & 0 & 3\end{pmatrix}$ 与 $\begin{pmatrix}1 & & \\ & 2 & \\ & & b\end{pmatrix}$ 相似. 求 a 与 b 的值.

2. 设 3 阶矩阵 A 的特征值为 1,2,3.

(1)求 $E+A^{-1}$ 的特征值;(2)求行列式 $|A^2-A+2E|$.

3. 设 $A=\begin{pmatrix}0 & 0 & 1\\ x & 1 & y\\ 1 & 0 & 0\end{pmatrix}$ 可对角化. 求 x,y 应满足的条件.

4. 设 $A=\begin{pmatrix}0 & 0 & 2\\ -1 & 1 & 2\\ -1 & 0 & 3\end{pmatrix}$,求 A^n,n 为正整数.

§ 5.3 实对称矩阵的对角形

上一节讨论了一般矩阵的可对角化问题,这一节我们讨论实对称矩阵化为对角形问题.

设 $A\in\mathbb{R}^{n\times n}$,如果 $A^{\mathrm{T}}=A$,则称 A 为**实对称矩阵**.

为了研究实对称矩阵的性质,需要引入复矩阵的一些概念与性质.

设 $\lambda=a+b\mathrm{i}\in\mathbb{C}$,$a,b\in\mathbb{R}$. λ 的共轭定义为 $\bar{\lambda}=a-b\mathrm{i}$.

如果 $A=(a_{ij})\in\mathbb{C}^{m\times n}$,定义 A 的共轭矩阵为 $\bar{A}=(\bar{a}_{ij})$.

例如,设

$$\boldsymbol{A}=\begin{pmatrix}1+\mathrm{i} & 5\mathrm{i}\\ 0 & 2\end{pmatrix},$$

则
$$\overline{\boldsymbol{A}}=\begin{pmatrix}\overline{1+\mathrm{i}} & \overline{5\mathrm{i}}\\ \overline{0} & \overline{2}\end{pmatrix}=\begin{pmatrix}1-\mathrm{i} & -5\mathrm{i}\\ 0 & 2\end{pmatrix}.$$

不难验证共轭矩阵有如下性质:

(1) $\overline{k_1\boldsymbol{A}_1+k_2\boldsymbol{A}_2}=\overline{k}_1\overline{\boldsymbol{A}}_1+\overline{k}_2\overline{\boldsymbol{A}}_2$, $k_1,k_2\in\mathbb{C}$;

(2) $\overline{\boldsymbol{A}_1\boldsymbol{A}_2}=\overline{\boldsymbol{A}}_1\overline{\boldsymbol{A}}_2$;

(3) $\overline{\boldsymbol{A}^{\mathrm{T}}}=(\overline{\boldsymbol{A}})^{\mathrm{T}}$;

(4) $\overline{\boldsymbol{A}^{-1}}=(\overline{\boldsymbol{A}})^{-1}$;

(5) $|\overline{\boldsymbol{A}}|=\overline{|\boldsymbol{A}|}$;

(6) $\mathrm{r}(\boldsymbol{A})=\mathrm{r}(\overline{\boldsymbol{A}})$.

定理 7 实对称矩阵的特征值都是实数.

证 设 $\boldsymbol{A}$ 是 n 阶实对称矩阵,λ 是 $\boldsymbol{A}$ 的特征值,$\boldsymbol{\alpha}=\begin{pmatrix}a_1\\ \vdots\\ a_n\end{pmatrix}$ 为 $\boldsymbol{A}$ 的属于 λ 的特征向量,即

$$\boldsymbol{A\alpha}=\lambda\boldsymbol{\alpha}.$$

两边取共轭得

$$\overline{\boldsymbol{A\alpha}}=\overline{\lambda\boldsymbol{\alpha}}.$$

因此

$$\overline{\boldsymbol{A}}\,\overline{\boldsymbol{\alpha}}=\overline{\lambda}\,\overline{\boldsymbol{\alpha}}. \tag{5.3.1}$$

由于 $\boldsymbol{A}$ 为实对阵矩阵,所以 $\overline{\boldsymbol{A}}=\boldsymbol{A}$,因此式(5.3.1)为

$$\boldsymbol{A}\overline{\boldsymbol{\alpha}}=\overline{\lambda}\,\overline{\boldsymbol{\alpha}}.$$

再取转置,得

$$\overline{\boldsymbol{\alpha}}^{\mathrm{T}}\boldsymbol{A}^{\mathrm{T}}=\overline{\lambda}\,\overline{\boldsymbol{\alpha}}^{\mathrm{T}}.$$

从而有

$$\overline{\boldsymbol{\alpha}}^{\mathrm{T}}\boldsymbol{A\alpha}=\overline{\lambda}\,\overline{\boldsymbol{\alpha}}^{\mathrm{T}}\boldsymbol{\alpha},$$

即

$$\lambda\overline{\boldsymbol{\alpha}}^{\mathrm{T}}\boldsymbol{\alpha}=\overline{\lambda}\,\overline{\boldsymbol{\alpha}}^{\mathrm{T}}\boldsymbol{\alpha},\quad (\lambda-\overline{\lambda})\overline{\boldsymbol{\alpha}}^{\mathrm{T}}\boldsymbol{\alpha}=0.$$

由于 $\bar{\boldsymbol{\alpha}}^{\mathrm{T}}\boldsymbol{\alpha}=\bar{a}_1a_1+\cdots+\bar{a}_na_n=|a_1|^2+\cdots+|a_n|^2\neq0$，所以 $\lambda=\bar{\lambda}$，即$\lambda\in\mathbb{R}$.

我们知道线性方程组的系数都是实数时，它的解也能是实数，所以任意实对称矩阵 $\boldsymbol{A}$ 的特征向量都可以取成实向量.

定理 8 实对称矩阵的不同的特征值的特征向量是正交的.

证 设 $\boldsymbol{A}$ 是 n 阶实对称矩阵，λ_1,λ_2 是 $\boldsymbol{A}$ 的不同的特征值，$\boldsymbol{\alpha}_1,\boldsymbol{\alpha}_2$ 分别是 $\boldsymbol{A}$ 的属于 λ_1,λ_2 的实特征向量，即

$$\boldsymbol{A}\boldsymbol{\alpha}_1=\lambda_1\boldsymbol{\alpha}_1,\quad \boldsymbol{A}\boldsymbol{\alpha}_2=\lambda_2\boldsymbol{\alpha}_2.$$

对第一式两边取转置，得

$$\boldsymbol{\alpha}_1^{\mathrm{T}}\boldsymbol{A}=\lambda_1\boldsymbol{\alpha}_1^{\mathrm{T}}$$

从而有

$$\boldsymbol{\alpha}_1^{\mathrm{T}}\boldsymbol{A}\boldsymbol{\alpha}_2=\lambda_1\boldsymbol{\alpha}_1^{\mathrm{T}}\boldsymbol{\alpha}_2.$$

因此

$$\lambda_2\boldsymbol{\alpha}_1^{\mathrm{T}}\boldsymbol{\alpha}_2=\lambda_1\boldsymbol{\alpha}_1^{\mathrm{T}}\boldsymbol{\alpha}_2.$$

由于 $\lambda_1\neq\lambda_2$，所以有 $\boldsymbol{\alpha}_1^{\mathrm{T}}\boldsymbol{\alpha}_2=0$，即$(\boldsymbol{\alpha}_1,\boldsymbol{\alpha}_2)=0$.

现在来证明本节的主要定理.

定理 9 设 $\boldsymbol{A}$ 是 n 阶实对称矩阵，则存在正交矩阵 $\boldsymbol{Q}$，使得 $\boldsymbol{Q}^{-1}\boldsymbol{A}\boldsymbol{Q}=\boldsymbol{Q}^{\mathrm{T}}\boldsymbol{A}\boldsymbol{Q}$ 为对角形矩阵.

证 对 $\boldsymbol{A}$ 的阶数 n 用数学归纳法证明.

$n=1$ 时，结论显然成立. 假设对于 $n-1$ 阶实对称矩阵定理结论成立. 设 $\boldsymbol{A}\in\mathbb{R}^{n\times n}$，$\lambda_1$ 为 $\boldsymbol{A}$ 的一个特征值，$\boldsymbol{\alpha}_1\in\mathbb{R}^n$ 为 $\boldsymbol{A}$ 的属于 λ_1 的特征向量. 由于特征向量乘以非零常数仍是特征向量，所以可取 $\boldsymbol{\alpha}_1$ 为单位向量. 把 $\boldsymbol{\alpha}_1$ 扩充成$\mathbb{R}^n$的标准正交基 $\boldsymbol{\alpha}_1,\boldsymbol{\alpha}_2,\cdots,\boldsymbol{\alpha}_n$. 令

$$\boldsymbol{S}=(\boldsymbol{\alpha}_1,\cdots,\boldsymbol{\alpha}_n),$$

则 $\boldsymbol{S}$ 是正交矩阵，且

$$\boldsymbol{S}^{-1}\boldsymbol{A}\boldsymbol{S}=\boldsymbol{S}^{\mathrm{T}}\boldsymbol{A}\boldsymbol{S}=\begin{pmatrix}\boldsymbol{\alpha}_1^{\mathrm{T}}\\ \vdots\\ \boldsymbol{\alpha}_n^{\mathrm{T}}\end{pmatrix}\boldsymbol{A}(\boldsymbol{\alpha}_1,\cdots,\boldsymbol{\alpha}_n)=$$

$$\begin{pmatrix}\boldsymbol{\alpha}_1^{\mathrm{T}}\boldsymbol{A}\boldsymbol{\alpha}_1 & \boldsymbol{\alpha}_1^{\mathrm{T}}\boldsymbol{A}\boldsymbol{\alpha}_2 & \cdots & \boldsymbol{\alpha}_1^{\mathrm{T}}\boldsymbol{A}\boldsymbol{\alpha}_n\\ \boldsymbol{\alpha}_2^{\mathrm{T}}\boldsymbol{A}\boldsymbol{\alpha}_1 & & & \\ \vdots & & \boldsymbol{B}_{n-1} & \\ \boldsymbol{\alpha}_n^{\mathrm{T}}\boldsymbol{A}\boldsymbol{\alpha}_1 & & & \end{pmatrix}=$$

$$\begin{pmatrix} \lambda_1\boldsymbol{\alpha}_1^{\mathrm{T}}\boldsymbol{\alpha}_1 & \lambda_1\boldsymbol{\alpha}_1^{\mathrm{T}}\boldsymbol{\alpha}_2 & \cdots & \lambda_1\boldsymbol{\alpha}_1^{\mathrm{T}}\boldsymbol{\alpha}_n \\ \lambda_1\boldsymbol{\alpha}_2^{\mathrm{T}}\boldsymbol{\alpha}_1 & & & \\ \vdots & & \boldsymbol{B}_{n-1} & \\ \lambda_1\boldsymbol{\alpha}_n^{\mathrm{T}}\boldsymbol{\alpha}_1 & & & \end{pmatrix}=$$

$$\begin{pmatrix} \lambda_1 & 0 & \cdots & 0 \\ 0 & & & \\ \vdots & & \boldsymbol{B}_{n-1} & \\ 0 & & & \end{pmatrix}.$$

因为 $\boldsymbol{S}^{\mathrm{T}}\boldsymbol{AS}$ 是实对称矩阵，所以 $\boldsymbol{B}_{n-1}$ 是 $n-1$ 阶实对称矩阵. 由归纳假设，存在 $n-1$ 阶正交矩阵 $\boldsymbol{T}_{n-1}$，使

$$\boldsymbol{T}_{n-1}^{-1}\boldsymbol{B}_{n-1}\boldsymbol{T}_{n-1}=\begin{pmatrix} \lambda_2 & & \\ & \ddots & \\ & & \lambda_n \end{pmatrix}.$$

令

$$\boldsymbol{T}=\begin{pmatrix} 1 & \\ & \boldsymbol{T}_{n-1} \end{pmatrix},$$

则 $\boldsymbol{T}$ 是正交矩阵. 设 $\boldsymbol{Q}=\boldsymbol{ST}$，则 $\boldsymbol{Q}$ 是正交矩阵，且

$$\boldsymbol{Q}^{-1}\boldsymbol{AQ}=\boldsymbol{T}^{-1}\boldsymbol{S}^{-1}\boldsymbol{AST}=\boldsymbol{T}^{-1}\begin{pmatrix} \lambda_1 & \\ & \boldsymbol{B}_{n-1} \end{pmatrix}\boldsymbol{T}=$$

$$\begin{pmatrix} 1 & \\ & \boldsymbol{T}_{n-1}^{-1} \end{pmatrix}\begin{pmatrix} \lambda_1 & \\ & \boldsymbol{B}_{n-1} \end{pmatrix}\begin{pmatrix} 1 & \\ & \boldsymbol{T}_{n-1} \end{pmatrix}=\begin{pmatrix} \lambda_1 & & & \\ & \lambda_2 & & \\ & & \ddots & \\ & & & \lambda_n \end{pmatrix}.$$

下面给出求正交矩阵 $\boldsymbol{Q}$ 的方法.

(1) 求出对称矩阵 $\boldsymbol{A}$ 的特征值，设 $\lambda_1,\cdots,\lambda_r$ 是 $\boldsymbol{A}$ 的全部互不相同的特征值.

(2) 对每个特征值 λ_i，解齐次线性方程组

$$(\lambda_i\boldsymbol{E}-\boldsymbol{A})\boldsymbol{X}=\boldsymbol{0},$$

求出一个基础解系 $\boldsymbol{\alpha}_{i1},\cdots,\boldsymbol{\alpha}_{ik_i}$，将其正交化，单位化，得到 V_{λ_i} 的一个标准正交基 $\boldsymbol{\eta}_{i1},\cdots,\boldsymbol{\eta}_{ik_i}$.

(3) 令 $\boldsymbol{Q}=(\boldsymbol{\eta}_{11},\cdots,\boldsymbol{\eta}_{1k_1},\cdots,\boldsymbol{\eta}_{r1},\cdots,\boldsymbol{\eta}_{rk_r})$，则 $\boldsymbol{Q}$ 即为所求.

例 1 设

$$A=\begin{pmatrix}4&2&2\\2&4&2\\2&2&4\end{pmatrix},$$

求正交矩阵 Q 使 $Q^{-1}AQ=Q^{T}AQ$ 为对角形矩阵.

解 A 的特征多项式为

$$|\lambda E-A|=\begin{vmatrix}\lambda-4&-2&-2\\-2&\lambda-4&-2\\-2&-2&\lambda-4\end{vmatrix}=(\lambda-2)^2(\lambda-8),$$

因而 A 的特征值为 $\lambda_1=\lambda_2=2,\lambda_3=8$.

对于特征值 $\lambda=2$,解齐次线性方程组

$$\begin{cases}-2x_1-2x_2-2x_3=0,\\-2x_1-2x_2-2x_3=0,\\-2x_1-2x_2-2x_3=0,\end{cases}$$

得基础解系为 $\alpha_1=\begin{pmatrix}-1\\1\\0\end{pmatrix},\alpha_2=\begin{pmatrix}-1\\0\\1\end{pmatrix}$.

把它们正交化,得

$$\beta_1=\alpha_1=\begin{pmatrix}-1\\1\\0\end{pmatrix},$$

$$\beta_2=\alpha_2-\frac{(\alpha_2,\beta_1)}{(\beta_1,\beta_1)}\beta_1=\begin{pmatrix}-1\\0\\1\end{pmatrix}-\frac{1}{2}\begin{pmatrix}-1\\1\\0\end{pmatrix}=\begin{pmatrix}-\frac{1}{2}\\-\frac{1}{2}\\1\end{pmatrix}.$$

再单位化为

$$\eta_1=\frac{\beta_1}{|\beta_1|}=\begin{pmatrix}-\frac{1}{\sqrt{2}}\\\frac{1}{\sqrt{2}}\\0\end{pmatrix},$$

$$\boldsymbol{\eta}_2=\frac{\boldsymbol{\beta}_2}{|\boldsymbol{\beta}_2|}=\begin{pmatrix}-\frac{1}{\sqrt{6}}\\-\frac{1}{\sqrt{6}}\\\frac{2}{\sqrt{6}}\end{pmatrix}.$$

对特征值 $\lambda=8$,解齐次方程组

$$\begin{cases}4x_1-2x_2-2x_3=0,\\-2x_1+4x_2-2x_3=0,\\-2x_1-2x_2+4x_3=0\end{cases}$$

得基础解系 $\boldsymbol{\alpha}_3=\begin{pmatrix}1\\1\\1\end{pmatrix}$.

把 $\boldsymbol{\alpha}_3$ 单位化为

$$\boldsymbol{\eta}_3=\frac{\boldsymbol{\alpha}_3}{|\boldsymbol{\alpha}_3|}=\begin{pmatrix}\frac{1}{\sqrt{3}}\\\frac{1}{\sqrt{3}}\\\frac{1}{\sqrt{3}}\end{pmatrix}.$$

令

$$\boldsymbol{Q}=(\boldsymbol{\eta}_1,\boldsymbol{\eta}_2,\boldsymbol{\eta}_3)=\begin{pmatrix}-\frac{1}{\sqrt{2}}&-\frac{1}{\sqrt{6}}&\frac{1}{\sqrt{3}}\\\frac{1}{\sqrt{2}}&-\frac{1}{\sqrt{6}}&\frac{1}{\sqrt{3}}\\0&\frac{2}{\sqrt{6}}&\frac{1}{\sqrt{3}}\end{pmatrix},$$

则 $\boldsymbol{Q}$ 为正交矩阵,且

$$\boldsymbol{Q}^{\mathrm{T}}\boldsymbol{A}\boldsymbol{Q}=\begin{pmatrix}2&&\\&2&\\&&8\end{pmatrix}.$$

注:在定理 9 中,对于正交矩阵 $\boldsymbol{Q}$,我们还可以进一步限制 $|\boldsymbol{Q}|=1$.

事实上,若$|\boldsymbol{Q}|=-1$,取

$$\boldsymbol{S}=\begin{pmatrix}-1 & & & \\ & 1 & & \\ & & \ddots & \\ & & & 1\end{pmatrix},$$

令$\boldsymbol{T}=\boldsymbol{QS}$,则$\boldsymbol{T}$为正交矩阵,且$|\boldsymbol{T}|=1$,显然

$$\boldsymbol{T}^{\mathrm{T}}\boldsymbol{AT}=\boldsymbol{Q}^{\mathrm{T}}\boldsymbol{AQ}.$$

例 2 已知三阶实对称矩阵$\boldsymbol{A}$的特征值为$\lambda_1=1,\lambda_2=4,\lambda_3=-2$. 对应$\lambda_1=1$的特征向量为

$$\boldsymbol{\alpha}_1=\begin{pmatrix}2\\1\\-2\end{pmatrix},$$

对应$\lambda_2=4$的特征向量为

$$\boldsymbol{\alpha}_2=\begin{pmatrix}2\\-2\\1\end{pmatrix},$$

求矩阵$\boldsymbol{A}$.

解 设对应$\lambda=-2$的特征向量为$\boldsymbol{\alpha}_3=\begin{pmatrix}x_1\\x_2\\x_3\end{pmatrix}$. 由于实对称矩阵的不同特征值的特征向量互相正交,所以$\boldsymbol{\alpha}_3\perp\boldsymbol{\alpha}_1,\boldsymbol{\alpha}_2$. 因此

$$\begin{cases}2x_1+x_2-2x_3=0,\\2x_1-2x_2+x_3=0.\end{cases}$$

解得 $x_1=\dfrac{x_3}{2},x_2=x_3,x_3=x_3$.

令$x_3=2$可得$\boldsymbol{\alpha}_3=\begin{pmatrix}1\\2\\2\end{pmatrix}$. 于是有

$$\boldsymbol{Q}=\begin{pmatrix}2 & 2 & 1\\1 & -2 & 2\\-2 & 1 & 2\end{pmatrix},\quad \boldsymbol{Q}^{-1}=\frac{1}{9}\begin{pmatrix}2 & 1 & -2\\2 & -2 & 1\\1 & 2 & 2\end{pmatrix}.$$

因为

$$Q^{-1}AQ=\begin{pmatrix}1 & & \\ & 4 & \\ & & -2\end{pmatrix},$$

所以

$$A=Q\begin{pmatrix}1 & & \\ & 4 & \\ & & -2\end{pmatrix}Q^{-1}=\begin{pmatrix}2 & -2 & 0\\ -2 & 1 & -2\\ 0 & -2 & 0\end{pmatrix}.$$

例 3 设三阶实对称矩阵 A 的特征值 $\lambda_1=-1,\lambda_2=\lambda_3=1$. 对应于 $\lambda_1=-1$ 的特征向量为 $\alpha_1=\begin{pmatrix}0\\1\\1\end{pmatrix}$,求 A.

解 因为 $\lambda_2=1$ 是 A 的二重特征值,所以 $\dim V_{\lambda_2}=2$. 令

$$S=\{\alpha\in\mathbb{R}^3\mid(\alpha_1,\alpha)=0\},$$

则

$$V_{\lambda_2}\subseteq S.$$

又 S 是齐次线性方程组

$$(0,1,1)\begin{pmatrix}x_1\\x_2\\x_3\end{pmatrix}=0 \tag{5.3.2}$$

的解空间. 而式(5.3.2)的系数矩阵的秩为 1,所以 $\dim S=3-1=2$. 故 $V_{\lambda_2}=S$.

选取式(5.3.2)的两个互相正交的向量组

$$\alpha_2=\begin{pmatrix}1\\0\\0\end{pmatrix},\alpha_3=\begin{pmatrix}0\\1\\-1\end{pmatrix},$$

则 α_2,α_3 是 A 的属于 $\lambda=1$ 的特征向量. 由于 $\alpha_1,\alpha_2,\alpha_3$ 两两正交,再把它们单位化为

$$\eta_1=\frac{\alpha_1}{|\alpha_1|}=\begin{pmatrix}0\\ \frac{1}{\sqrt{2}}\\ \frac{1}{\sqrt{2}}\end{pmatrix},$$

$$\boldsymbol{\eta}_2=\frac{\boldsymbol{\alpha}_2}{|\boldsymbol{\alpha}_2|}=\begin{pmatrix}1\\0\\0\end{pmatrix},$$

$$\boldsymbol{\eta}_3=\frac{\boldsymbol{\alpha}_3}{|\boldsymbol{\alpha}_3|}=\begin{pmatrix}0\\\frac{1}{\sqrt{2}}\\-\frac{1}{\sqrt{2}}\end{pmatrix}.$$

令

$$\boldsymbol{Q}=\begin{pmatrix}0&1&0\\\frac{1}{\sqrt{2}}&0&\frac{1}{\sqrt{2}}\\\frac{1}{\sqrt{2}}&0&-\frac{1}{\sqrt{2}}\end{pmatrix},$$

则 $\boldsymbol{Q}$ 是正交矩阵,$\boldsymbol{Q}^{-1}=\boldsymbol{Q}^{\mathrm{T}}$,且

$$\boldsymbol{Q}^{\mathrm{T}}\boldsymbol{A}\boldsymbol{Q}=\begin{pmatrix}-1&&\\&1&\\&&1\end{pmatrix}.$$

所以

$$\boldsymbol{A}=\boldsymbol{Q}\begin{pmatrix}-1&&\\&1&\\&&1\end{pmatrix}\boldsymbol{Q}^{\mathrm{T}}=\begin{pmatrix}1&0&0\\0&0&-1\\0&-1&0\end{pmatrix}.$$

习题 5.3

1. 求正交阵 $\boldsymbol{Q}$ 与对角阵 $\boldsymbol{D}$,使得 $\boldsymbol{Q}^{\mathrm{T}}\boldsymbol{A}\boldsymbol{Q}=\boldsymbol{D}$ 为对角阵,其中 $\boldsymbol{A}$ 为

(1) $\begin{pmatrix}3&-1&0\\-1&2&-1\\0&-1&3\end{pmatrix}$; (2) $\begin{pmatrix}0&1&1&-1\\1&0&-1&1\\1&-1&0&1\\-1&1&1&0\end{pmatrix}$.

2. 设3阶实对称矩阵 $\boldsymbol{A}$ 的特征值为 $1,1,-1$,且 $\boldsymbol{\alpha}_1=\begin{pmatrix}1\\1\\1\end{pmatrix}$, $\boldsymbol{\alpha}_2=\begin{pmatrix}2\\2\\1\end{pmatrix}$ 为 $\boldsymbol{A}$ 属于特征值1的特征向量. 求 $\boldsymbol{A}$.

3. 设 $\boldsymbol{A}\in\mathbb{R}^{n\times n}$ 是反对称矩阵，即 $\boldsymbol{A}^{\mathrm{T}}=-\boldsymbol{A}$. 证明：$\boldsymbol{A}$ 的非零特征值为纯虚数(即实部为零的复数).

扫一扫，阅读拓展知识

第5章复习题

一、填空题

1. 设3阶矩阵 $\boldsymbol{A}$ 的特征值为 $1,-1,2$，$\boldsymbol{B}=\boldsymbol{A}^3-5\boldsymbol{A}^2+2\boldsymbol{E}$. 则矩阵 $\boldsymbol{B}$ 的迹(对角元素之和) $\mathrm{tr}(\boldsymbol{B})=$__________，行列式 $|\boldsymbol{B}|=$__________.

2. 设矩阵 $\begin{pmatrix}2&0&0\\0&0&1\\0&1&a\end{pmatrix}$ 与 $\begin{pmatrix}2&&\\&b&\\&&-1\end{pmatrix}$ 相似. 则 $a=$________，$b=$________.

3. 设2阶矩阵 $\boldsymbol{A}$ 有两个不同的特征值，且 $\boldsymbol{\alpha}_1,\boldsymbol{\alpha}_2$ 是 $\boldsymbol{A}$ 的两个线性无关的特征向量.

若 $\boldsymbol{A}^2(\boldsymbol{\alpha}_1+\boldsymbol{\alpha}_2)=\boldsymbol{\alpha}_1+\boldsymbol{\alpha}_2$，则矩阵 $\boldsymbol{A}$ 的两个特征值分别为__________和__________.

4. 已知三阶矩阵 $\boldsymbol{A}$ 的特征值为 $1,2,-4$，矩阵 $\boldsymbol{B}$ 与 $\boldsymbol{A}$ 相似，则矩阵 $\boldsymbol{B}$ 的迹(对角元素之和) $\mathrm{tr}(\boldsymbol{B})=$__________，行列式 $|\boldsymbol{B}|=$__________.

5. 设 $\boldsymbol{A}$ 是3阶实对称矩阵，且 $\boldsymbol{\alpha}_1=(1,1,-1)^{\mathrm{T}}$，$\boldsymbol{\alpha}_2=(1,-2,-1)^{\mathrm{T}}$，$\boldsymbol{\alpha}_3=(1,a,b)^{\mathrm{T}}$ 分别为 $\boldsymbol{A}$ 属于特征值 $1,2,3$ 的特征向量. 则 $a=$________，$b=$________.

二、选择题

1. 设 $\boldsymbol{A}$ 是 n 阶实方阵. 则 $\boldsymbol{A}$ 可对角化的充分必要条件是(　　).

(A) $\boldsymbol{A}$ 有 n 个两两不相同的特征向量　(B) $\boldsymbol{A}$ 有 n 个线性无关的特征向量

(C) $\boldsymbol{A}$ 为对称阵　(D) $\boldsymbol{A}$ 有 n 个两两不同的特征值

2. 设 $\boldsymbol{A}$ 是 n 阶非零矩阵，$\boldsymbol{E}$ 是 n 阶单位矩阵. 若 $\boldsymbol{A}^2=0$，则(　　).

(A) $\boldsymbol{E}+\boldsymbol{A}$ 不可逆，$\boldsymbol{E}-\boldsymbol{A}$ 不可逆　(B) $\boldsymbol{E}+\boldsymbol{A}$ 可逆，$\boldsymbol{E}-\boldsymbol{A}$ 不可逆

(C) $\boldsymbol{E}+\boldsymbol{A}$ 不可逆，$\boldsymbol{E}-\boldsymbol{A}$ 可逆　(D) $\boldsymbol{E}+\boldsymbol{A}$ 可逆，$\boldsymbol{E}-\boldsymbol{A}$ 可逆

3. 矩阵 $\boldsymbol{A}$ 与 $\boldsymbol{B}$ 相似，下列结论中不正确的是(　　).

(A) $\boldsymbol{A}$ 与 $\boldsymbol{B}$ 有相同的特征多项式　(B) $\boldsymbol{A}$ 与 $\boldsymbol{B}$ 有相同的特征值

(C) $\boldsymbol{A}$ 与 $\boldsymbol{B}$ 有相同的特征向量　(D) $\boldsymbol{A}$ 与 $\boldsymbol{B}$ 有相同的行列式

4. 设 $\boldsymbol{A}$ 是 n 阶方阵. 有如下六个条件.

①$\boldsymbol{A}$ 的行向量组线性相关；②$\boldsymbol{A}$ 不可逆；③$\boldsymbol{A}$ 的秩为 $n-1$；

④ $|\boldsymbol{A}^*|=0$，其中 $\boldsymbol{A}^*$ 为 $\boldsymbol{A}$ 的伴随矩阵；⑤ 0是矩阵 $\boldsymbol{A}$ 的特征值；

⑥ 非齐次线性方程组 $AX=\beta$ 有无穷多个解.

上述条件中是“行列式$|\boldsymbol{A}|=0$”的充分必要条件的有(　　).

(A)①②③⑤　　(B)①②④⑤　　(C)②④⑤⑥　(D)③④⑤⑥

5. 设$\boldsymbol{A}$为n阶实对称矩阵. 则下列说法不正确的是(　　).

(A)$\boldsymbol{A}$的不同特征值的特征向量正交

(B)$\boldsymbol{A}$的特征值都是实数

(C)$\boldsymbol{A}$有n个两两正交的特征向量

(D)$\boldsymbol{A}$的任意两个特征向量正交

三、计算题

1. 求下列矩阵的特征值和特征向量

(1)$\begin{pmatrix}-2&1&1\\0&2&0\\-4&1&3\end{pmatrix}$;　(2)$\begin{pmatrix}1&1&1&1\\1&1&-1&-1\\1&-1&1&-1\\1&-1&-1&1\end{pmatrix}$.

2. 设$\boldsymbol{A}$是3阶矩阵. 已知$\boldsymbol{\alpha}_1=\begin{pmatrix}1\\2\\1\end{pmatrix}$,$\boldsymbol{\alpha}_2=\begin{pmatrix}1\\1\\0\end{pmatrix}$为$A$的属于特征值1的特征向量,$\boldsymbol{\alpha}_3=\begin{pmatrix}2\\0\\-1\end{pmatrix}$为$A$的属于特征值2的特征向量. 求矩阵$\boldsymbol{A}$.

3. 设实矩阵$\boldsymbol{A}=\begin{pmatrix}1&2&2\\2&1&2\\2&2&1\end{pmatrix}$. 求$A^n$,$n$为正整数.

4. 设$\boldsymbol{A}$是3阶实对称阵,且特征值为1,1,2. 已知$\boldsymbol{\alpha}_1=\begin{pmatrix}1\\-1\\0\end{pmatrix}$,$\boldsymbol{\alpha}_2=\begin{pmatrix}1\\1\\-2\end{pmatrix}$为$A$的属于特征值1的特征向量. 求矩阵$\boldsymbol{A}$.

5. 设$\boldsymbol{A}=\begin{pmatrix}2&0&0\\a&2&0\\b&c&-1\end{pmatrix}$. 求$\boldsymbol{A}$可对角化的充分必要条件.

6. 求正交阵Q,使得$Q^{\mathrm{T}}AQ$为对角阵,其中A为

(1)$\begin{pmatrix}2&2&-2\\2&5&-4\\-2&-4&5\end{pmatrix}$;(2)$\begin{pmatrix}2&1&1&1\\1&2&1&1\\1&1&2&1\\1&1&1&2\end{pmatrix}$.

7. 设$\boldsymbol{\alpha}=(a_1,a_2,\cdots,a_n)$,$\boldsymbol{\beta}=(b_1,b_2,\cdots,b_n)$为两个非零向量. $\boldsymbol{A}=\boldsymbol{\alpha}^{\mathrm{T}}\boldsymbol{\beta}$.

(1)求$\boldsymbol{A}$的特征值.

(2)求 $\boldsymbol{E}+\boldsymbol{A}$ 的特征值.

四、证明题

1. 设 $\boldsymbol{A}$ 是 n 阶实矩阵,且 λ_0 为 $\boldsymbol{A}$ 的特征值. 证明:

(1)若 $\boldsymbol{A}$ 可逆,则 $\lambda_0\neq0$,且$\dfrac{1}{\lambda_0}$为 $\boldsymbol{A}^{-1}$的特征值.

(2)对任意 $a_0,a_1,\cdots,a_k\in\mathbb{R}$,$a_k\lambda_0^k+\cdots+a_1\lambda_0+a_0$ 为 $a_k\boldsymbol{A}^k+\cdots+a_1\boldsymbol{A}+a_0\boldsymbol{E}$ 的特征值.

2. 设 $\boldsymbol{A},\boldsymbol{B}$ 均是 n 阶矩阵,且 $|\boldsymbol{A}|\neq0$. 证明:$\boldsymbol{AB}$ 与 $\boldsymbol{BA}$ 有相同的特征多项式.

3. 设 $\boldsymbol{A},\boldsymbol{B}$ 都是 n 阶实对称矩阵. 证明:若 $\boldsymbol{A}$ 与 $\boldsymbol{B}$ 的特征多项式相同,则存在正交矩阵 $\boldsymbol{Q}$,使得$\boldsymbol{Q}^{\mathrm{T}}\boldsymbol{AQ}=\boldsymbol{B}$.

4. 设 $\boldsymbol{A}$ 是 n 阶实对称矩阵,且$\boldsymbol{A}^2=\boldsymbol{A}$,$\mathrm{r}(\boldsymbol{A})=r$. 证明存在正交矩阵 $\boldsymbol{Q}$,使得$\boldsymbol{Q}^{\mathrm{T}}\boldsymbol{AQ}=\begin{pmatrix}\boldsymbol{E}_r & \boldsymbol{0}\\ \boldsymbol{0} & \boldsymbol{0}\end{pmatrix}$,其中$\boldsymbol{E}_r$ 为 r 阶单位阵.

5. 设 $\boldsymbol{A}$ 是 n 阶正交矩阵. 证明:

(1)$\boldsymbol{A}$ 的实特征值为±1.

(2)若 n 为奇数,且$|\boldsymbol{A}|=1$,则 1 为 $\boldsymbol{A}$ 的特征值.

(3)若 n 为奇数,且$|\boldsymbol{A}|=-1$,则-1 为 $\boldsymbol{A}$ 的特征值.

扫一扫，获取参考答案

第 6 章

二次型

二次型起源于解析几何中化二次曲线和二次曲面的方程为标准形的问题. 它的理论在数学、物理以及其他许多学科中都有重要的应用.

§6.1 二次型及其标准形

定义 1 设 P 是数域, 一个系数在 P 中的 $x_1, x_2, \cdots, x_n$ 的二次齐次多项式

$$\begin{aligned} f(x_1, x_2, \cdots, x_n) = & b_{11}x_1^2 + b_{12}x_1x_2 + \cdots + b_{1n}x_1x_n + \\ & b_{22}x_2^2 + \cdots + b_{2n}x_2x_n + \\ & \cdots + b_{nn}x_n^2 = \\ & \sum_{1 \leqslant i \leqslant j \leqslant n} b_{ij}x_ix_j \end{aligned} \tag{6.1.1}$$

称为数域 P 上的一个 **n 元二次型**, 或简称为二次型.

例如

$$x_1^2 + x_1x_2 + 3x_1x_3 + 2x_2^2 + 4x_2x_3 + 3x_3^2$$

是有理数域 $\mathbb{Q}$ 上的 3 元二次型.

为了以后的方便, 把式(6.1.1)中的 b_{ii} 改写成 a_{ii}, 而在 $i \neq j$ 时, 令 $a_{ij} = a_{ji} = \dfrac{b_{ij}}{2}$, 这样式(6.1.1)就可以写成

$$f(x_1,x_2,\cdots,x_n)=a_{11}x_1^2+a_{12}x_1x_2+\cdots+a_{1n}x_1x_n+$$
$$a_{21}x_2x_1+a_{22}x_2^2+\cdots+a_{2n}x_2x_n+$$
$$\cdots\cdots+$$
$$a_{n1}x_nx_1+a_{n2}x_nx_2+\cdots+a_{nn}x_n^2=$$
$$\sum_{i=1}^{n}\sum_{j=1}^{n}a_{ij}x_ix_j. \qquad (6.1.2)$$

这样,二次型(6.1.2)的系数可以确定一个 n 阶矩阵

$$\boldsymbol{A}=\begin{pmatrix} a_{11} & a_{12} & \cdots & a_{1n} \\ a_{21} & a_{22} & \cdots & a_{2n} \\ \vdots & \vdots & & \vdots \\ a_{n1} & a_{n2} & \cdots & a_{nn} \end{pmatrix}.$$

它称为二次型(6.1.2)的**矩阵**,由于 $a_{ij}=a_{ji}$,所以 $\boldsymbol{A}^{\mathrm{T}}=\boldsymbol{A}$,即 $\boldsymbol{A}$ 是对称矩阵.

令

$$\boldsymbol{X}=\begin{pmatrix} x_1 \\ x_2 \\ \vdots \\ x_n \end{pmatrix},$$

则二次型(6.1.2)可以用矩阵的乘积表示出来:

$$f(x_1,x_2,\cdots,x_n)=\boldsymbol{X}^{\mathrm{T}}\boldsymbol{A}\boldsymbol{X}. \qquad (6.1.3)$$

应该看到,二次型(6.1.2)的矩阵 $\boldsymbol{A}$ 的元素,当 $i\neq j$ 时,$a_{ij}=a_{ji}$ 正是它的 x_ix_j 项的系数的一半,而 a_{ii} 是 x_i^2 项的系数.因此二次型和它的矩阵是相互惟一确定的.

例 1 二次型

$$f(x_1,x_2,x_3,x_4)=2x_1^2+4x_1x_2+4x_1x_3+2x_1x_4+x_2^2+2x_2x_3+$$
$$4x_2x_4+5x_3^2+2x_3x_4+x_4^2$$

的矩阵形式是

$$f(x_1,x_2,x_3,x_4)=(x_1,x_2,x_3,x_4)\begin{pmatrix} 2 & 2 & 2 & 1 \\ 2 & 1 & 1 & 2 \\ 2 & 1 & 5 & 1 \\ 1 & 2 & 1 & 1 \end{pmatrix}\begin{pmatrix} x_1 \\ x_2 \\ x_3 \\ x_4 \end{pmatrix}.$$

应注意,$f(x_1,x_2,\cdots,x_n)=\boldsymbol{X}^{\mathrm{T}}\boldsymbol{A}\boldsymbol{X}$ 只有当其中 $\boldsymbol{A}=\boldsymbol{A}^{\mathrm{T}}$ 时才能称

为二次型 $f(x_1,x_2,\cdots,x_n)$ 的矩阵表示式. 例如,可以写

$$f(x_1,x_2)=x_1^2+3x_1x_2+x_2^2=(x_1,x_2)\begin{pmatrix}1&3\\0&1\end{pmatrix}\begin{pmatrix}x_1\\x_2\end{pmatrix}=$$

$$(x_1,x_2)\begin{pmatrix}1&\frac{3}{2}\\\frac{3}{2}&1\end{pmatrix}\begin{pmatrix}x_1\\x_2\end{pmatrix}.$$

前者不是,后者才是 $f(x_1,x_2)$ 的矩阵表示式.

二次型 $f(x_1,x_2,\cdots,x_n)=\boldsymbol{X}^{\mathrm{T}}\boldsymbol{A}\boldsymbol{X}$ 的矩阵 $\boldsymbol{A}$ 的秩称为二次型 $f(x_1,x_2,\cdots,x_n)$ 的**秩**.

与在几何中一样,在处理许多问题时,常常希望通过变量的线性替换来简化有关的二次型. 为此,我们引入以下定义.

定义 2 设 $x_1,\cdots,x_n$ 与 $y_1,\cdots,y_n$ 是两组变量,系数在数域 P 中的一组关系式

$$\begin{cases}x_1=c_{11}y_1+c_{12}y_2+\cdots+c_{1n}y_n,\\x_2=c_{21}y_1+c_{22}y_2+\cdots+c_{2n}y_n,\\\qquad\vdots\\x_n=c_{n1}y_1+c_{n2}y_2+\cdots+c_{nn}y_n\end{cases}\tag{6.1.4}$$

称为由变量 $x_1,\cdots,x_n$ 到变量 $y_1,\cdots,y_n$ 的一个**线性替换**,或简称**线性替换**.

令

$$\boldsymbol{C}=\begin{pmatrix}c_{11}&c_{12}&\cdots&c_{1n}\\c_{21}&c_{22}&\cdots&c_{2n}\\\vdots&\vdots&&\vdots\\c_{n1}&c_{n2}&\cdots&c_{nn}\end{pmatrix},\tag{6.1.5}$$

$\boldsymbol{C}$称为线性替换关系式(6.1.4)的矩阵,且有关系式(6.1.4)的矩阵表示式:

$$\begin{pmatrix}x_1\\x_2\\\vdots\\x_n\end{pmatrix}=\boldsymbol{C}\begin{pmatrix}y_1\\y_2\\\vdots\\y_n\end{pmatrix},\quad \boldsymbol{X}=\boldsymbol{C}\boldsymbol{Y}.\tag{6.1.6}$$

如果 $|\boldsymbol{C}|\neq0$,则称式(6.1.6)为**非退化的线性替换**.

现在看一看对二次型(6.1.3)

$$f(x_1,x_2,\cdots,x_n)=\boldsymbol{X}^{\mathrm{T}}\boldsymbol{A}\boldsymbol{X}$$

经过非退化线性替换式(6.1.6)后,二次型会受到什么影响. 把式(6.1.6)代入式(6.1.3),有

$$f(x_1,x_2,\cdots,x_n)=\boldsymbol{X}^{\mathrm{T}}\boldsymbol{A}\boldsymbol{X}=(\boldsymbol{C}\boldsymbol{Y})^{\mathrm{T}}\boldsymbol{A}(\boldsymbol{C}\boldsymbol{Y})=\boldsymbol{Y}^{\mathrm{T}}\boldsymbol{C}^{\mathrm{T}}\boldsymbol{A}\boldsymbol{C}\boldsymbol{Y}=\boldsymbol{Y}^{\mathrm{T}}\boldsymbol{B}\boldsymbol{Y}.$$

其中$\boldsymbol{B}=\boldsymbol{C}^{\mathrm{T}}\boldsymbol{A}\boldsymbol{C}$,且$\boldsymbol{B}$也是对称矩阵. 这表明,二次型经过非退化线性替换仍变成二次型,且秩相等. 变换前后的两个二次型的矩阵关系是

$$\boldsymbol{B}=\boldsymbol{C}^{\mathrm{T}}\boldsymbol{A}\boldsymbol{C}.$$

定义 3 设$\boldsymbol{A},\boldsymbol{B}$是数域$P$上两个$n$阶方阵,如果存在$P$上的$n$阶可逆矩阵$\boldsymbol{C}$,使得

$$\boldsymbol{B}=\boldsymbol{C}^{\mathrm{T}}\boldsymbol{A}\boldsymbol{C},$$

则称$\boldsymbol{A}$与$\boldsymbol{B}$ **合同**,记为$\boldsymbol{A}\simeq\boldsymbol{B}$.

矩阵的合同关系有如下性质:

(1) 反身性:$\boldsymbol{A}\simeq\boldsymbol{A}$;

(2) 对称性:如果$\boldsymbol{A}\simeq\boldsymbol{B}$,则$\boldsymbol{B}\simeq\boldsymbol{A}$;

(3) 传递性:如果$\boldsymbol{A}\simeq\boldsymbol{B},\boldsymbol{B}\simeq\boldsymbol{C}$,则$\boldsymbol{A}\simeq\boldsymbol{C}$.

现在来讨论用非退化线性替换化简二次型问题,目的是找出一个非退化线性替换,通过它,将原二次型变成只含新变量的平方项的二次型. 这一点能否做到呢? 答案是肯定的.

定理 1 数域P上的任意一个二次型$f(x_1,x_2,\cdots,x_n)$都可以经过非退化的线性替换变成平方和的形式:

$$d_1y_1^2+d_2y_2^2+\cdots+d_ny_n^2. \tag{6.1.7}$$

平方和(6.1.7)称为$f(x_1,x_2,\cdots,x_n)$的一个**标准形**.

定理的证明使用配方法,我们将通过具体例子介绍此方法.

例 2 设

$$f(x_1,x_2,x_3)=2x_1x_2-6x_1x_3+2x_2x_3+x_3^2.$$

用非退化线性替换化$f(x_1,x_2,x_3)$为标准形,并求所用的非退化线性替换.

解 $f(x_1,x_2,x_3)$有平方项x_3^2，关于x_3进行配方：

$$\begin{aligned}f(x_1,x_2,x_3)=&2x_1x_2+[2(x_2-3x_1)x_3+x_3^2]=\\&2x_1x_2+[(x_2-3x_1)^2+2(x_2-3x_1)x_3+x_3^2]-\\&(x_2-3x_1)^2=\\&-9x_1^2+8x_1x_2-x_2^2+(-3x_1+x_2+x_3)^2.\end{aligned}$$

令

$$\begin{cases}x_1=y_1,\\x_2=y_2,\\-3x_1+x_2+x_3=y_3,\end{cases}$$

即

$$\begin{pmatrix}x_1\\x_2\\x_3\end{pmatrix}=\begin{pmatrix}1&0&0\\0&1&0\\3&-1&1\end{pmatrix}\begin{pmatrix}y_1\\y_2\\y_3\end{pmatrix},\tag{6.1.8}$$

则

$$\begin{aligned}f(x_1,x_2,x_3)=&-9y_1^2+8y_1y_2-y_2^2+y_3^2=\\&-9\left(y_1-\frac{4}{9}y_2\right)^2+\frac{7}{9}y_2^2+y_3^2.\end{aligned}$$

令

$$\begin{cases}z_1=y_1-\dfrac{4}{9}y_2,\\z_2=y_2,\\z_3=y_3\end{cases}$$

或

$$\begin{cases}y_1=z_1+\dfrac{4}{9}z_2,\\y_2=z_2,\\y_3=z_3,\end{cases}$$

即

$$\begin{pmatrix}y_1\\y_2\\y_3\end{pmatrix}=\begin{pmatrix}1&\frac{4}{9}&0\\0&1&0\\0&0&1\end{pmatrix}\begin{pmatrix}z_1\\z_2\\z_3\end{pmatrix},$$

则

$$f(x_1,x_2,x_3)=-9z_1^2+\frac{7}{9}z_2^2+z_3^2.$$

所用的非退化线性替换为

$$\begin{pmatrix}x_1\\x_2\\x_3\end{pmatrix}=\begin{pmatrix}1&0&0\\0&1&0\\3&-1&1\end{pmatrix}\begin{pmatrix}1&\frac{4}{9}&0\\0&1&0\\0&0&1\end{pmatrix}\begin{pmatrix}z_1\\z_2\\z_3\end{pmatrix}=\begin{pmatrix}1&\frac{4}{9}&0\\0&1&0\\3&\frac{1}{3}&1\end{pmatrix}\begin{pmatrix}z_1\\z_2\\z_3\end{pmatrix}.$$

例 3 化二次型

$$f(x_1,x_2,x_3)=2x_1x_2-6x_2x_3+2x_1x_3$$

为标准形,并求所用的非退化线性替换.

解 $f(x_1,x_2,x_3)$中没有平方项,利用平方差公式产生平方项. 令

$$\begin{cases}x_1=y_1+y_2,\\x_2=y_1-y_2,\\x_3=y_3,\end{cases}$$

即

$$\begin{pmatrix}x_1\\x_2\\x_3\end{pmatrix}=\begin{pmatrix}1&1&0\\1&-1&0\\0&0&1\end{pmatrix}\begin{pmatrix}y_1\\y_2\\y_3\end{pmatrix}.$$

则

$$\begin{aligned}f(x_1,x_2,x_3)=&2y_1^2-2y_2^2-4y_1y_3+8y_2y_3=\\&2(y_1^2-2y_1y_3)-2y_2^2+8y_2y_3=\\&2(y_1-y_3)^2-2y_2^2-2y_3^2+8y_2y_3.\end{aligned}$$

令

$$\begin{cases}z_1=y_1-y_3,\\z_2=y_2,\\z_3=y_3,\end{cases}$$

即

$$\begin{pmatrix}y_1\\y_2\\y_3\end{pmatrix}=\begin{pmatrix}1&0&1\\0&1&0\\0&0&1\end{pmatrix}\begin{pmatrix}z_1\\z_2\\z_3\end{pmatrix}.$$

则

$$f(x_1,x_2,x_3)=2z_1^2-2z_2^2-2z_3^2+8z_2z_3=$$
$$2z_1^2-2(z_2-2z_3)^2+6z_3^2.$$

令

$$\begin{cases}w_1=z_1,\\w_2=z_2-2z_3,\\w_3=z_3,\end{cases}$$

即

$$\begin{pmatrix}z_1\\z_2\\z_3\end{pmatrix}=\begin{pmatrix}1&0&0\\0&1&2\\0&0&1\end{pmatrix}\begin{pmatrix}w_1\\w_2\\w_3\end{pmatrix}.$$

则

$$f(x_1,x_2,x_3)=2w_1^2-2w_2^2+6w_3^2.$$

所用的非退化线性替换为

$$\begin{pmatrix}x_1\\x_2\\x_3\end{pmatrix}=\begin{pmatrix}1&1&0\\1&-1&0\\0&0&1\end{pmatrix}\begin{pmatrix}1&0&1\\0&1&0\\0&0&1\end{pmatrix}\begin{pmatrix}1&0&0\\0&1&2\\0&0&1\end{pmatrix}\begin{pmatrix}w_1\\w_2\\w_3\end{pmatrix}=$$
$$\begin{pmatrix}1&1&3\\1&-1&-1\\0&0&1\end{pmatrix}\begin{pmatrix}w_1\\w_2\\w_3\end{pmatrix}.$$

易知,标准形(6.1.7)的矩阵表示为

$$d_1y_1^2+d_2y_2^2+\cdots+d_ny_n^2=(y_1,y_2,\cdots,y_n)\begin{pmatrix}d_1&0&\cdots&0\\0&d_2&\cdots&0\\\vdots&\vdots&&\vdots\\0&0&\cdots&d_n\end{pmatrix}\begin{pmatrix}y_1\\y_2\\\vdots\\y_n\end{pmatrix}.$$

由于非退化线性替换将二次型的矩阵变成与之合同的矩阵,所以,用矩阵的语言,定理1可以叙述为以下形式.

定理2 数域 P 上的任意一个对称矩阵都合同于一个对角形矩阵.

虽然配方法能够将任何一个 n 元二次型化成标准形,但是计算是相当繁琐的，为了使做法更为简便以及理论更清晰，并便于广泛应用，我们将用矩阵的知识给出一种化简二次型的方法——初等变换法.

由定理 2 知，化一个二次型为标准形，只需对它的矩阵 $\boldsymbol{A}$ 进行处理，即把对称矩阵化成合同的对角阵的问题. 即求可逆矩阵 $\boldsymbol{C}$，使得 $\boldsymbol{C}^{\mathrm{T}}\boldsymbol{A}\boldsymbol{C}$ 是对角阵.

由第 2 章的定理 6 知，任意可逆矩阵可写成若干个初等矩阵的乘积. 如果 $\boldsymbol{C}$ 已经求出，使得 $\boldsymbol{C}^{\mathrm{T}}\boldsymbol{A}\boldsymbol{C}=\boldsymbol{D}_r$ 是对角阵. 设

$$\boldsymbol{C}=\boldsymbol{Q}_1\boldsymbol{Q}_2\cdots\boldsymbol{Q}_m,$$

其中 $\boldsymbol{Q}_i$ 为 n 阶初等矩阵，则

$$\boldsymbol{Q}_m^{\mathrm{T}}\cdots\boldsymbol{Q}_1^{\mathrm{T}}\boldsymbol{A}\boldsymbol{Q}_1\boldsymbol{Q}_2\cdots\boldsymbol{Q}_m=\boldsymbol{D}_r.$$

由于 $\boldsymbol{Q}_i^{\mathrm{T}}$ 仍为初等矩阵. 乘以初等矩阵相当于进行初等变换. 因此，对 $\boldsymbol{A}$ 进行相当于 $\boldsymbol{Q}_1,\boldsymbol{Q}_2,\cdots,\boldsymbol{Q}_m$ 的列初等变换和相当于 $\boldsymbol{Q}_1^{T},\boldsymbol{Q}_2^{\mathrm{T}},\cdots,\boldsymbol{Q}_m^{\mathrm{T}}$ 的行初等变换，就可以将 $\boldsymbol{A}$ 化成 $\boldsymbol{D}_r$. 不难看出，$\boldsymbol{Q}_i$ 和 $\boldsymbol{Q}_i^{\mathrm{T}}$ 为同一类型的初等矩阵. 因此有下面的定理.

定理 3 数域 P 上的任意一个对称矩阵都可用某些同类型的行、列初等变换化为对角阵.

此法可同时求出 $\boldsymbol{C}$，因为

$$\boldsymbol{C}=\boldsymbol{Q}_1\boldsymbol{Q}_2\cdots\boldsymbol{Q}_m=\boldsymbol{E}\boldsymbol{Q}_1\boldsymbol{Q}_2\cdots\boldsymbol{Q}_m.$$

这说明将对 $\boldsymbol{A}$ 所进行的列初等变换作用到 $\boldsymbol{E}$ 上便得到 $\boldsymbol{C}$.

具体做法如下：

(1)写出二次型的矩阵 $\boldsymbol{A}$(对称的)；

(2)用初等列变换和与之相同的初等行变换将 $\boldsymbol{A}$ 化成 $\boldsymbol{D}_r$；

(3)将对 $\boldsymbol{A}$ 所进行的初等列变换作用到单位矩阵 $\boldsymbol{E}$ 上便得到 $\boldsymbol{C}$，即

$$\begin{pmatrix}\boldsymbol{A}\\ \cdots\\ \boldsymbol{E}\end{pmatrix}\longrightarrow\begin{pmatrix}\boldsymbol{D}_r\\ \cdots\\ \boldsymbol{C}\end{pmatrix}.$$

例 4 用初等变换法化二次型

$$f(x_1,x_2,x_3)=2x_1x_2+2x_1x_3-6x_2x_3$$

为标准形.

解　$f(x_1,x_2,x_3)$的矩阵为

$$A=\begin{pmatrix}0 & 1 & 1\\1 & 0 & -3\\1 & -3 & 0\end{pmatrix}$$

$$\begin{pmatrix}0 & 1 & 1\\1 & 0 & -3\\1 & -3 & 0\\\hdashline 1 & 0 & 0\\0 & 1 & 0\\0 & 0 & 1\end{pmatrix}\rightarrow\begin{pmatrix}2 & 1 & -2\\1 & 0 & -3\\-2 & -3 & 0\\\hdashline 1 & 0 & 0\\1 & 1 & 0\\0 & 0 & 1\end{pmatrix}$$

$$\rightarrow\begin{pmatrix}2 & 0 & 0\\0 & -\frac{1}{2} & -2\\0 & -2 & -2\\\hdashline 1 & -\frac{1}{2} & 1\\1 & \frac{1}{2} & 1\\0 & 0 & 1\end{pmatrix}\rightarrow\begin{pmatrix}2 & 0 & 0\\0 & -2 & 0\\0 & 0 & 6\\\hdashline 1 & -1 & 3\\1 & 1 & -1\\0 & 0 & 1\end{pmatrix}.$$

所以二次型化为

$$f(x_1,x_2,x_3)=2y_1^2-2y_2^2+6y_3^2,$$

所作的线性替换为

$$\begin{pmatrix}x_1\\x_2\\x_3\end{pmatrix}=\begin{pmatrix}1 & -1 & 3\\1 & 1 & -1\\0 & 0 & 1\end{pmatrix}\begin{pmatrix}y_1\\y_2\\y_3\end{pmatrix}.$$

注:由上例知,同一个二次型可以通过不同的非退化线性替换化成不同的标准形,如在例 4 中作线性替换为

$$\begin{pmatrix}x_1\\x_2\\x_3\end{pmatrix}=\begin{pmatrix}1 & -\frac{1}{2} & 3\\1 & \frac{1}{2} & -1\\0 & 0 & 1\end{pmatrix}\begin{pmatrix}y_1\\y_2\\y_3\end{pmatrix},$$

则

$$f(x_1,x_2,x_3)=2y_1^2-\frac{1}{2}y_2^2+6y_3^2.$$

此说明二次型的标准形不是惟一的.

习题 6.1

1. 把下列二次型写成矩阵形式,并求它的秩.

(1) $f(x_1,x_2,x_3)=x_1^2+2x_1x_2+4x_1x_3+x_2x_3+\frac{7}{4}x_3^2$;

(2) $f(x,y,z)=-4xy+2xz-8yz$.

2. 已知二次型

$$f(x_1,x_2,x_3)=5x_1^2+5x_2^2+cx_3^2-2x_1x_2+6x_1x_3-6x_2x_3$$

的秩为 2. 求常数 c 及该二次型矩阵的特征值.

3. 用配方法化下列二次型为标准形,并求所用的非退化线性替换.

(1) $f(x_1,x_2,x_3)=2x_1x_2+x_2^2-2x_1x_3-2x_2x_3$;

(2) $f(x_1,x_2,x_3)=2x_1^2-x_2^2-x_3^2+4x_1x_2+8x_1x_3-4x_2x_3$.

4. 用初等变换法化下列二次型为标准形,并求所用的非退化线性替换.

(1) $f(x_1,x_2,x_3)=-4x_1x_2+2x_1x_3+2x_2x_3$;

(2) $f(x_1,x_2,x_3,x_4)=x_1^2+x_2^2+x_3^2+2x_1x_2+2x_2x_3+4x_3x_4$.

§6.2 复数域上的二次型

由上节知道,二次型的标准形不是惟一的,与所作的非退化线性替换有关.但是任一个标准形中非零项的个数是由二次型的秩惟一确定.这是因为:设 $f(x_1,x_2,\cdots,x_n)=\boldsymbol{X}^{\mathrm{T}}\boldsymbol{A}\boldsymbol{X}$,经非退化线性替换 $\boldsymbol{X}=\boldsymbol{C}\boldsymbol{Y}$ 化为标准形

$$d_1y_1^2+d_2y_2^2+\cdots+d_ny_n^2,$$

从而

$$\boldsymbol{C}^{\mathrm{T}}\boldsymbol{A}\boldsymbol{C}=\begin{pmatrix} d_1 & & & \\ & d_2 & & \\ & & \ddots & \\ & & & d_n \end{pmatrix}=\boldsymbol{D}.$$

因此,$d_1,d_2,\cdots,d_n$ 中非零数的个数 $=\mathrm{r}(\boldsymbol{D})=\mathrm{r}(\boldsymbol{C}^{\mathrm{T}}\boldsymbol{A}\boldsymbol{C})=\mathrm{r}(\boldsymbol{A})$.

这一节我们将在复数域$\mathbb{C}$上进一步讨论二次型标准形.

设 $f(x_1,x_2,\cdots,x_n)$是复数域上秩为 r 的二次型,经过非退化线性替换 $\boldsymbol{X}=\boldsymbol{CY}$ 化为标准形

$$d_1y_1^2+d_2y_2^2+\cdots+d_ry_r^2,\quad d_i\neq 0,i=1,2,\cdots,r. \tag{6.2.1}$$

再作非退化线性替换

$$\begin{pmatrix} y_1\\ y_2\\ \vdots\\ y_n\end{pmatrix}=\begin{pmatrix} \frac{1}{\sqrt{d_1}} & 0 & \cdots & 0 & 0 & \cdots & 0\\ 0 & \frac{1}{\sqrt{d_2}} & \cdots & 0 & 0 & \cdots & 0\\ \vdots & \vdots & & \vdots & \vdots & & \vdots\\ 0 & 0 & \cdots & \frac{1}{\sqrt{d_r}} & 0 & \cdots & 0\\ 0 & 0 & \cdots & 0 & 1 & \cdots & 0\\ \vdots & \vdots & & \vdots & \vdots & & \vdots\\ 0 & 0 & \cdots & 0 & 0 & \cdots & 1 \end{pmatrix}\begin{pmatrix} z_1\\ z_2\\ \vdots\\ z_n\end{pmatrix},$$

则式(6.2.1)化为

$$z_1^2+z_2^2+\cdots+z_r^2. \tag{6.2.2}$$

式(6.2.2)称为复二次型 $f(x_1,x_2,\cdots,x_n)$的规范形.易知规范形是惟一的.

定理4 任意一个复二次型都可以用非退化线性替换化为规范形,且规范形是惟一的.

所以对复对称矩阵有

定理4′ 设 $\boldsymbol{A}$ 是秩为 r 的复对称矩阵,则 $\boldsymbol{A}$ 合同于

$$\begin{pmatrix} \boldsymbol{E}_r & \boldsymbol{0}\\ \boldsymbol{0} & \boldsymbol{0}\end{pmatrix},$$

其中 $\boldsymbol{E}_r$ 为 r 阶单位矩阵.

推论1 在复数域上,两个 n 阶对称矩阵 A,B 合同的充分必要条件是 $\mathrm{r}(\boldsymbol{A})=\mathrm{r}(\boldsymbol{B})$.

证 设 $\boldsymbol{A}\simeq\boldsymbol{B}$,则存在可逆矩阵 $\boldsymbol{C}$,使得 $\boldsymbol{B}=\boldsymbol{C}^{\mathrm{T}}\boldsymbol{AC}$,所以 $\mathrm{r}(\boldsymbol{A})=\mathrm{r}(\boldsymbol{B})$.

反过来,设 $\mathrm{r}(\boldsymbol{A})=\mathrm{r}(\boldsymbol{B})=r$,则 $\boldsymbol{A},\boldsymbol{B}$ 均合同于

$$\begin{pmatrix} \boldsymbol{E}_r & \boldsymbol{0} \\ \boldsymbol{0} & \boldsymbol{0} \end{pmatrix}.$$

再由合同关系的对称性、传递性知 $\boldsymbol{A}$ 与 $\boldsymbol{B}$ 合同.

推论 2 设 $f(x_1,x_2,\cdots,x_n)$, $g(y_1,y_2,\cdots,y_n)$ 是复数域上的两个二次型,则 $f(x_1,x_2,\cdots,x_n)$ 可经非退化线性替换化成 $g(y_1,y_2,\cdots,y_n)$ 的充分必要条件是 $f(x_1,x_2,\cdots,x_n)$ 与 $g(y_1,y_2,\cdots,y_n)$ 的秩相等.

例 1 设复数域上的对称矩阵

$$\begin{pmatrix} 1 & 2 & 3 \\ 2 & 4 & 6 \\ 3 & 6 & 9 \end{pmatrix}, \begin{pmatrix} 1 & 2 & 1 \\ 2 & 4 & 2 \\ 1 & 2 & 0 \end{pmatrix}, \begin{pmatrix} 2 & 2 & 2 \\ 2 & 2 & 2 \\ 2 & 2 & 2 \end{pmatrix}.$$

试问:$\boldsymbol{A}$ 合同于 $\boldsymbol{B}$ 吗? $\boldsymbol{A}$ 合同于 $\boldsymbol{C}$ 吗?

解 由于 $\mathrm{r}(\boldsymbol{A})=1$, $\mathrm{r}(\boldsymbol{B})=2$, $\mathrm{r}(\boldsymbol{C})=1$,所以,在复数域上,$\boldsymbol{A}$,$\boldsymbol{B}$ 不合同,但 $\boldsymbol{A}$ 合同于 $\boldsymbol{C}$.

习题 6.2

1. 设复二次型 $f(x_1,x_2,x_3)=x_1^2-4\mathrm{i}x_1x_2+2x_2^2+2\mathrm{i}x_2x_3-\mathrm{i}x_3^2$,其中 i 为虚数单位. 求该二次型的秩及规范形.

2. 求下列复二次型的规范形,并求所用的非退化线性替换.

(1) $f(x_1,x_2,x_3)=-2(x_1+x_2)^2+3(x_1-x_3)^2$;

(2) $f(x_1,x_2,x_3)=2x_1x_2+2x_1x_3-6x_2x_3$.

3. 设 $\boldsymbol{A}$,$\boldsymbol{B}$ 都是 n 阶复对称矩阵. 证明:$\boldsymbol{A}$ 与 $\boldsymbol{B}$ 合同的充分必要条件是 $\boldsymbol{A}$ 与 $\boldsymbol{B}$ 等价.

4. 设 $\boldsymbol{A}$ 都是 n 阶复对称矩阵. 证明:存在 n 阶复矩阵 $\boldsymbol{C}$,使得 $\boldsymbol{A}=\boldsymbol{C}^{\mathrm{T}}\boldsymbol{C}$.

§6.3 实数域上的二次型

这一节我们进一步讨论实数域上二次型的标准形. 设 $f(x_1,x_2,\cdots,x_n)$ 是实数域上秩为 r 的二次型,经过适当的非退化线性替换 $\boldsymbol{X}=\boldsymbol{CY}$ 化为标准形

$$d_1y_1^2+d_2y_2^2+\cdots+d_py_p^2-d_{p+1}y_{p+1}^2-\cdots-d_ry_r^2,$$
$$d_i>0,i=1,2,\cdots,r. \qquad (6.3.1)$$

再作非退化线性替换

$$\begin{pmatrix} y_1 \\ y_2 \\ \vdots \\ y_n \end{pmatrix}=\begin{pmatrix} \frac{1}{\sqrt{d_1}} & 0 & \cdots & 0 & 0 & \cdots & 0 \\ 0 & \frac{1}{\sqrt{d_2}} & \cdots & 0 & 0 & \cdots & 0 \\ \vdots & \vdots & & \vdots & \vdots & & \vdots \\ 0 & 0 & \cdots & \frac{1}{\sqrt{d_r}} & 0 & \cdots & 0 \\ 0 & 0 & \cdots & 0 & 1 & \cdots & 0 \\ \vdots & \vdots & & \vdots & \vdots & & \vdots \\ 0 & 0 & \cdots & 0 & 0 & \cdots & 1 \end{pmatrix}\begin{pmatrix} z_1 \\ z_2 \\ \vdots \\ z_n \end{pmatrix},$$

则式(6.3.1)化为

$$z_1^2+z_2^2+\cdots+z_p^2-z_{p+1}^2-\cdots-z_r^2. \qquad (6.3.2)$$

式(6.3.2)称为实二次型 $f(x_1,x_2,\cdots,x_n)$ 的**规范形**.

定理 5 任意一个实二次型都可以用非退化线性替换化为规范形.

自然会问,规范形是否惟一? 也就是问式(6.3.2)中的 p 是否由 $f(x_1,x_2,\cdots,x_n)$ 惟一确定? 答案是肯定的.

定理 6 实二次型 $f(x_1,x_2,\cdots,x_n)$ 的规范形是惟一的,即规范形中的正项的个数 p 是惟一的,因而,负项的个数 $r-p$ 也是惟一的.

证 设实二次型 $f(x_1,x_2,\cdots,x_n)$ 经过两个非退化线性替

换$\boldsymbol{X}=\boldsymbol{BY},\boldsymbol{X}=\boldsymbol{CZ}$分别化成规范形

$$f(x_1,x_2,\cdots,x_n)=y_1^2+y_2^2+\cdots+y_p^2-y_{p+1}^2-\cdots-y_r^2,$$
$$f(x_1,x_2,\cdots,x_n)=z_1^2+z_2^2+\cdots+z_q^2-z_{q+1}^2-\cdots-z_r^2, \tag{6.3.3}$$

这里$\boldsymbol{Z}=\boldsymbol{C}^{-1}\boldsymbol{X}=\boldsymbol{C}^{-1}\boldsymbol{BY}$,或

$$\begin{cases} z_1=g_{11}y_1+g_{12}y_2+\cdots+g_{1n}y_n, \\ z_2=g_{21}y_1+g_{22}y_2+\cdots+g_{2n}y_n, \\ \qquad\vdots \\ z_n=g_{n1}y_1+g_{n2}y_2+\cdots+g_{nn}y_n. \end{cases} \tag{6.3.4}$$

利用反证法证明$p=q$. 假设$p>q$. 则线性方程组

$$\begin{cases} g_{11}y_1+g_{12}y_2+\cdots+g_{1n}y_n=0, \\ \qquad\vdots \\ g_{q1}y_1+g_{q2}y_2+\cdots+g_{qn}y_n=0, \\ y_{p+1}=0, \\ \qquad\vdots \\ y_n=0 \end{cases} \tag{6.3.5}$$

有非零解(因为,方程的个数少于未知量的个数).

设$(y_1,\cdots,y_p,y_{p+1},\cdots,y_n)=(k_1,\cdots,k_p,k_{p+1},\cdots,k_n)$是式(6.3.5)的一个非零解. 则$k_{p+1}=\cdots=k_n=0$. 我们将解代入式(6.3.3)的第一式,得到

$$f=k_1^2+\cdots+k_p^2>0. \tag{6.3.6}$$

另外,将上解代入式(6.3.4),得到$z_i(i=1,\cdots,n)$. 再代入式(6.3.3)的第二式,得到

$$f=-z_{q+1}^2-\cdots-z_r^2\leqslant 0.$$

这与式(6.3.6)矛盾. 所以$p\leqslant q$.

同理可证$q\leqslant p$. 故

$$p=q.$$

这个定理称为**惯性定理**.

定义 4 在实二次型$f(x_1,x_2,\cdots,x_n)$的规范形

$$y_1^2+y_2^2+\cdots+y_p^2-y_{p+1}^2-\cdots-y_r^2$$

中，p 称为 $f(x_1,x_2,\cdots,x_n)$ 的**正惯性指数**，$r-p$ 称为 $f(x_1,x_2,\cdots,x_n)$ 的**负惯性指数**，它们的差 $p-(r-p)=2p-r$ 称为 $f(x_1,x_2,\cdots,x_n)$ 的**符号差**.

习题 6.3

1. 求实二次型

$$f(x_1,x_2,x_3)=x_1^2-2x_1x_2+2x_1x_3-6x_2x_3$$

的规范形及其所用的非退化线性替换.

2. 求实二次型

$$f(x_1,x_2,x_3,x_4)=x_1^2+x_2^2+x_3^2+x_4^2+2x_1x_2-2x_1x_4-2x_2x_3+2x_3x_4$$

的规范形、正惯性指数、负惯性指数与符号差.

3. 设 $\boldsymbol{A},\boldsymbol{B}$ 都是 n 阶实对称矩阵. 证明：$\boldsymbol{A}$ 和 $\boldsymbol{B}$ 合同的充分必要条件是 A 和 B 的正、负惯性指数都相等.

4. 设实二次型 $f(x_1,x_2,\cdots,x_n)=X^{\mathrm{T}}AX$. 证明：若 $\mathrm{r}(A)=1$，则

$$f(x_1,x_2,\cdots,x_n)=\pm(a_1x_1+a_2x_2+\cdots+a_nx_n)^2$$

其中 $a_1,a_2,\cdots,a_n$ 为一组不全为零的实数.

§6.4　正定二次型

这一节我们讨论实数域上的一种特殊的二次型——正定二次型，它在实二次型中占有特殊的地位.

定义 5　设 $f(x_1,x_2,\cdots,x_n)$ 是实数域上的二次型. 如果对于不全为 0 的任何实数 $c_1,c_2,\cdots,c_n$ 都有 $f(c_1,c_2,\cdots,c_n)>0$，则称 $f(x_1,x_2,\cdots,x_n)$ 为**正定二次型**. 即设 $f(x_1,x_2,\cdots,x_n)=\boldsymbol{X}^{\mathrm{T}}\boldsymbol{AX}$，则对任意非零的 n 维实向量 $\boldsymbol{X}$，有 $\boldsymbol{X}^{\mathrm{T}}\boldsymbol{AX}>0$.

定理 7　一个正定二次型经非退化实线性替换变成的二次型仍为正定的.

证　设二次型 $f(x_1,x_2,\cdots,x_n)=\boldsymbol{X}^{\mathrm{T}}\boldsymbol{AX}$ 正定，$\boldsymbol{X}=\boldsymbol{CY}$ 为非退化的实线性替换(即 $\boldsymbol{C}$ 为实矩阵)，

$$f(x_1,x_2,\cdots,x_n)=\boldsymbol{X}^{\mathrm{T}}\boldsymbol{AX}=\boldsymbol{Y}^{\mathrm{T}}(\boldsymbol{C}^{\mathrm{T}}\boldsymbol{AC})\boldsymbol{Y}.$$

对于任意非零实 n 维向量 $\boldsymbol{Y}_0$，由 $\boldsymbol{X}=\boldsymbol{CY}$ 可得实 n 维向量 $\boldsymbol{X}_0\neq 0$，所以

$$f(x_1,x_2,\cdots,x_n)=\boldsymbol{X}_0^{\mathrm{T}}\boldsymbol{A}\boldsymbol{X}_0>0.$$

从而

$$\boldsymbol{Y}_0^{\mathrm{T}}(\boldsymbol{C}^{\mathrm{T}}\boldsymbol{A}\boldsymbol{C})\boldsymbol{Y}_0=\boldsymbol{X}_0^{\mathrm{T}}\boldsymbol{A}\boldsymbol{X}_0>0.$$

因此定理的结论成立.

定理8 n 元实二次型 $f(x_1,x_2,\cdots,x_n)$ 正定的充分必要条件是它的正惯性指数为 n.

证 设 $f(x_1,x_2,\cdots,x_n)$ 的标准形为

$$d_1y_1^2+d_2y_2^2+\cdots+d_ny_n^2. \tag{6.4.1}$$

由定理 7,二次型(6.4.1)正定. 所以 $d_i>0\ (i=1,2,\cdots,n)$,即 $f(x_1,x_2,\cdots,x_n)$ 的正惯性指数为 n.

反过来,由于式(6.4.1)也可经非退化实线性替换变成原来二次型 $f(x_1,x_2,\cdots,x_n)$,由定理 7 知道,式(6.4.1)的正定性可推出 $f(x_1,x_2,\cdots,x_n)$ 的正定性.

推论1 二次型 $f(x_1,x_2,\cdots,x_n)=x_1^2+x_2^2+\cdots+x_n^2$ 是正定的.

推论2 正定二次型 $f(x_1,x_2,\cdots,x_n)$ 的规范形为 $y_1^2+y_2^2+\cdots+y_n^2$.

定义6 设 $\boldsymbol{A}$ 实对称矩阵. 如果二次型 $\boldsymbol{X}^{\mathrm{T}}\boldsymbol{A}\boldsymbol{X}$ 是正定的,则称 $\boldsymbol{A}$ 为正定的.

由推论 2 可知.

定理9 实对称矩阵 $\boldsymbol{A}$ 正定的充分必要条件是 $\boldsymbol{A}$ 与单位矩阵 $\boldsymbol{E}$ 合同.

推论3 正定矩阵的行列式大于零.

证 设 $\boldsymbol{A}$ 是正定矩阵,则有可逆矩阵 $\boldsymbol{C}$,使得

$$\boldsymbol{A}=\boldsymbol{C}^{\mathrm{T}}\boldsymbol{E}\boldsymbol{C}=\boldsymbol{C}^{\mathrm{T}}\boldsymbol{C}.$$

因此

$$|\boldsymbol{A}|=|\boldsymbol{C}^{\mathrm{T}}\boldsymbol{C}|=|\boldsymbol{C}^{\mathrm{T}}||\boldsymbol{C}|=|\boldsymbol{C}|^2>0.$$

下面介绍一种用行列式的方法来判别实二次型的正定性.

定义7 设 $\boldsymbol{A}=(a_{ij})_{n\times n}$. 称

$$\begin{vmatrix} a_{11} & a_{12} & \cdots & a_{1k} \\ a_{21} & a_{22} & \cdots & a_{2k} \\ \vdots & \vdots & & \vdots \\ a_{k1} & a_{k2} & \cdots & a_{kk} \end{vmatrix},\quad k=1,2,\cdots,n$$

为 $\boldsymbol{A}$ 的 k 阶顺序主子式.

定理 10 实二次型 $f(x_1,x_2,\cdots,x_n)=\boldsymbol{X}^{\mathrm{T}}\boldsymbol{A}\boldsymbol{X}$ 正定的充分必要条件是$\boldsymbol{A}$ 的各阶顺序主子式全大于零.

证 设 $f(x_1,x_2,\cdots,x_n)=\boldsymbol{X}^{\mathrm{T}}\boldsymbol{A}\boldsymbol{X}=\sum_{i=1}^{n}\sum_{j=1}^{n}a_{ij}x_ix_j$ 正定. 对于每个 k,$1\leqslant k\leqslant n$,令

$$f_k(x_1,x_2,\cdots,x_k)=\sum_{i=1}^{k}\sum_{j=1}^{k}a_{ij}x_ix_j.$$

则 $f_k(x_1,x_2,\cdots,x_k)$是正定的(因为,对于任意不全为 0 的实数 c_1,c_2,$\cdots$,c_k 都有

$$f_k(c_1,c_2,\cdots,c_k)=\sum_{i=1}^{k}\sum_{j=1}^{k}a_{ij}c_ic_j=f(c_1,c_2,\cdots,c_k,0,\cdots,0)>0).$$

由推论 3,$f_k(x_1,x_2,\cdots,x_k)=\sum_{i=1}^{k}\sum_{j=1}^{k}a_{ij}x_ix_j$ 的矩阵的行列式

$$\begin{vmatrix} a_{11} & a_{12} & \cdots & a_{1k} \\ a_{21} & a_{22} & \cdots & a_{2k} \\ \vdots & \vdots & & \vdots \\ a_{k1} & a_{k2} & \cdots & a_{kk} \end{vmatrix}>0.$$

由 k 的任意性,$\boldsymbol{A}$ 的各阶顺序主子式全大于零.

反过来,对 n 用数学归纳法证明.

当 $n=1$ 时,$f(x_1)=a_{11}x_1^2$. 由条件知,$a_{11}>0$,故 $f(x_1)=a_{11}x_1^2$ 是正定的.

假设对 $n-1$ 元的二次型结论成立. 设

$$f(x_1,x_2,\cdots,x_n)=\sum_{i=1}^{n}\sum_{j=1}^{n}a_{ij}x_ix_j=$$
$$\frac{1}{a_{11}}(a_{11}x_1+\cdots+a_{1n}x_n)^2+\sum_{i=2}^{n}\sum_{j=2}^{n}b_{ij}x_ix_j,$$

其中,$b_{ij}=a_{ij}-\dfrac{a_{1i}a_{1j}}{a_{11}}$.

因为 $a_{ij}=a_{ji}$,所以,$b_{ij}=b_{ji}$. 如果能证二次型 $\sum_{i=2}^{n}\sum_{j=2}^{n}b_{ij}x_ix_j$ 是正定的,则 $f(x_1,x_2,\cdots,x_n)$ 显然也是正定的. 现证二次型 $\sum_{i=2}^{n}\sum_{j=2}^{n}b_{ij}x_ix_j$是正定的.

由行列式性质,

$$0<\begin{vmatrix} a_{11} & a_{12} & \cdots & a_{1k} \\ a_{21} & a_{22} & \cdots & a_{2k} \\ \vdots & \vdots & & \vdots \\ a_{k1} & a_{k2} & \cdots & a_{kk} \end{vmatrix}=\begin{vmatrix} a_{11} & a_{12} & \cdots & a_{1k} \\ 0 & b_{22} & \cdots & b_{2k} \\ \vdots & \vdots & & \vdots \\ 0 & b_{k2} & \cdots & b_{kk} \end{vmatrix}=$$

$$a_{11}\begin{vmatrix} b_{22} & \cdots & b_{2k} \\ \vdots & & \vdots \\ b_{k2} & \cdots & b_{kk} \end{vmatrix},\quad k=2,\cdots,n.$$

所以,

$$\begin{vmatrix} b_{22} & \cdots & b_{2k} \\ \vdots & & \vdots \\ b_{k2} & \cdots & b_{kk} \end{vmatrix}>0,\quad k=2,\cdots,n.$$

由归纳假设,$n-1$ 元二次型 $\sum_{i=2}^{n}\sum_{j=2}^{n} b_{ij}x_ix_j$ 是正定的. 因此,定理得证.

例 1 t 为何值时,二次型

$$f(x_1,x_2,x_3)=tx_1^2+2x_1x_2+2x_1x_3+tx_2^2-2x_2x_3+2x_3^2$$

是正定的.

解 $f(x_1,x_2,x_3)$的矩阵为

$$\boldsymbol{A}=\begin{pmatrix} t & 1 & 1 \\ 1 & t & -1 \\ 1 & -1 & 2 \end{pmatrix}.$$

t 应使 $\boldsymbol{A}$ 的各阶顺序主子式全大于零,即

$$t>0,\begin{vmatrix} t & 1 \\ 1 & t \end{vmatrix}=t^2-1>0,\quad \begin{vmatrix} t & 1 & 1 \\ 1 & t & -1 \\ 1 & -1 & 2 \end{vmatrix}=t^2-t-2>0.$$

解这三个不等式得 $t>2$.

例 2 设 $\boldsymbol{A}$ 是 m 阶正定矩阵,$\boldsymbol{B}$ 为 $m\times n$ 实矩阵. 求证:$\boldsymbol{B}^{\mathrm{T}}\boldsymbol{A}\boldsymbol{B}$ 是正定矩阵的充要条件为 $\mathrm{r}(\boldsymbol{B})=n$.

证 易知 $\boldsymbol{B}^{\mathrm{T}}\boldsymbol{A}\boldsymbol{B}$ 是 n 阶实对称矩阵.

设 $\boldsymbol{B}^{\mathrm{T}}\boldsymbol{A}\boldsymbol{B}$ 是正定矩阵,则任意 $\boldsymbol{\alpha}(\neq\boldsymbol{0})\in\mathbb{R}^n$,有

$$\boldsymbol{\alpha}^{\mathrm{T}}(\boldsymbol{B}^{\mathrm{T}}\boldsymbol{A}\boldsymbol{B})\boldsymbol{\alpha}>0,$$

即

$$(\boldsymbol{B\alpha})^{\mathrm{T}}\boldsymbol{A}(\boldsymbol{B\alpha})>0.$$

又 $\boldsymbol{A}$ 是正定的,因而 $\boldsymbol{B\alpha}\neq\boldsymbol{0}$,这说明齐次线性方程组

$$\boldsymbol{BX}=\boldsymbol{0}$$

只有零解. 所以,$\mathrm{r}(\boldsymbol{B})=n$.

设 $\mathrm{r}(\boldsymbol{B})=n$,则齐次线性方程组

$$\boldsymbol{BX}=\boldsymbol{0}$$

只有零解. 任意 $\boldsymbol{\alpha}(\neq\boldsymbol{0})\in\mathbb{R}^n$,

$$\boldsymbol{B\alpha}\neq\boldsymbol{0}.$$

又因为 $\boldsymbol{A}$ 是正定的,所以

$$(\boldsymbol{B\alpha})^{\mathrm{T}}\boldsymbol{A}(\boldsymbol{B\alpha})>0,$$

则

$$\boldsymbol{\alpha}^{\mathrm{T}}(\boldsymbol{B}^{\mathrm{T}}\boldsymbol{AB})\boldsymbol{\alpha}>0.$$

因而 $\boldsymbol{B}^{\mathrm{T}}\boldsymbol{AB}$ 是正定矩阵.

最后我们介绍一下其他类型的实二次型.

定义 8 设 $f(x_1,x_2,\cdots,x_n)$是实数域上的二次型. 如果对于任意不全为 0 的实数 $c_1,c_2,\cdots,c_n$ 都有 $f(c_1,c_2,\cdots,c_n)<0$,则称 $f(x_1,x_2,\cdots,x_n)$为**负定二次型**;如果都有 $f(c_1,c_2,\cdots,c_n)\geqslant0$ ($\leqslant0$),则称 $f(x_1,x_2,\cdots,x_n)$ 是**半正定**(**半负定**)二次型;如果 $f(x_1,x_2,\cdots,x_n)$既不是半正定的,也不是半负定的,则称 $f(x_1,x_2,\cdots,x_n)$为**不定的**.

如果实二次型 $f(x_1,x_2,\cdots,x_n)=\boldsymbol{X}^{\mathrm{T}}\boldsymbol{AX}$ 是半正定的,称其矩阵是半定的.

显然,$f(x_1,x_2,\cdots,x_n)$是正定的充分必要条件是 $-f(x_1,x_2,\cdots,x_n)$是负定的.

可以证明下面的结论.

定理 11 对于实二次型 $f(x_1,x_2,\cdots,x_n)=\boldsymbol{X}^{\mathrm{T}}\boldsymbol{AX}$,下面的条件是等价的.

(1) $f(x_1,x_2,\cdots,x_n)$是半正定的;

(2) 它的正惯性指数与秩相等;

(3) 存在可逆实矩阵 $\boldsymbol{C}$,使得

$$C^{\mathrm{T}}AC=\begin{pmatrix} d_1 & & & \\ & d_2 & & \\ & & \ddots & \\ & & & d_n \end{pmatrix},\quad d_i\geqslant 0,\ i=1,2,\cdots,n.$$

(4) 存在实矩阵 $\boldsymbol{D}$,使得 $\boldsymbol{A}=\boldsymbol{D}^{\mathrm{T}}\boldsymbol{D}$.

习题 6.4

1. 讨论 t 取何值时,下列二次型是正定的.

(1) $f(x_1,x_2,x_3)=x_1^2+x_2^2+5x_3^2+2tx_1x_2-2x_1x_3+4x_2x_3$;

(2) $f(x_1,x_2,x_3)=x_1^2+tx_2^2+tx_3^2+4x_2x_3$.

2. 设 $\boldsymbol{A}$ 是 n 阶实对称矩阵,且 $|\boldsymbol{A}|\neq 0$. 证明:$\boldsymbol{A}^2$ 是正定矩阵.

3. 设 $\boldsymbol{A},\boldsymbol{B}$ 都是 n 阶正定矩阵. 证明:

(1) $\boldsymbol{A}+\boldsymbol{B}$ 是正定矩阵;

(2) $\boldsymbol{C}=\begin{pmatrix}\boldsymbol{A} & \boldsymbol{0}\\ \boldsymbol{0} & \boldsymbol{B}\end{pmatrix}$ 是正定矩阵.

4. 设 $\boldsymbol{A}$ 是 n 阶实对称矩阵. 证明:$\boldsymbol{A}$ 是半正定矩阵的充分必要条件是存在 n 阶实矩阵 $\boldsymbol{C}$,使得 $\boldsymbol{A}=\boldsymbol{C}^{\mathrm{T}}\boldsymbol{C}$.

§6.5 正交线性替换

由前面的讨论知道,数域 P 上的任意一个二次型都可以经过非退化的线性替换将它化成标准形. 本节我们将证明,对于实二次型,可以使用正交线性替换将它化为标准形.

定义 9 设 $x_1,x_2,\cdots,x_n$ 与 $y_1,y_2,\cdots,y_n$ 是两组变量,线性替换

$$\begin{cases} x_1=c_{11}y_1+c_{12}y_2+\cdots+c_{1n}y_n, \\ x_2=c_{21}y_1+c_{22}y_2+\cdots+c_{2n}y_n, \\ \qquad\vdots \\ x_n=c_{n1}y_1+c_{n2}y_2+\cdots+c_{nn}y_n, \end{cases}$$

称为正交线性替换,如果它的系数矩阵 $\boldsymbol{C}=(c_{ij})_{n\times n}$ 是正交矩阵. 显然,正交线性替换是非退化线性替换.

定理 12 设 $f(x_1,x_2,\cdots,x_n)=\boldsymbol{X}^{\mathrm{T}}\boldsymbol{A}\boldsymbol{X}$ 是一个实二次型. 则存在正交线性替换 $\boldsymbol{X}=\boldsymbol{C}\boldsymbol{Y}$ 使得

$$f(x_1,x_2,\cdots,x_n)=\lambda_1 y_1^2+\lambda_2 y_2^2+\cdots+\lambda_n y_n^2,$$

其中 $\lambda_1,\lambda_2,\cdots,\lambda_n$ 是 $\boldsymbol{A}$ 的全部特征值.

证 因为 $\boldsymbol{A}$ 为实对称矩阵,由第5章的定理9知,存在正交矩阵 $\boldsymbol{C}$,使得 $\boldsymbol{C}^{\mathrm{T}}\boldsymbol{AC}$ 为对角形矩阵.

$$\begin{pmatrix} \lambda_1 & & & \\ & \lambda_2 & & \\ & & \ddots & \\ & & & \lambda_n \end{pmatrix},$$

其中 $\lambda_1,\lambda_2,\cdots,\lambda_n$ 为 $\boldsymbol{A}$ 的全部特征值. 作正交线性替换 $\boldsymbol{X}=\boldsymbol{CY}$,则

$$f(x_1,x_2,\cdots,{}_n)=\boldsymbol{X}^{\mathrm{T}}\boldsymbol{AX}=\boldsymbol{Y}^{\mathrm{T}}\boldsymbol{C}^{\mathrm{T}}\boldsymbol{ACY}=$$
$$\lambda_1 y_1^2+\lambda_2 y_2^2+\cdots+\lambda_n y_n^2.$$

例1 用正交线性替换,化实二次型

$$f(x_1,x_2,x_3)=2x_1^2+4x_1x_2-4x_1x_3+5x_2^2-8x_2x_3+5x_3^2$$

为标准形.

解 二次型 $f(x_1,x_2,x_3)$的矩阵为

$$\boldsymbol{A}=\begin{pmatrix} 2 & 2 & -2 \\ 2 & 5 & -4 \\ -2 & -4 & 5 \end{pmatrix}.$$

$$|\lambda\boldsymbol{E}-\boldsymbol{A}|=\begin{vmatrix} \lambda-2 & -2 & 2 \\ -2 & \lambda-5 & 4 \\ 2 & 4 & \lambda-5 \end{vmatrix}=(\lambda-1)^2(\lambda-10),$$

因而 $\boldsymbol{A}$ 的特征值为 $\lambda_1=\lambda_2=1,\lambda_3=10$.

对于特征值 $\lambda=1$ 解齐次线性方程组

$$\begin{cases} -x_1-2x_2+2x_3=0, \\ -2x_1-4x_2+4x_3=0, \\ 2x_1+4x_2-4x_3=0, \end{cases}$$

得基础解系为

$$\boldsymbol{\alpha}_1=(-2,1,0)^{\mathrm{T}}, \quad \boldsymbol{\alpha}_2=(2,0,1)^{\mathrm{T}}.$$

把它们正交化得

$$\boldsymbol{\beta}_1=\boldsymbol{\alpha}_1=(-2,1,0)^{\mathrm{T}},$$

$$\boldsymbol{\beta}_2=\boldsymbol{\alpha}_2-\frac{(\boldsymbol{\alpha}_2,\boldsymbol{\beta}_1)}{(\boldsymbol{\beta}_1,\boldsymbol{\beta}_1)}\boldsymbol{\beta}_1=(2,0,1)^{\mathrm{T}}+\frac{4}{5}(-2,1,0)^{\mathrm{T}}=\left(\frac{2}{5},\frac{4}{5},1\right)^{\mathrm{T}}.$$

再单位化得

$$\boldsymbol{\eta}_1=\frac{\boldsymbol{\beta}_1}{|\boldsymbol{\beta}_1|}=\left(-\frac{2}{\sqrt{5}},\frac{1}{\sqrt{5}},0\right)^{\mathrm{T}},$$

$$\boldsymbol{\eta}_2=\frac{\boldsymbol{\beta}_2}{|\boldsymbol{\beta}_2|}=\left(\frac{2}{3\sqrt{5}},\frac{4}{3\sqrt{5}},\frac{5}{3\sqrt{5}}\right)^{\mathrm{T}}.$$

对特征值$\lambda=10$解齐次线性方程组

$$\begin{cases}8x_1-2x_2+2x_3=0,\\-2x_1+5x_2+4x_3=0,\\2x_1+4x_2+5x_3=0,\end{cases}$$

得基础解系为

$$\boldsymbol{\alpha}_3=(1,2,-2)^{\mathrm{T}}.$$

把$\boldsymbol{\alpha}_3$单位化得

$$\boldsymbol{\eta}_3=\frac{\boldsymbol{\alpha}_3}{|\boldsymbol{\alpha}_3|}=\left(\frac{1}{3},\frac{2}{3},-\frac{2}{3}\right)^{\mathrm{T}}.$$

于是得正交矩阵

$$\boldsymbol{Q}=\begin{pmatrix}-\frac{2}{\sqrt{5}} & \frac{2}{3\sqrt{5}} & \frac{1}{3}\\ \frac{1}{\sqrt{5}} & \frac{4}{3\sqrt{5}} & \frac{2}{3}\\ 0 & \frac{5}{3\sqrt{5}} & -\frac{2}{3}\end{pmatrix},$$

$f(x_1,x_2,x_3)$经过正交线性替换

$$\boldsymbol{X}=\boldsymbol{Q}\boldsymbol{Y}$$

得到

$$f(x_1,x_2,x_3)=y_1^2+y_2^2+10y_3^2.$$

作为应用,我们来讨论直角坐标系下二次曲面方程的化简问题.

例 2 化简二次曲面方程,并判断曲面的类型.

$$x^2+y^2+z^2-2xz+4x+2y-4z-5=0. \tag{6.5.1}$$

解 式(6.5.1)可以写成矩阵表示形式

$$(x,y,z)\begin{pmatrix}1&0&-1\\0&1&0\\-1&0&1\end{pmatrix}\begin{pmatrix}x\\y\\z\end{pmatrix}+(4,2,-4)\begin{pmatrix}x\\y\\z\end{pmatrix}-5=0. \tag{6.5.2}$$

其中二次项部分组成一个三元实二次型

$$f(x,y,z)=(x,y,z)\begin{pmatrix}1&0&-1\\0&1&0\\-1&0&1\end{pmatrix}\begin{pmatrix}x\\y\\z\end{pmatrix}.$$

它的矩阵为

$$\boldsymbol{A}=\begin{pmatrix}1&0&-1\\0&1&0\\-1&0&1\end{pmatrix}.$$

$|\lambda\boldsymbol{E}-\boldsymbol{A}|=\lambda(\lambda-1)(\lambda-2)$，所以 $\boldsymbol{A}$ 的特征值为 1,2,0. 将它们分别代入齐次线性方程组 $\boldsymbol{AX}=\boldsymbol{0}$ 得基础解系为

$$\boldsymbol{\alpha}_1=(0,1,0)^{\mathrm{T}},\quad \boldsymbol{\alpha}_2=(-1,0,1)^{\mathrm{T}},\quad \boldsymbol{\alpha}_3=(1,0,1)^{\mathrm{T}}.$$

把它们单位化得

$$\boldsymbol{\beta}_1=(0,1,0)^{\mathrm{T}},\quad \boldsymbol{\beta}_2=\left(-\frac{1}{\sqrt{2}},0,\frac{1}{\sqrt{2}}\right)^{\mathrm{T}},\quad \boldsymbol{\beta}_3=\left(\frac{1}{\sqrt{2}},0,\frac{1}{\sqrt{2}}\right)^{\mathrm{T}}.$$

于是得到正交矩阵

$$\boldsymbol{C}=\begin{pmatrix}0&-\frac{1}{\sqrt{2}}&\frac{1}{\sqrt{2}}\\1&0&0\\0&\frac{1}{\sqrt{2}}&\frac{1}{\sqrt{2}}\end{pmatrix}.$$

作正交线性替换

$$\begin{pmatrix}x\\y\\z\end{pmatrix}=\boldsymbol{C}\begin{pmatrix}x_1\\y_1\\z_1\end{pmatrix},$$

式(6.5.2)化为

$$x_1^2+2y_1^2+2x_1-4\sqrt{2}y_1-5=0. \tag{6.5.3}$$

对式(6.5.3)配方,有

$$(x_1+1)^2+2(y_1-\sqrt{2})^2=10.$$

再作变换

$$\begin{cases} x_2=x_1+1, \\ y_2=y_1-\sqrt{2}, \\ z_2=z_1, \end{cases}$$

得

$$x_2^2+2y_2^2=10. \tag{6.5.4}$$

它是椭圆柱面.

习题 6.5

1. 用正交线性替换将下列二次型化为标准形.

(1) $f(x_1,x_2,x_3)=x_1^2+2x_2^2+3x_2^3-4x_1x_2-4x_2x_3$;

(2) $f(x_1,x_2,x_3,x_4)=x_1^2+x_2^2+x_3^2+x_4^2+4x_1x_2+4x_1x_3+4x_1x_4+4x_2x_3+4x_2x_4+4x_3x_4$.

2. 已知实二次型

$$f(x_1,x_2,x_3)=2x_1^2+3x_2^2+3x_2^3+2ax_2x_3\,(a>0)$$

可用正交线性替换化为标准形

$$y_1^2+2y_2^2+5y_3^2,$$

求 a 及其所用的正交线性替换.

3. 设 $\boldsymbol{A}$ 是 n 阶实对称矩阵. 证明:$\boldsymbol{A}$ 是正定矩阵的充分必要条件是 $\boldsymbol{A}$ 的所有特征值大于零.

4. 设二次曲面的方程为

$$x^2+2y^2+3z^2-4xy-4yz=1$$

将该方程化为标准方程,并指出该二次曲面的类型.

扫一扫,阅读拓展知识

第 6 章复习题

一、填空题

1. 设 $A=\begin{pmatrix}0&-4&8\\2&1&-1\\-2&1&-2\end{pmatrix}$. 则二次型 $f(x_1,x_2,x_3)=X^TAX$ 的矩阵为________.

2. 已知二次型 $f(x_1,x_2,x_3)=x_1^2+4x_1x_3+x_2^2+2x_2x_3+tx_3^2$ 的秩为 2，则$t=$________.

3. 二次型 $f(x_1,x_2,x_3)=x_1^2+2x_1x_2-4x_1x_3-3x_2^2-6x_2x_3+x_3^2$ 的正惯性指数为__________，负惯性指数为________.

4. 若二次型 $f(x_1,x_2,x_3)=x_1^2+\lambda x_2^2+2\lambda x_3^2-4x_2x_3$ 正定，则 λ 的取值范围是________.

5. 二次曲线 $2x^2-4xy+y^2=1$ 的类型为__________.

二、选择题

1. 设实矩阵 $A=\begin{pmatrix}1&0\\0&-1\end{pmatrix}$，则下列实矩阵中与 A 合同的是（　　）.

(A) $\begin{pmatrix}-2&1\\1&-2\end{pmatrix}$ (B) $\begin{pmatrix}2&1\\1&2\end{pmatrix}$ (C) $\begin{pmatrix}2&-1\\-1&2\end{pmatrix}$ (D) $\begin{pmatrix}1&-2\\-2&1\end{pmatrix}$

2. 设 A 是 n 阶实对称阵，$n\geqslant 2$. 下列条件中，不是"A 是正定阵"的充分必要条件的是（　　）.

(A)存在矩阵 C，使得 $A=C^TC$　　(B)A 的所有顺序主子式大于零

(C)A 合同于 n 阶单位阵　　(D)A 可逆，且负惯性指数为零

3. 设 A 是 n 阶实对称阵，$n\geqslant 2$. A 是半正定阵的充分必要条件的是（　　）.

(A)存在可逆矩阵 C，使得 $A=C^TC$

(B)A 的所有特征值大于等于零

(C)A 合同于 n 阶单位阵

(D)A 的所有顺序主子式大于等于零

4. 设 A,B 都是 n 阶实对称阵，且 A 合同于 B. 则下列说法一定正确的是（　　）.

(A)A 与 B 有相同的特征值

(B)A 与 B 有相同的特征向量

(C)A 与 B 的正、负特征值的个数相同

(D)A 与 B 有相同的行列式

5. 对于二次型 $f(x_1,x_2,\cdots,x_n)$，下述各结论正确的是（　　）.

(A)化 $f(x_1,x_2,\cdots,x_n)$ 为标准形的非退化线性替换是惟一的

(B)化 $f(x_1,x_2,\cdots,x_n)$ 为规范形的非退化线性替换是惟一的

(C) $f(x_1,x_2,\cdots,x_n)$ 的标准形是惟一的

(D) $f(x_1,x_2,\cdots,x_n)$的规范形是惟一的

三、计算题

1. 设实二次型 $f(x_1,x_2,x_3)=2x_1x_2-2x_1x_3+2x_2x_3$.

(1)用初等变换法将该二次型化为标准形，并求所用的非退化线性替换.

(2)求该二次型的正、负惯性指数与规范形.

2. 设实二次型 $f(x_1,x_2,x_3)=2x_1^2+2x_2^2+2x_3^2-2x_1x_2-2x_1x_3-2x_2x_3$.

(1)写出该二次型的矩阵 $\boldsymbol{A}$,并求 $\boldsymbol{A}$ 的特征值与特征向量.

(2)求正交线性替换 $\boldsymbol{X}=\boldsymbol{QY}$,将该二次型化为标准形.

(3)求该二次型的规范形.

3. 设二次型 $f(x_1,x_2,\cdots,x_n)=\sum\limits_{i=1}^{n}x_i^2+\sum\limits_{1\leqslant i<j\leqslant n}x_ix_j$.

(1)写出该二次型的矩阵,并求其各阶顺序主子式.

(2)判定该二次型是否是正定二次型.

4. 设 $\boldsymbol{A}=\begin{pmatrix}2&-4&0\\-4&9&-1\\0&-1&3\end{pmatrix}$. 求矩阵 $\boldsymbol{B}$,使得 $\boldsymbol{A}=\boldsymbol{B}^{\mathrm{T}}\boldsymbol{B}$.

5. 设二次曲面的方程为

$$6x^2-2y^2+6z^2+4xz+8x-4y-8z+1=0,$$

将该方程化简为标准方程,并确定该二次曲面的类型.

四、证明题

1. 设 $\boldsymbol{A}$ 是 $m\times n$ 实矩阵,$\boldsymbol{B}=\boldsymbol{A}^{\mathrm{T}}\boldsymbol{A}$. 证明：

(1)$\boldsymbol{B}$ 为半正定矩阵.

(2)$\boldsymbol{B}$ 为正定矩阵的充分必要条件是 $\boldsymbol{A}$ 为列满秩矩阵.

2. 设 $\boldsymbol{A}$ 是 n 阶正定矩阵,证明:$\boldsymbol{A}^{-1}$,$\boldsymbol{A}^*$ 都是正定矩阵。

3. 设 $\boldsymbol{A}$ 是 n 阶实对称矩阵,证明:$\boldsymbol{A}$ 是半正定矩阵的充分必要条件是存在半正定矩阵 $\boldsymbol{B}$,使得 $\boldsymbol{A}=\boldsymbol{B}^2$.

4. 设 $\boldsymbol{A}$ 是 n 阶实对称矩阵. 证明:存在常数 a,使得 $\boldsymbol{A}+a\boldsymbol{E}$ 为正定矩阵.

5. 设实二次型 $f(x_1,x_2,\cdots,x_n)=\boldsymbol{X}^{\mathrm{T}}\boldsymbol{AX}$,且存在 n 维实向量$\boldsymbol{X}_1$,$\boldsymbol{X}_2$,使得

$$\boldsymbol{X}_1^{\mathrm{T}}\boldsymbol{A}\boldsymbol{X}_1>0,\boldsymbol{X}_2^{\mathrm{T}}\boldsymbol{A}\boldsymbol{X}_2<0.$$

证明:存在 n 维实向量X_0,使得$X_0^{\mathrm{T}}A\,X_0=0$.

扫一扫，获取参考答案

第 7 章

线性变换

变换是数学上的一个重要且有用的概念,线性变换同向量空间一样是线性代数的核心内容,它反映了线性空间元素之间最基本的线性关系. 本章我们主要讨论 $\mathbb{R}^n$ 的线性变换.

§7.1 线性变换的概念与性质

我们先给出线性映射的概念.

定义 1 设 $\boldsymbol{X},\boldsymbol{Y}$ 是两个非空集合,如果有一个法则 σ,它使 $\boldsymbol{X}$ 中每个元素 $\boldsymbol{\alpha}$ 都有 $\boldsymbol{Y}$ 中惟一确定的一个元素 $\boldsymbol{\beta}$ 与之对应,记为 $\sigma(\boldsymbol{\alpha})=\boldsymbol{\beta}$,则称 σ 是 $\boldsymbol{X}$ 到 $\boldsymbol{Y}$ 的一个**映射**,记为

$$\sigma:\boldsymbol{X}\rightarrow\boldsymbol{Y},$$

并称 $\boldsymbol{\beta}$ 为 $\boldsymbol{\alpha}$ 在 σ 下的**象**,$\boldsymbol{\alpha}$ 为 $\boldsymbol{\beta}$ 在 σ 下的一个**原象**.

注:$\boldsymbol{\alpha}$ 的象是惟一的,但 $\boldsymbol{\beta}$ 的原象不一定是惟一的.

由集合 $\boldsymbol{X}$ 到自身的映射 σ 称为 $\boldsymbol{X}$ 的一个**变换**.

定义 2 设 $\sigma:\mathbb{R}^n\rightarrow\mathbb{R}^m$ 是向量空间 $\mathbb{R}^n$ 到 $\mathbb{R}^m$ 的映射,如果对于任意的 $\boldsymbol{\alpha},\boldsymbol{\beta}\in\mathbb{R}^n$,$k\in\mathbb{R}$,有

(1) $\sigma(\boldsymbol{\alpha}+\boldsymbol{\beta})=\sigma(\boldsymbol{\alpha})+\sigma(\boldsymbol{\beta})$;

(2) $\sigma(k\boldsymbol{\alpha})=k\sigma(\boldsymbol{\alpha})$.

则称 σ 为 $\mathbb{R}^n$ 到 $\mathbb{R}^m$ 的一个线性映射.

$\mathbb{R}^n$到自身的线性映射σ称为$\mathbb{R}^n$的**线性变换**.

例 1 设$\boldsymbol{\alpha}=\begin{pmatrix}x_1\\x_2\\\vdots\\x_n\end{pmatrix}\in\mathbb{R}^n$,定义$\mathbb{R}^n$到$\mathbb{R}$的映射如下:

$$\sigma(\boldsymbol{\alpha})=\frac{x_1+x_2+\cdots+x_n}{n}.$$

则σ是$\mathbb{R}^n$到$\mathbb{R}$的一个线性映射.

例 2 设$\boldsymbol{A}\in\mathbb{R}^{n\times n}$,定义$\mathbb{R}^n$的变换如下:

$$\sigma(\boldsymbol{\alpha})=\boldsymbol{A\alpha},\quad \boldsymbol{\alpha}\in\mathbb{R}^n.$$

则σ是$\mathbb{R}^n$的一个线性变换.

更一般地,如果$\boldsymbol{A}\in\mathbb{R}^{m\times n}$,$\boldsymbol{\alpha}\in\mathbb{R}^n$,则映射

$$\sigma(\boldsymbol{\alpha})=\boldsymbol{A\alpha}\in\mathbb{R}^m$$

是$\mathbb{R}^n$到$\mathbb{R}^m$的一个线性映射. 例如,二元线性函数

$$f(x_1,x_2)=a_1x_1+a_2x_2=(a_1,a_2)\begin{pmatrix}x_1\\x_2\end{pmatrix}$$

就是$\mathbb{R}^2$到$\mathbb{R}$的线性映射.

验证一个映射是否为线性映射,利用下面的结论会方便一些.

定理 1 向量空间$\mathbb{R}^n$到$\mathbb{R}^m$的一个映射σ是线性映射的充分必要条件是:

$$\sigma(k\boldsymbol{\alpha}+l\boldsymbol{\beta})=k\sigma(\boldsymbol{\alpha})+l\sigma(\boldsymbol{\beta}),$$

其中$\boldsymbol{\alpha},\boldsymbol{\beta}\in\mathbb{R}^n$,$k,l\in\mathbb{R}$.

证 设$\sigma:\mathbb{R}^n\to\mathbb{R}^m$为线性变换,则由定义

$$\sigma(k\boldsymbol{\alpha}+l\boldsymbol{\beta})=\sigma(k\boldsymbol{\alpha})+\sigma(l\boldsymbol{\beta})=k\sigma(\boldsymbol{\alpha})+l\sigma(\boldsymbol{\beta}).$$

反过来,如果定理条件成立,则取$k=l=1$,即得

$$\sigma(\boldsymbol{\alpha}+\boldsymbol{\beta})=\sigma(\boldsymbol{\alpha})+\sigma(\boldsymbol{\beta});$$

取$l=0$,即得

$$\sigma(k\boldsymbol{\alpha})=\sigma(k\boldsymbol{\alpha}+\boldsymbol{0})=k\sigma(\boldsymbol{\alpha})+0\sigma(\boldsymbol{0})=k\sigma(\boldsymbol{\alpha}).$$

因此,σ是$\mathbb{R}^n$到$\mathbb{R}^m$的线性映射.

设σ,τ是$\mathbb{R}^n$到$\mathbb{R}^m$的两个线性映射,如果对任一$\boldsymbol{\alpha}\in\mathbb{R}^n$都有$\sigma(\boldsymbol{\alpha})=\tau(\boldsymbol{\alpha})$,则称$\sigma$与$\tau$相等,记为$\sigma=\tau$.

例 3 设 $\boldsymbol{\alpha}\in\mathbb{R}^n$，$k\in\mathbb{R}$，定义 $\mathbb{R}^n$ 的变换如下：

$$\sigma(\boldsymbol{\alpha})=k\boldsymbol{\alpha}.$$

则 σ 是 $\mathbb{R}^n$ 的线性变换，称为**数乘变换**.

特别地，当 $k=0$ 时，此变换对于每个 $\boldsymbol{\alpha}\in\mathbb{R}^n$ 都有 $\sigma(\boldsymbol{\alpha})=\mathbf{0}$. 故此变换称为**零变换**，记为 0. 当 $k=1$ 时，此变换对于每个 $\boldsymbol{\alpha}\in\mathbb{R}^n$ 都有 $\sigma(\boldsymbol{\alpha})=\boldsymbol{\alpha}$. 故此变换称为**恒等变换**或**单位变换**，记为 id.

例 4 在 $\mathbb{R}^3$ 中定义变换

$$\sigma\begin{pmatrix}x_1\\x_2\\x_3\end{pmatrix}=\begin{pmatrix}x_1+x_2\\x_2-4x_3\\2x_3\end{pmatrix}.$$

则 σ 是 $\mathbb{R}^3$ 的线性变换.

证 对于任意 $\boldsymbol{\alpha}=\begin{pmatrix}a_1\\a_2\\a_3\end{pmatrix}$，$\boldsymbol{\beta}=\begin{pmatrix}b_1\\b_2\\b_3\end{pmatrix}\in\mathbb{R}^3$，有

$$\sigma(\boldsymbol{\alpha}+\boldsymbol{\beta})=\sigma\begin{pmatrix}a_1+b_1\\a_2+b_2\\a_3+b_3\end{pmatrix}=\begin{pmatrix}a_1+b_1+a_2+b_2\\a_2+b_2-4a_3-4b_3\\2a_3+2b_3\end{pmatrix}=$$

$$\begin{pmatrix}a_1+a_2\\a_2-4a_3\\2a_3\end{pmatrix}+\begin{pmatrix}b_1+b_2\\b_2-4b_3\\2b_3\end{pmatrix}=$$

$$\sigma(\boldsymbol{\alpha})+\sigma(\boldsymbol{\beta}).$$

同理，对于任意的 $\boldsymbol{\alpha}\in\mathbb{R}^3$，$k\in\mathbb{R}$，有

$$\sigma(k\boldsymbol{\alpha})=k\sigma(\boldsymbol{\alpha}).$$

因此，σ 是 $\mathbb{R}^3$ 的线性变换.

由线性映射的定义可得如下性质：

(1) 设 $\sigma:\mathbb{R}^n\to\mathbb{R}^m$ 为线性映射，则 $\sigma(\mathbf{0})=\mathbf{0}$，$\sigma(-\boldsymbol{\alpha})=-\sigma(\boldsymbol{\alpha})$.

(2) 如果 $\boldsymbol{\alpha}$ 是 $\boldsymbol{\alpha}_1,\boldsymbol{\alpha}_2,\cdots,\boldsymbol{\alpha}_r$ 的线性组合

$$\boldsymbol{\alpha}=k_1\boldsymbol{\alpha}_1+k_2\boldsymbol{\alpha}_2+\cdots+k_r\boldsymbol{\alpha}_r,$$

则

$$\sigma(\boldsymbol{\alpha})=k_1\sigma(\boldsymbol{\alpha}_1)+k_2\sigma(\boldsymbol{\alpha}_2)+\cdots+k_r\sigma(\boldsymbol{\alpha}_r).$$

(3) 如果 $\boldsymbol{\alpha}_1,\boldsymbol{\alpha}_2,\cdots,\boldsymbol{\alpha}_r$ 在 $\mathbb{R}^n$ 中线性相关,则其象 $\sigma(\boldsymbol{\alpha}_1),\sigma(\boldsymbol{\alpha}_2),\cdots,\sigma(\boldsymbol{\alpha}_r)$ 在 $\mathbb{R}^m$ 中线性相关.

证 (1) $\sigma(\mathbf{0})=\sigma(0\cdot\mathbf{0})=0\sigma(\mathbf{0})=\mathbf{0}$,

$$\sigma(-\boldsymbol{\alpha})=\sigma((-1)\cdot\boldsymbol{\alpha})=(-1)\sigma(\boldsymbol{\alpha})=-\sigma(\boldsymbol{\alpha}).$$

(2) 由线性映射的定义,可得

$$\begin{aligned}\sigma(\boldsymbol{\alpha})=\sigma(k_1\boldsymbol{\alpha}_1+k_2\boldsymbol{\alpha}_2+\cdots+k_r\boldsymbol{\alpha}_r)=&\\ \sigma(k_1\boldsymbol{\alpha}_1)+\sigma(k_2\boldsymbol{\alpha}_2)+\cdots+k_r\sigma(\boldsymbol{\alpha}_r)=&\\ k_1\sigma(\boldsymbol{\alpha}_1)+k_2\sigma(\boldsymbol{\alpha}_2)+\cdots+k_r\sigma(\boldsymbol{\alpha}_r).&\end{aligned}$$

(3) 由于 $\boldsymbol{\alpha}_1,\boldsymbol{\alpha}_2,\cdots,\boldsymbol{\alpha}_r$ 在 $\mathbb{R}^n$ 中线性相关,则存在不全为 0 的数 $k_1,k_2,\cdots,k_r\in\mathbb{R}$ 使

$$k_1\boldsymbol{\alpha}_1+k_2\boldsymbol{\alpha}_2+\cdots+k_r\boldsymbol{\alpha}_r=\mathbf{0}.$$

由(1),(2)知

$$k_1\sigma(\boldsymbol{\alpha}_1)+k_2\sigma(\boldsymbol{\alpha}_2)+\cdots+k_r\sigma(\boldsymbol{\alpha}_r)=\mathbf{0},$$

因此,$\sigma(\boldsymbol{\alpha}_1),\sigma(\boldsymbol{\alpha}_2),\cdots,\sigma(\boldsymbol{\alpha}_r)$ 在 $\mathbb{R}^m$ 中线性相关.

注:性质(3)的逆不成立,例如零变换.

定理 2 设 $\boldsymbol{\alpha}_1,\boldsymbol{\alpha}_2,\cdots,\boldsymbol{\alpha}_n$ 为 $\mathbb{R}^n$ 的一个基,则对于 $\mathbb{R}^m$ 的任意 n 个向量 $\boldsymbol{\beta}_1,\boldsymbol{\beta}_2,\cdots,\boldsymbol{\beta}_n$,存在惟一的线性映射 $\sigma:\mathbb{R}^n\to\mathbb{R}^m$ 使得

$$\sigma(\boldsymbol{\alpha}_1)=\boldsymbol{\beta}_1,\sigma(\boldsymbol{\alpha}_2)=\boldsymbol{\beta}_2,\cdots,\sigma(\boldsymbol{\alpha}_n)=\boldsymbol{\beta}_n.$$

证 对于任意 $\boldsymbol{\alpha}\in\mathbb{R}^n$,设 $\boldsymbol{\alpha}=x_1\boldsymbol{\alpha}_1+x_2\boldsymbol{\alpha}_2+\cdots+x_n\boldsymbol{\alpha}_n$. 定义 $\mathbb{R}^n$ 到 $\mathbb{R}^m$ 的映射 σ:

$$\sigma(\boldsymbol{\alpha})=x_1\boldsymbol{\beta}_1+x_2\boldsymbol{\beta}_2+\cdots+x_n\boldsymbol{\beta}_n,$$

则容易验证 σ 是 $\mathbb{R}^n$ 到 $\mathbb{R}^m$ 的一个线性映射,下证这样的 σ 是惟一的.

如果另有 $\mathbb{R}^n$ 到 $\mathbb{R}^m$ 的映射 τ 也满足

$$\tau(\boldsymbol{\alpha}_1)=\boldsymbol{\beta}_1,\tau(\boldsymbol{\alpha}_2)=\boldsymbol{\beta}_2,\cdots,\tau(\boldsymbol{\alpha}_n)=\boldsymbol{\beta}_n,$$

则对于任意 $\boldsymbol{\alpha}\in\mathbb{R}^n$,设 $\boldsymbol{\alpha}=x_1\boldsymbol{\alpha}_1+x_2\boldsymbol{\alpha}_2+\cdots+x_n\boldsymbol{\alpha}_n$,则

$$\begin{aligned}\sigma(\boldsymbol{\alpha})=x_1\boldsymbol{\beta}_1+x_2\boldsymbol{\beta}_2+\cdots+x_n\boldsymbol{\beta}_n=&\\ x_1\tau(\boldsymbol{\alpha}_1)+x_2\tau(\boldsymbol{\alpha}_2)+\cdots+x_n\tau(\boldsymbol{\alpha}_n)=&\\ \tau(x_1\boldsymbol{\alpha}_1+x_2\boldsymbol{\alpha}_2+\cdots+x_n\boldsymbol{\alpha}_n)=\tau(\boldsymbol{\alpha}).&\end{aligned}$$

因此,$\sigma=\tau$.

习题 7.1

1. 下列变换 $\sigma:\mathbb{R}^3\to\mathbb{R}^3$ 是否为 $\mathbb{R}^3$ 上的线性变换?请说明理由.

(1) $\sigma\begin{pmatrix}x_1\\x_2\\x_3\end{pmatrix}=\begin{pmatrix}2x_2-x_3\\0\\x_2\end{pmatrix}$；　　(2) $\sigma\begin{pmatrix}x_1\\x_2\\x_3\end{pmatrix}=\begin{pmatrix}x_1x_2\\0\\x_2\end{pmatrix}$；

(3) $\sigma\begin{pmatrix}x_1\\x_2\\x_3\end{pmatrix}=\begin{pmatrix}x_3\\2\\x_2\end{pmatrix}$；　　(4) $\sigma\begin{pmatrix}x_1\\x_2\\x_3\end{pmatrix}=\begin{pmatrix}-x_3+1\\x_1\\x_2\end{pmatrix}$

2. 设 $\sigma:\mathbb{R}^n\to\mathbb{R}^m$ 是映射. 证明：σ 是线性映射的充分必要条件是对任意 $k\in\mathbb{R}$，$\boldsymbol{\alpha},\boldsymbol{\beta}\in\mathbb{R}^n$，$\sigma(k\boldsymbol{\alpha}+\boldsymbol{\beta})=k\sigma(\boldsymbol{\alpha})+\sigma(\boldsymbol{\beta})$.

3. 设 $\sigma:\mathbb{R}^n\to\mathbb{R}^m$ 是线性映射，$\boldsymbol{\alpha}_1,\boldsymbol{\alpha}_2,\cdots,\boldsymbol{\alpha}_s\in\mathbb{R}^n$，且 $\sigma(\boldsymbol{\alpha}_1),\sigma(\boldsymbol{\alpha}_2),\cdots,\sigma(\boldsymbol{\alpha}_s)$ 线性无关. 证明：$\boldsymbol{\alpha}_1,\boldsymbol{\alpha}_2,\cdots,\boldsymbol{\alpha}_s$ 线性无关.

4. 构造线性映射 $\sigma:\mathbb{R}^2\to\mathbb{R}^3$，使得 $\sigma(1,1)=(1,0,2)$，$\sigma(2,3)=(1,-1,4)$.

§ 7.2　线性变换的运算

记 $L(\mathbb{R}^n,\mathbb{R}^m)=\{\sigma\mid\sigma$ 为 $\mathbb{R}^n$ 到 $\mathbb{R}^m$ 的线性映射$\}$，当 $m=n$ 时，记 $L(\mathbb{R}^n)=L(\mathbb{R}^n,\mathbb{R}^n)$.

定义 3　设 $\sigma,\tau\in L(\mathbb{R}^n,\mathbb{R}^m)$，定义它们的和为

$$(\sigma+\tau)(\boldsymbol{\alpha})=\sigma(\boldsymbol{\alpha})+\tau(\boldsymbol{\alpha}),\boldsymbol{\alpha}\in\mathbb{R}^n.$$

由定义可以直接验证下面的结论.

命题 1　设 $\sigma,\tau\in L(\mathbb{R}^n,\mathbb{R}^m)$，则 $\sigma+\tau\in L(\mathbb{R}^n,\mathbb{R}^m)$.

命题 2　设 $\sigma,\tau,\rho\in L(\mathbb{R}^n,\mathbb{R}^m)$，则

(1) $\sigma+\tau=\tau+\sigma$；

(2) $(\sigma+\tau)+\rho=\sigma+(\tau+\rho)$；

(3) $\sigma+0=0+\sigma=\sigma$.

设 $\sigma\in L(\mathbb{R}^n,\mathbb{R}^m)$，定义 $-\sigma$ 为

$$(-\sigma)(\boldsymbol{\alpha})=-\sigma(\boldsymbol{\alpha}),$$

则 $-\sigma\in L(\mathbb{R}^n,\mathbb{R}^m)$，且 $\sigma+(-\sigma)=0$.

为了定义乘法，只考虑线性变换.

定义 4　设 $\sigma,\tau\in L(\mathbb{R}^n)$，定义它们的乘积 $\sigma\tau$ 为

$$(\sigma\tau)(\boldsymbol{\alpha})=\sigma(\tau(\boldsymbol{\alpha})),\boldsymbol{\alpha}\in\mathbb{R}^n.$$

可以验证.

命题 3 设 $\sigma,\tau\in L(\mathbb{R}^n)$，则 $\sigma\tau\in L(\mathbb{R}^n)$.

命题 4 设 $\sigma,\tau,\rho\in L(\mathbb{R}^n)$，则

(1) $(\sigma\tau)\rho=\sigma(\tau\rho)$;

(2) $\sigma(\tau+\rho)=\sigma\tau+\sigma\rho$;

(3) $(\tau+\rho)\sigma=\tau\sigma+\rho\sigma$.

注：设 $\sigma,\tau\in L(\mathbb{R}^n)$，一般地 $\sigma\tau\neq\tau\sigma$. 例如：在$\mathbb{R}^2$中，σ 为绕原点逆时针旋转$\frac{\pi}{2}$；τ 为向量向 x 轴投影. 则 $\sigma,\tau\in L(\mathbb{R}^2)$，但 $\sigma\tau\neq\tau\sigma$. 事实上

$$(\sigma\tau)(\boldsymbol{i})=\boldsymbol{j},\quad (\tau\sigma)(\boldsymbol{i})=\boldsymbol{0}.$$

定义 5 设 $\sigma\in L(\mathbb{R}^n,\mathbb{R}^m)$，$k\in\mathbb{R}$，定义 $k\sigma$ 为

$$(k\sigma)(\boldsymbol{\alpha})=k\sigma(\boldsymbol{\alpha}),\boldsymbol{\alpha}\in\mathbb{R}^n.$$

容易知道.

命题 5 设 $k\in\mathbb{R}$，$\sigma\in L(\mathbb{R}^n,\mathbb{R}^m)$，则 $k\sigma\in L(\mathbb{R}^n,\mathbb{R}^m)$.

命题 6 设 $\sigma,\tau\in L(\mathbb{R}^n,\mathbb{R}^m)$，$k,l\in\mathbb{R}$，则

(1) $(kl)\sigma=k(l\sigma)$;

(2) $(k+l)\sigma=k\sigma+l\sigma$;

(3) $k(\sigma+\tau)=k\sigma+k\tau$;

(4) $1\sigma=\sigma$.

定义 6 设 $\sigma\in L(\mathbb{R}^n)$，如果存在$\mathbb{R}^n$的变换 τ，使得

$$\sigma\tau=\tau\sigma=\mathrm{id},$$

其中 id 为$\mathbb{R}^n$上恒等变换，则称 σ 是可逆的，τ 称为 σ 的逆变换，记为$\tau=\sigma^{-}1$.

命题 7 设 $\sigma\in L(\mathbb{R}^n)$. 如果 σ^{-1}存在，则 $\sigma^{-1}\in L(\mathbb{R}^n)$.

证 对于任意的 $\boldsymbol{\alpha},\boldsymbol{\beta}\in\mathbb{R}^n$，$k\in\mathbb{R}$. 由于

$$\begin{aligned}\sigma^{-1}(\boldsymbol{\alpha}+\boldsymbol{\beta})=\sigma^{-1}[(\sigma\sigma^{-1}(\boldsymbol{\alpha})+(\sigma\sigma^{-1})(\boldsymbol{\beta})]=\\ \sigma^{-1}\sigma[\sigma^{-1}(\boldsymbol{\alpha})+\sigma^{-1}(\boldsymbol{\beta})]=\\ \sigma^{-1}(\boldsymbol{\alpha})+\sigma^{-1}(\boldsymbol{\beta}).\end{aligned}$$

同理 $\sigma^{-1}(k\boldsymbol{\alpha})=k\sigma^{-1}(\boldsymbol{\alpha})$. 因此 $\sigma^{-1}\in L(\mathbb{R}^n)$.

由于线性变换满足乘法结合律，所以对 $\sigma\in L(\mathbb{R}^n)$，定义

$$\sigma^n=\underbrace{\sigma\cdots\sigma}_{n}.$$

命题 8 设 $\sigma\in L(\mathbb{R}^n)$，则对于 $m,n\geqslant 0$，有

$$\sigma^m\sigma^n=\sigma^{m+n},(\sigma^m)^n=\sigma^{mn}.$$

当 σ 可逆时，定义 $\sigma^{-n}=(\sigma^{-1})^n$，($n$ 为正整数).

注：一般地 $(\sigma\tau)^n\neq\sigma^n\tau^n$.

习题 7.2

1. 设 σ,τ 都是 $\mathbb{R}^3$ 上线性变换，且

$$\sigma\begin{pmatrix}x_1\\x_2\\x_3\end{pmatrix}=\begin{pmatrix}x_1+x_2+x_3\\0\\x_1-x_2\end{pmatrix},\tau\begin{pmatrix}x_1\\x_2\\x_3\end{pmatrix}=\begin{pmatrix}-x_3+x_2\\x_1+2x_3\\x_1-2x_2\end{pmatrix}$$

求(1)$\sigma-\tau$；(2)$2\sigma+3\tau$；(3)$\tau\sigma$；(4)$\sigma\tau$.

2. 设 σ 是 $\mathbb{R}^3$ 上线性变换，且

$$\sigma\begin{pmatrix}x_1\\x_2\\x_3\end{pmatrix}=\begin{pmatrix}x_1+x_2+x_3\\x_1+2x_2+3x_3\\x_1\end{pmatrix}$$

求(1)σ^{-1}；(2)σ^2.

3. 设 σ 是 $\mathbb{R}^4$ 上线性变换，且

$$\sigma\begin{pmatrix}x_1\\x_2\\x_3\\x_4\end{pmatrix}=\begin{pmatrix}x_2\\x_3\\x_4\\0\end{pmatrix}$$

证明：σ^4 是零变换，即对任意 $\boldsymbol{\alpha}\in\mathbb{R}^4$，$\sigma^4(\boldsymbol{\alpha})=\mathbf{0}$.

4. 设 $\boldsymbol{A}$ 是 n 阶可逆实矩阵，σ 是 $\mathbb{R}^n$ 上线性变换，且对任意 $\boldsymbol{X}\in\mathbb{R}^n$，$\sigma(\boldsymbol{X})=\boldsymbol{AX}$.
证明：σ 是可逆变换，且 $\sigma^{-1}(\boldsymbol{X})=\boldsymbol{A}^{-1}\boldsymbol{X}$.

§7.3 线性变换的矩阵

本节讨论线性变换与矩阵的关系. 设 $\boldsymbol{\alpha}_1,\boldsymbol{\alpha}_2,\cdots,\boldsymbol{\alpha}_n$ 为$\mathbb{R}^n$的一个基,$\sigma,\tau\in L(\mathbb{R}^n,\mathbb{R}^m)$.

命题 9 如果 $\sigma(\boldsymbol{\alpha}_i)=\tau(\boldsymbol{\alpha}_i),i=1,2,\cdots,n$,则 $\sigma=\tau$.

证 对于任意的 $\boldsymbol{\alpha}\in\mathbb{R}^n$,设 $\boldsymbol{\alpha}=x_1\boldsymbol{\alpha}_1+x_2\boldsymbol{\alpha}_2+\cdots+x_n\boldsymbol{\alpha}_n,x_i\in\mathbb{R}$. 则

$$\begin{aligned}\sigma(\boldsymbol{\alpha})&=x_1\sigma(\boldsymbol{\alpha}_1)+x_2\sigma(\boldsymbol{\alpha}_2)+\cdots+x_n\sigma(\boldsymbol{\alpha}_n)=\\&x_1\tau(\boldsymbol{\alpha}_1)+x_2\tau(\boldsymbol{\alpha}_2)+\cdots+x_n\tau(\boldsymbol{\alpha}_n)=\tau(\boldsymbol{\alpha}),\end{aligned}$$

因此,$\sigma=\tau$.

此命题说明一个线性映射完全被它在一个基上的作用所确定. 由定理 2 知,基的象可以是任意的.

定义 7 设 $\sigma\in L(\mathbb{R}^n)$,$\boldsymbol{\alpha}_1,\boldsymbol{\alpha}_2,\cdots,\boldsymbol{\alpha}_n$ 为$\mathbb{R}^n$的一个基.

$$\begin{cases}\sigma(\boldsymbol{\alpha}_1)=a_{11}\boldsymbol{\alpha}_1+a_{21}\boldsymbol{\alpha}_2+\cdots+a_{n1}\boldsymbol{\alpha}_n\\\sigma(\boldsymbol{\alpha}_2)=a_{12}\boldsymbol{\alpha}_1+a_{22}\boldsymbol{\alpha}_2+\cdots+a_{n2}\boldsymbol{\alpha}_n\\\qquad\vdots\\\sigma(\boldsymbol{\alpha}_n)=a_{1n}\boldsymbol{\alpha}_1+a_{2n}\boldsymbol{\alpha}_2+\cdots+a_{nn}\boldsymbol{\alpha}_n,\end{cases}\tag{7.3.1}$$

用矩阵表示就是

$$(\sigma(\boldsymbol{\alpha}_1),\sigma(\boldsymbol{\alpha}_2),\cdots,\sigma(\boldsymbol{\alpha}_n))=(\boldsymbol{\alpha}_1,\boldsymbol{\alpha}_2,\cdots,\boldsymbol{\alpha}_n)\boldsymbol{A},$$

其中

$$\boldsymbol{A}=\begin{pmatrix}a_{11}&a_{12}&\cdots&a_{1n}\\a_{21}&a_{22}&\cdots&a_{2n}\\\vdots&\vdots&&\vdots\\a_{n1}&a_{n2}&\cdots&a_{nn}\end{pmatrix}$$

称为 σ 在基 $\boldsymbol{\alpha}_1,\boldsymbol{\alpha}_2,\cdots,\boldsymbol{\alpha}_n$ 下的矩阵.

为简便,记

$$\sigma(\boldsymbol{\alpha}_1,\boldsymbol{\alpha}_2,\cdots,\boldsymbol{\alpha}_n)=(\sigma(\boldsymbol{\alpha}_1),\sigma(\boldsymbol{\alpha}_2),\cdots,\sigma(\boldsymbol{\alpha}_n)).$$

例 1 设 V 为$\mathbb{R}^n$的 $m(m<n)$维子空间,$\boldsymbol{\alpha}_1,\cdots,\boldsymbol{\alpha}_m$ 为 V 的一个基,将它扩充为$\mathbb{R}^n$的一个基$\boldsymbol{\alpha}_1,\cdots,\boldsymbol{\alpha}_m,\boldsymbol{\alpha}_{m+1},\cdots,\boldsymbol{\alpha}_n$. 令 σ:

$$\sigma(\boldsymbol{\alpha}_i)=\begin{cases}\boldsymbol{\alpha}_i, & i=1,2,\cdots,m,\\ \mathbf{0}, & i=m+1,\cdots,n.\end{cases}$$

则 $\sigma\in L(\mathbb{R}^n)$. 称 σ 为$\mathbb{R}^n$对 V 的一个**投影**.

易证,$\sigma^2=\sigma$,σ 在基 $\boldsymbol{\alpha}_1,\boldsymbol{\alpha}_2,\cdots,\boldsymbol{\alpha}_n$ 下的矩阵为

$$\boldsymbol{A}=\begin{pmatrix}\boldsymbol{E}_m & \mathbf{0}\\ \mathbf{0} & \mathbf{0}\end{pmatrix}.$$

现在我们说明,在取定$\mathbb{R}^n$的一个基后,$\mathbb{R}^n$的线性变换与$\mathbb{R}$上的 n 阶方阵一一对应.

定理 3 取定$\mathbb{R}^n$的一个基 $\boldsymbol{\alpha}_1,\boldsymbol{\alpha}_2,\cdots,\boldsymbol{\alpha}_n$. 对于任意的$\sigma\in L(\mathbb{R}^n)$,令 $\Phi:L(\mathbb{R}^n)\to\mathbb{R}^{n\times n}$为

$$\Phi(\sigma)=\boldsymbol{A},$$

其中 $\boldsymbol{A}$ 为σ 在基$\boldsymbol{\alpha}_1,\boldsymbol{\alpha}_2,\cdots,\boldsymbol{\alpha}_n$ 下的矩阵,则 Φ 是$L(\mathbb{R}^n)$到$\mathbb{R}^{n\times n}$的双射,且保持运算:

(1) $\Phi(\sigma+\tau)=\Phi(\sigma)+\Phi(\tau)$;

(2) $\Phi(\sigma\tau)=\Phi(\sigma)\Phi(\tau)$;

(3) $\Phi(k\sigma)=k\Phi(\sigma),k\in\mathbb{R}$;

(4) 如果 σ 可逆,则 $\Phi(\sigma^{-1})=(\Phi(\sigma))^{-1}$.

证 易知,Φ 为 $L(\mathbb{R}^n)$到$\mathbb{R}^{n\times n}$的映射,设 $\sigma,\tau\in L(\mathbb{R}^n)$,$\Phi(\sigma)=\boldsymbol{A}$,$\Phi(\tau)=\boldsymbol{B}$. 若 $\Phi(\sigma)=\Phi(\tau)$,即 $\boldsymbol{A}=\boldsymbol{B}$,即 σ,τ 在基 $\boldsymbol{\alpha}_1,\boldsymbol{\alpha}_2,\cdots,\boldsymbol{\alpha}_n$ 下的矩阵相同,从而 $\sigma(\boldsymbol{\alpha}_i)=\tau(\boldsymbol{\alpha}_i),i=1,2,\cdots,n$. 由命题 9 知,$\sigma=\tau$. 因此,$\Phi$ 为单射.

对于任意 $\boldsymbol{A}\in\mathbb{R}^{n\times n}$,令

$$(\boldsymbol{\beta}_1,\boldsymbol{\beta}_2,\cdots,\boldsymbol{\beta}_n)=(\boldsymbol{\alpha}_1,\boldsymbol{\alpha}_2,\cdots,\boldsymbol{\alpha}_n)\boldsymbol{A}.$$

由定理 2 知,存在 $\sigma\in L(\mathbb{R}^n)$,使得 $\sigma(\boldsymbol{\alpha}_i)=\boldsymbol{\beta}_i,i=1,2,\cdots,n$,所以 $\Phi(\sigma)=\boldsymbol{A}$. 因此,$\Phi$ 为满射,从而 Φ 为 $L(\mathbb{R}^n)$到$\mathbb{R}^{n\times n}$的双射.

设 $\sigma,\tau\in L(\mathbb{R}^n)$,$\Phi(\sigma)=\boldsymbol{A}$,$\Phi(\tau)=\boldsymbol{B}$,即

$$\sigma(\boldsymbol{\alpha}_1,\boldsymbol{\alpha}_2,\cdots,\boldsymbol{\alpha}_n)=(\boldsymbol{\alpha}_1,\boldsymbol{\alpha}_2,\cdots,\boldsymbol{\alpha}_n)\boldsymbol{A},$$
$$\tau(\boldsymbol{\alpha}_1,\boldsymbol{\alpha}_2,\cdots,\boldsymbol{\alpha}_n)=(\boldsymbol{\alpha}_1,\boldsymbol{\alpha}_2,\cdots,\boldsymbol{\alpha}_n)\boldsymbol{B}.$$

由于

$$(\sigma+\tau)(\boldsymbol{\alpha}_1,\boldsymbol{\alpha}_2,\cdots,\boldsymbol{\alpha}_n)=$$
$$((\sigma+\tau)(\boldsymbol{\alpha}_1),(\sigma+\tau)(\boldsymbol{\alpha}_2),\cdots,(\sigma+\tau)(\boldsymbol{\alpha}_n))=$$

$$(\sigma(\boldsymbol{\alpha}_1)+\tau(\boldsymbol{\alpha}_1),\sigma(\boldsymbol{\alpha}_2)+\tau(\boldsymbol{\alpha}_2),\cdots,\sigma(\boldsymbol{\alpha}_n)+\tau(\boldsymbol{\alpha}_n))=$$
$$(\sigma(\boldsymbol{\alpha}_1),\sigma(\boldsymbol{\alpha}_2),\cdots,\sigma(\boldsymbol{\alpha}_n))+(\tau(\boldsymbol{\alpha}_1),\tau(\boldsymbol{\alpha}_2),\cdots,\tau(\boldsymbol{\alpha}_n))=$$
$$(\boldsymbol{\alpha}_1,\boldsymbol{\alpha}_2,\cdots,\boldsymbol{\alpha}_n)(\boldsymbol{A}+\boldsymbol{B}),$$

所以 $\Phi(\sigma+\tau)=\boldsymbol{A}+\boldsymbol{B}$.

同理可证,$\Phi(\sigma\tau)=\boldsymbol{AB}$,$\Phi(k\sigma)=k\boldsymbol{A}$.

设 σ 可逆,设 σ^{-1} 在 $\boldsymbol{\alpha}_1,\boldsymbol{\alpha}_2,\cdots,\boldsymbol{\alpha}_n$ 下的矩阵为 $\boldsymbol{D}$,则 $\Phi(\mathrm{id})=\Phi(\sigma\sigma^{-1})=\boldsymbol{AD}$. 由于恒等变换 id 在基 $\boldsymbol{\alpha}_1,\boldsymbol{\alpha}_2,\cdots,\boldsymbol{\alpha}_n$ 下的矩阵为单位矩阵 $\boldsymbol{E}$,所以 $\boldsymbol{AD}=\boldsymbol{E}$,从而 $\boldsymbol{D}=\boldsymbol{A}^{-1}$.

下面讨论,如何用线性变换 σ 在一个基下的矩阵 $\boldsymbol{A}$ 来求 $\sigma(\boldsymbol{\alpha})$.

定理 4 设 $\sigma\in L(\mathbb{R}^n)$,$\sigma$ 在基 $\boldsymbol{\alpha}_1,\boldsymbol{\alpha}_2,\cdots,\boldsymbol{\alpha}_n$ 下的矩阵为 $\boldsymbol{A}$,$\boldsymbol{\alpha}\in\mathbb{R}^n$,$\boldsymbol{\alpha}$ 在基 $\boldsymbol{\alpha}_1,\boldsymbol{\alpha}_2,\cdots,\boldsymbol{\alpha}_n$ 下的坐标为 $(x_1,x_2,\cdots,x_n)$,$\sigma(\boldsymbol{\alpha})$ 在基 $\boldsymbol{\alpha}_1,\boldsymbol{\alpha}_2,\cdots,\boldsymbol{\alpha}_n$ 下的坐标为 $(y_1,y_2,\cdots,y_n)$. 则

$$\begin{pmatrix} y_1 \\ y_2 \\ \vdots \\ y_n \end{pmatrix}=\boldsymbol{A}\begin{pmatrix} x_1 \\ x_2 \\ \vdots \\ x_n \end{pmatrix}. \tag{7.3.2}$$

证 由假设

$$\boldsymbol{\alpha}=(\boldsymbol{\alpha}_1,\boldsymbol{\alpha}_2,\cdots,\boldsymbol{\alpha}_n)\begin{pmatrix} x_1 \\ x_2 \\ \vdots \\ x_n \end{pmatrix},\quad \sigma(\boldsymbol{\alpha})=(\boldsymbol{\alpha}_1,\boldsymbol{\alpha}_2,\cdots,\boldsymbol{\alpha}_n)\begin{pmatrix} y_1 \\ y_2 \\ \vdots \\ y_n \end{pmatrix},$$

且

$$\sigma(\boldsymbol{\alpha})=x_1\sigma(\boldsymbol{\alpha}_1)+x_2\sigma(\boldsymbol{\alpha}_2)+\cdots+x_n\sigma(\boldsymbol{\alpha}_n)=$$
$$(\sigma(\boldsymbol{\alpha}_1),\sigma(\boldsymbol{\alpha}_2),\cdots,\sigma(\boldsymbol{\alpha}_n))\begin{pmatrix} x_1 \\ x_2 \\ \vdots \\ x_n \end{pmatrix}=$$
$$(\boldsymbol{\alpha}_1,\boldsymbol{\alpha}_2,\cdots,\boldsymbol{\alpha}_n)\boldsymbol{A}\begin{pmatrix} x_1 \\ x_2 \\ \vdots \\ x_n \end{pmatrix}.$$

由于 $\boldsymbol{\alpha}_1,\boldsymbol{\alpha}_2,\cdots,\boldsymbol{\alpha}_n$ 为$\mathbb{R}^n$的基，所以 $\sigma(\boldsymbol{\alpha})$ 在 $\boldsymbol{\alpha}_1,\boldsymbol{\alpha}_2,\cdots,\boldsymbol{\alpha}_n$ 下的坐标是惟一的，因此

$$\begin{pmatrix} y_1 \\ y_2 \\ \vdots \\ y_n \end{pmatrix} = \boldsymbol{A} \begin{pmatrix} x_1 \\ x_2 \\ \vdots \\ x_n \end{pmatrix}.$$

一个线性变换所对应的矩阵是与空间的基联系在一起的. 同一个线性变换在不同基下的矩阵一般是不同的，下面讨论它们之间的关系.

定理 5 设$\mathbb{R}^n$的线性变换 σ 在基 $\boldsymbol{\alpha}_1,\boldsymbol{\alpha}_2,\cdots,\boldsymbol{\alpha}_n$ 和基 $\boldsymbol{\beta}_1,\boldsymbol{\beta}_2,\cdots,\boldsymbol{\beta}_n$ 下的矩阵分别为 $\boldsymbol{A}$ 和 $\boldsymbol{B}$，则 $\boldsymbol{B}=\boldsymbol{X}^{-1}\boldsymbol{A}\boldsymbol{X}$，其中 $\boldsymbol{X}$ 为基 $\boldsymbol{\alpha}_1,\boldsymbol{\alpha}_2,\cdots,\boldsymbol{\alpha}_n$ 到基 $\boldsymbol{\beta}_1,\boldsymbol{\beta}_2,\cdots,\boldsymbol{\beta}_n$ 的过渡矩阵.

证 由于

$$\sigma(\boldsymbol{\alpha}_1,\boldsymbol{\alpha}_2,\cdots,\boldsymbol{\alpha}_n)=(\boldsymbol{\alpha}_1,\boldsymbol{\alpha}_2,\cdots,\boldsymbol{\alpha}_n)\boldsymbol{A},$$
$$(\boldsymbol{\beta}_1,\boldsymbol{\beta}_2,\cdots,\boldsymbol{\beta}_n)=(\boldsymbol{\alpha}_1,\boldsymbol{\alpha}_2,\cdots,\boldsymbol{\alpha}_n)\boldsymbol{X},$$
$$\sigma(\boldsymbol{\beta}_1,\boldsymbol{\beta}_2,\cdots,\boldsymbol{\beta}_n)=(\boldsymbol{\beta}_1,\boldsymbol{\beta}_2,\cdots,\boldsymbol{\beta}_n)=\boldsymbol{B}.$$

则

$$\begin{aligned}\sigma(\boldsymbol{\beta}_1,\boldsymbol{\beta}_2,\cdots,\boldsymbol{\beta}_n)=\sigma(\boldsymbol{\alpha}_1,\boldsymbol{\alpha}_2,\cdots,\boldsymbol{\alpha}_n)\boldsymbol{X}=&\\ (\boldsymbol{\alpha}_1,\boldsymbol{\alpha}_2,\cdots,\boldsymbol{\alpha}_n)\boldsymbol{A}\boldsymbol{X}=&\\ (\boldsymbol{\beta}_1,\boldsymbol{\beta}_2,\cdots,\boldsymbol{\beta}_n)\boldsymbol{X}^{-1}\boldsymbol{A}\boldsymbol{X},&\end{aligned}$$

即

$$(\boldsymbol{\beta}_1,\boldsymbol{\beta}_2,\cdots,\boldsymbol{\beta}_n)\boldsymbol{B}=(\boldsymbol{\beta}_1,\boldsymbol{\beta}_2,\cdots,\boldsymbol{\beta}_n)\boldsymbol{X}^{-1}\boldsymbol{A}\boldsymbol{X}.$$

因此 $\boldsymbol{B}=\boldsymbol{X}^{-1}\boldsymbol{A}\boldsymbol{X}$.

定理 5 说明，同一个线性变换在不同基下的矩阵是相似的. 反之，两个相似矩阵可以看作同一个线性变换在不同基下的矩阵. 事实上，设 $\boldsymbol{A},\boldsymbol{B}$ 相似，即 $\boldsymbol{B}=\boldsymbol{X}^{-1}\boldsymbol{A}\boldsymbol{X}$. 设 $\boldsymbol{A}$ 是$\mathbb{R}^n$的线性变换 σ 在基 $\boldsymbol{\alpha}_1,\boldsymbol{\alpha}_2,\cdots,\boldsymbol{\alpha}_n$ 下的矩阵. 令

$$(\boldsymbol{\beta}_1,\boldsymbol{\beta}_2,\cdots,\boldsymbol{\beta}_n)=(\boldsymbol{\alpha}_1,\boldsymbol{\alpha}_2,\cdots,\boldsymbol{\alpha}_n)\boldsymbol{X},$$

则 $\boldsymbol{\beta}_1,\boldsymbol{\beta}_2,\cdots,\boldsymbol{\beta}_n$ 也是 $\mathbb{R}^n$的一个基，且 σ 在 $\boldsymbol{\beta}_1,\boldsymbol{\beta}_2,\cdots,\boldsymbol{\beta}_n$ 下的矩阵就是 $\boldsymbol{B}$.

例 2 设 $\mathbb{R}^3$的线性变换 σ 在标准基 $\boldsymbol{\varepsilon}_1,\boldsymbol{\varepsilon}_2,\boldsymbol{\varepsilon}_3$ 下的矩阵为

$$\boldsymbol{A}=\begin{pmatrix}2 & -1 & -1\\ -1 & 2 & -1\\ -1 & -1 & 2\end{pmatrix}.$$

(1) 求 σ 在基 $\boldsymbol{\alpha}_1,\boldsymbol{\alpha}_2,\boldsymbol{\alpha}_3$ 下的矩阵，其中

$$\boldsymbol{\alpha}_1=\begin{pmatrix}1\\1\\1\end{pmatrix},\quad \boldsymbol{\alpha}_2=\begin{pmatrix}-1\\1\\0\end{pmatrix},\quad \boldsymbol{\alpha}_3=\begin{pmatrix}-1\\0\\1\end{pmatrix};$$

(2) 设 $\boldsymbol{\alpha}=\begin{pmatrix}1\\2\\3\end{pmatrix}$，求 $\sigma(\boldsymbol{\alpha})$ 在基 $\boldsymbol{\alpha}_1,\boldsymbol{\alpha}_2,\boldsymbol{\alpha}_3$ 下的坐标 $\begin{pmatrix}y_1\\y_2\\y_3\end{pmatrix}$.

解 (1) 易见基 $\boldsymbol{\varepsilon}_1,\boldsymbol{\varepsilon}_2,\boldsymbol{\varepsilon}_3$ 到基 $\boldsymbol{\alpha}_1,\boldsymbol{\alpha}_2,\boldsymbol{\alpha}_3$ 的过渡矩阵为

$$\boldsymbol{C}=\begin{pmatrix}1 & -1 & -1\\ 1 & 1 & 0\\ 1 & 0 & 1\end{pmatrix},$$

则

$$\boldsymbol{C}^{-1}=\frac{1}{3}\begin{pmatrix}1 & 1 & 1\\ -1 & 2 & -1\\ -1 & -1 & 2\end{pmatrix}.$$

所以由定理 5 知，σ 在基 $\boldsymbol{\alpha}_1,\boldsymbol{\alpha}_2,\boldsymbol{\alpha}_3$ 下的矩阵为

$$\boldsymbol{B}=\boldsymbol{C}^{-1}\boldsymbol{A}\boldsymbol{C}=$$

$$\frac{1}{3}\begin{pmatrix}1 & 1 & 1\\ -1 & 2 & -1\\ -1 & -1 & 2\end{pmatrix}=\begin{pmatrix}2 & -1 & -1\\ -1 & 2 & -1\\ -1 & -1 & 2\end{pmatrix}\begin{pmatrix}1 & -1 & -1\\ 1 & 1 & 0\\ 1 & 0 & 1\end{pmatrix}=$$

$$\begin{pmatrix}0 & 0 & 0\\ 0 & 3 & 0\\ 0 & 0 & 3\end{pmatrix}.$$

(2) 设 $\boldsymbol{\alpha}$ 在 $\boldsymbol{\alpha}_1,\boldsymbol{\alpha}_2,\boldsymbol{\alpha}_3$ 下的坐标为 $\begin{pmatrix}x_1\\x_2\\x_3\end{pmatrix}$，由于 $\boldsymbol{\alpha}$ 在 $\boldsymbol{\varepsilon}_1,\boldsymbol{\varepsilon}_2,\boldsymbol{\varepsilon}_3$ 下的坐标就是 $\boldsymbol{\alpha}$ 本身，即 $\begin{pmatrix}1\\2\\3\end{pmatrix}$，因此，

$$\begin{pmatrix}x_1\\x_2\\x_3\end{pmatrix}=\boldsymbol{C}^{-1}\begin{pmatrix}1\\2\\3\end{pmatrix}=\begin{pmatrix}2\\0\\1\end{pmatrix}.$$

所以 $\sigma(\boldsymbol{\alpha})$ 在 $\boldsymbol{\alpha}_1,\boldsymbol{\alpha}_2,\boldsymbol{\alpha}_3$ 下的坐标为

$$\begin{pmatrix}y_1\\y_2\\y_3\end{pmatrix}=\boldsymbol{B}\begin{pmatrix}x_1\\x_2\\x_3\end{pmatrix}=\begin{pmatrix}0&0&0\\0&3&0\\0&0&3\end{pmatrix}\begin{pmatrix}2\\0\\1\end{pmatrix}=\begin{pmatrix}0\\0\\3\end{pmatrix}.$$

例 3 设 $\sigma\in L(\mathbb{R}^2)$，$\sigma$ 在基 $\boldsymbol{\alpha}_1,\boldsymbol{\alpha}_2$ 下的矩阵为

$$\boldsymbol{A}=\begin{pmatrix}2&1\\-1&0\end{pmatrix}.$$

(1) 求 σ 在基 $\boldsymbol{\beta}_1,\boldsymbol{\beta}_2$ 下的矩阵 $\boldsymbol{B}$，其中

$$(\boldsymbol{\beta}_1,\boldsymbol{\beta}_2)=(\boldsymbol{\alpha}_1,\boldsymbol{\alpha}_2)\begin{pmatrix}1&-1\\-1&2\end{pmatrix};$$

(2) 求 $\boldsymbol{A}^k$.

解 (1) 由定理 5 可知，σ 在基 $\boldsymbol{\beta}_1,\boldsymbol{\beta}_2$ 下的矩阵为

$$\boldsymbol{B}=\begin{pmatrix}1&-1\\-1&2\end{pmatrix}^{-1}\begin{pmatrix}2&1\\-1&0\end{pmatrix}\begin{pmatrix}1&-1\\-1&2\end{pmatrix}=\begin{pmatrix}1&1\\0&1\end{pmatrix}.$$

(2) 因为 $\boldsymbol{A}=\begin{pmatrix}1&-1\\-1&2\end{pmatrix}\begin{pmatrix}1&1\\0&1\end{pmatrix}\begin{pmatrix}1&-1\\-1&2\end{pmatrix}^{-1}$，所以

$$\boldsymbol{A}^k=\begin{pmatrix}1&-1\\-1&2\end{pmatrix}\begin{pmatrix}1&1\\0&1\end{pmatrix}^k\begin{pmatrix}1&-1\\-1&2\end{pmatrix}^{-1}=$$

$$\begin{pmatrix}1&-1\\-1&2\end{pmatrix}\begin{pmatrix}1&k\\0&1\end{pmatrix}\begin{pmatrix}2&1\\1&1\end{pmatrix}=$$

$$\begin{pmatrix}k+1&k\\-k&-k+1\end{pmatrix}.$$

例 4 设 $\sigma\in L(\mathbb{R}^3)$ 把基

$$\boldsymbol{\alpha}_1=\begin{pmatrix}1\\0\\1\end{pmatrix},\quad\boldsymbol{\alpha}_2=\begin{pmatrix}0\\1\\0\end{pmatrix},\quad\boldsymbol{\alpha}_3=\begin{pmatrix}0\\0\\1\end{pmatrix}$$

变成基

$$\boldsymbol{\beta}_1=\begin{pmatrix}1\\0\\2\end{pmatrix},\quad \boldsymbol{\beta}_2=\begin{pmatrix}-1\\2\\-1\end{pmatrix},\quad \boldsymbol{\beta}_3=\begin{pmatrix}1\\0\\0\end{pmatrix}.$$

求 σ 在基 $\boldsymbol{\alpha}_1,\boldsymbol{\alpha}_2,\boldsymbol{\alpha}_3$ 下的矩阵及在标准基 $\boldsymbol{\varepsilon}_1,\boldsymbol{\varepsilon}_2,\boldsymbol{\varepsilon}_3$ 下的矩阵.

解 因为$(\boldsymbol{\alpha}_1,\boldsymbol{\alpha}_2,\boldsymbol{\alpha}_3)=(\boldsymbol{\varepsilon}_1,\boldsymbol{\varepsilon}_2,\boldsymbol{\varepsilon}_3)\boldsymbol{A}$,$(\boldsymbol{\beta}_1,\boldsymbol{\beta}_2,\boldsymbol{\beta}_3)=(\boldsymbol{\varepsilon}_1,\boldsymbol{\varepsilon}_2,\boldsymbol{\varepsilon}_3)\boldsymbol{B}$,其中

$$\boldsymbol{A}=\begin{pmatrix}1&0&0\\0&1&0\\1&0&1\end{pmatrix},\quad \boldsymbol{B}=\begin{pmatrix}1&-1&1\\0&2&0\\2&-1&0\end{pmatrix}.$$

所以$(\boldsymbol{\beta}_1,\boldsymbol{\beta}_2,\boldsymbol{\beta}_3)=(\boldsymbol{\alpha}_1,\boldsymbol{\alpha}_2,\boldsymbol{\alpha}_3)\boldsymbol{A}^{-1}\boldsymbol{B}$. 因此 $\sigma(\boldsymbol{\alpha}_1,\boldsymbol{\alpha}_2,\boldsymbol{\alpha}_3)=(\boldsymbol{\beta}_1,\boldsymbol{\beta}_2,\boldsymbol{\beta}_3)=(\boldsymbol{\alpha}_1,\boldsymbol{\alpha}_2,\boldsymbol{\alpha}_3)\boldsymbol{A}^{-1}\boldsymbol{B}$,即 σ 在基 $\boldsymbol{\alpha}_1,\boldsymbol{\alpha}_2,\boldsymbol{\alpha}_3$ 下的矩阵为

$$\boldsymbol{A}^{-1}\boldsymbol{B}=\begin{pmatrix}1&-1&1\\0&2&0\\1&0&-1\end{pmatrix}.$$

由于$(\boldsymbol{\varepsilon}_1,\boldsymbol{\varepsilon}_2,\boldsymbol{\varepsilon}_3)=(\boldsymbol{\alpha}_1,\boldsymbol{\alpha}_2,\boldsymbol{\alpha}_3)\boldsymbol{A}^{-1}$,所以,$\sigma$ 在基 $\boldsymbol{\varepsilon}_1,\boldsymbol{\varepsilon}_2,\boldsymbol{\varepsilon}_3$ 下的矩阵为

$$\boldsymbol{B}\boldsymbol{A}^{-1}=\begin{pmatrix}0&-1&1\\0&2&0\\2&-1&0\end{pmatrix}.$$

习题 7.3

1. 设 σ 是 $\mathbb{R}^3$ 上线性变换,且 $\sigma\begin{pmatrix}x_1\\x_2\\x_3\end{pmatrix}=\begin{pmatrix}2x_2-x_3\\x_1+x_2+x_3\\x_1+2x_2\end{pmatrix}$.

(1)求 σ 在标准基 $\varepsilon_1,\varepsilon_2,\varepsilon_3$ 下的矩阵;

(2)求 σ 在基

$$\alpha_1=\begin{pmatrix}1\\0\\0\end{pmatrix},\alpha_2=\begin{pmatrix}-1\\1\\0\end{pmatrix},\alpha_3=\begin{pmatrix}1\\-1\\1\end{pmatrix}$$

下的矩阵.

2. 设 $\mathbb{R}^3$ 上线性变换 σ 在基 $\boldsymbol{\alpha}_1,\boldsymbol{\alpha}_2,\boldsymbol{\alpha}_3$ 下的矩阵为

$$A=\begin{pmatrix}4 & -1 & 0\\0 & -3 & 1\\-3 & 0 & 2\end{pmatrix},$$

$\boldsymbol{\alpha}=2\boldsymbol{\alpha}_1-3\boldsymbol{\alpha}_2+\boldsymbol{\alpha}_3$,求 $\sigma(\boldsymbol{\alpha})$ 在基 $\boldsymbol{\alpha}_1,\boldsymbol{\alpha}_2,\boldsymbol{\alpha}_3$ 下的坐标.

3. 设 $\boldsymbol{\alpha}_1,\boldsymbol{\alpha}_2,\boldsymbol{\alpha}_3,\boldsymbol{\alpha}_4$ 和 $\boldsymbol{\beta}_1,\boldsymbol{\beta}_2,\boldsymbol{\beta}_3,\boldsymbol{\beta}_4$ 都是 $\mathbb{R}^4$ 的基,且

$$\boldsymbol{\beta}_1=\boldsymbol{\alpha}_1+\boldsymbol{\alpha}_2+\boldsymbol{\alpha}_3+\boldsymbol{\alpha}_4,\boldsymbol{\beta}_2=\boldsymbol{\alpha}_1+\boldsymbol{\alpha}_2+\boldsymbol{\alpha}_3,\boldsymbol{\beta}_3=\boldsymbol{\alpha}_1+\boldsymbol{\alpha}_2,\boldsymbol{\beta}_3=\boldsymbol{\alpha}_1.$$

$\mathbb{R}^4$ 上线性变换 σ 在基 $\boldsymbol{\alpha}_1,\boldsymbol{\alpha}_2,\boldsymbol{\alpha}_3,\boldsymbol{\alpha}_4$ 下的矩阵为

$$\boldsymbol{A}=\begin{pmatrix}2 & 0 & -1 & 1\\-1 & 1 & 0 & 3\\1 & 2 & 4 & -1\\2 & -2 & 1 & -2\end{pmatrix}.$$

求 σ 在基 $\boldsymbol{\beta}_1,\boldsymbol{\beta}_2,\boldsymbol{\beta}_3,\boldsymbol{\beta}_4$ 下的矩阵.

4. 设 $\mathbb{R}^n$ 上线性变换 σ 在基 $\boldsymbol{\alpha}_1,\boldsymbol{\alpha}_2,\cdots,\boldsymbol{\alpha}_n$ 下的矩阵为 $\boldsymbol{A}$. 证明:σ^k 在基 $\boldsymbol{\alpha}_1,\boldsymbol{\alpha}_2,\cdots,\boldsymbol{\alpha}_n$ 下的矩阵为 $\boldsymbol{A}^k$,其中 k 为正整数.

§7.4 特征值与特征向量

在向量空间 $\mathbb{R}^n$ 中取定一个基后,一个线性变换与一个 n 阶矩阵对应,且线性变换在不同基下的矩阵是相似的. 因此,我们希望能找到 $\mathbb{R}^n$ 的一个基使得线性变换在这个基下的矩阵具有比较简单的形状,为此引入线性变换特征值与特征向量的概念.

定义 8 设 $\sigma\in L(\mathbb{R}^n)$,如果对于 $\lambda_0\in\mathbb{R}$,存在非零向量 $\boldsymbol{\alpha}\in\mathbb{R}^n$,使得

$$\sigma(\boldsymbol{\alpha})=\lambda_0\boldsymbol{\alpha}. \tag{7.4.1}$$

则称 λ_0 为 σ 的特征值,$\boldsymbol{\alpha}$ 称为 σ 的属于特征值 λ_0 的特征向量.

注:特征值被特征向量惟一确定. 即一个特征向量只能属于一个特征值. 这是因为,如果 $\lambda_1,\lambda_2\in\mathbb{R}$,$\sigma(\boldsymbol{\alpha})=\lambda_1\boldsymbol{\alpha}$,$\sigma(\boldsymbol{\alpha})=\lambda_2\boldsymbol{\alpha}$,则 $(\lambda_1-\lambda_2)\boldsymbol{\alpha}=\boldsymbol{0}$. 因为 $\boldsymbol{\alpha}\neq\boldsymbol{0}$,所以 $\lambda_1=\lambda_2$.

我们还应注意,特征向量不被特征值所惟一确定. 事实上,如果 $\boldsymbol{\alpha}$ 是 σ 的属于特征值 λ_0 的一个特征向量,则对任意的 $k\in\mathbb{N}$,$k\boldsymbol{\alpha}$ 也是 σ 的属于特征值 λ_0 的特征向量.

下面讨论线性变换的特征值与特征向量同矩阵的特征值与特征向量的关系.

设 $\boldsymbol{\alpha}_1,\boldsymbol{\alpha}_2,\cdots,\boldsymbol{\alpha}_n$ 为$\mathbb{R}^n$的一个基,$\sigma\in L(\mathbb{R}^n)$,$\sigma$ 在这个基下的矩阵为 $\boldsymbol{A}$. 设 λ_0 是 σ 的特征值,$\boldsymbol{\alpha}$ 是 σ 的属于 λ_0 的一个特征向量,则有 $\sigma(\boldsymbol{\alpha})=\lambda_0\boldsymbol{\alpha}$. 令

$$\boldsymbol{\alpha}=x_1\boldsymbol{\alpha}_1+x_2\boldsymbol{\alpha}_2+\cdots+x_n\boldsymbol{\alpha}_n,$$
$$\sigma(\boldsymbol{\alpha})=y_1\boldsymbol{\alpha}_1+y_2\boldsymbol{\alpha}_2+\cdots+y_n\boldsymbol{\alpha}_n.$$

由定理 4 知,

$$\begin{pmatrix}y_1\\y_2\\\vdots\\y_n\end{pmatrix}=\boldsymbol{A}\begin{pmatrix}x_1\\x_2\\\vdots\\x_n\end{pmatrix},$$

于是由 $\sigma(\boldsymbol{\alpha})=\lambda_0\boldsymbol{\alpha}$ 可知

$$\boldsymbol{A}\begin{pmatrix}x_1\\x_2\\\vdots\\x_n\end{pmatrix}=\lambda_0\begin{pmatrix}x_1\\x_2\\\vdots\\x_n\end{pmatrix}.\tag{7.4.2}$$

设 $\boldsymbol{X}=(x_1,x_2,\cdots,x_n)^{\mathrm{T}}$,则式(7.4.2)为

$$\boldsymbol{AX}=\lambda_0\boldsymbol{X}.\tag{7.4.3}$$

式(7.4.3)就是式(7.4.1)的坐标形式.

反过来,如果有 $\boldsymbol{AX}=\lambda_0\boldsymbol{X}$,将 $\boldsymbol{A}$ 视为线性变换 σ 在基 $\boldsymbol{\alpha}_1,\boldsymbol{\alpha}_2,\cdots,\boldsymbol{\alpha}_n$ 下的矩阵,即 $\sigma(\boldsymbol{\alpha}_1,\boldsymbol{\alpha}_2,\cdots,\boldsymbol{\alpha}_n)=(\boldsymbol{\alpha}_1,\boldsymbol{\alpha}_2,\cdots,\boldsymbol{\alpha}_n)\boldsymbol{A}$. 设 $\boldsymbol{\alpha}=x_1\boldsymbol{\alpha}_1+x_2\boldsymbol{\alpha}_2+\cdots+x_n\boldsymbol{\alpha}_n=(\boldsymbol{\alpha}_1,\boldsymbol{\alpha}_2,\cdots,\boldsymbol{\alpha}_n)\boldsymbol{X}$,则

$$\sigma(\boldsymbol{\alpha})=\sigma(\boldsymbol{\alpha}_1,\boldsymbol{\alpha}_2,\cdots,\boldsymbol{\alpha}_n)\boldsymbol{X}=(\boldsymbol{\alpha}_1,\boldsymbol{\alpha}_2,\cdots,\boldsymbol{\alpha}_n)\boldsymbol{AX}=$$
$$(\boldsymbol{\alpha}_1,\boldsymbol{\alpha}_2,\cdots,\boldsymbol{\alpha}_n)\lambda_0\boldsymbol{X}=\lambda_0\boldsymbol{\alpha},$$

即 $\sigma(\boldsymbol{\alpha})=\lambda_0\boldsymbol{\alpha}$.

由以上可知,线性变换 σ 的特征值与特征向量同矩阵 $\boldsymbol{A}$ 的特征值与特征向量是一致的. 所以要求线性变换 σ 的特征值与特征向量就是求 σ 在一个基下的矩阵 $\boldsymbol{A}$ 的特征值与特征向量. 而矩阵的特征值与特征向量的求法已在第 5 章详细讨论过.

例 1 设线性变换 σ 在基 $\boldsymbol{\alpha}_1,\boldsymbol{\alpha}_2,\boldsymbol{\alpha}_3$ 下的矩阵为

$$\boldsymbol{A}=\begin{pmatrix}1&2&2\\2&1&2\\2&2&1\end{pmatrix},$$

求 σ 的特征值与特征向量.

解 $\boldsymbol{A}$ 的特征多项式为

$$|\lambda\boldsymbol{E}-\boldsymbol{A}|=\begin{vmatrix}\lambda-1 & -2 & -2\\ -2 & \lambda-1 & -2\\ -2 & -2 & \lambda-1\end{vmatrix}=(\lambda+1)^2(\lambda-5).$$

所以 σ 的特征值是 $\lambda_1=\lambda_2=-1,\lambda_3=5$.

将特征值 $\lambda=-1$ 代入齐次线性方程组

$$(\lambda\boldsymbol{E}-\boldsymbol{A})\begin{pmatrix}x_1\\ x_2\\ x_3\end{pmatrix}=\boldsymbol{0}$$

可求得基础解系为

$$\begin{pmatrix}1\\ 0\\ -1\end{pmatrix},\quad \begin{pmatrix}0\\ 1\\ -1\end{pmatrix}.$$

因此属于 -1 的两个线性无关的特征向量为

$$\boldsymbol{\beta}_1=(\boldsymbol{\alpha}_1,\boldsymbol{\alpha}_2,\boldsymbol{\alpha}_3)\begin{pmatrix}1\\ 0\\ -1\end{pmatrix}=\boldsymbol{\alpha}_1-\boldsymbol{\alpha}_3,$$

$$\boldsymbol{\beta}_2=(\boldsymbol{\alpha}_1,\boldsymbol{\alpha}_2,\boldsymbol{\alpha}_3)\begin{pmatrix}0\\ 1\\ -1\end{pmatrix}=\boldsymbol{\alpha}_2-\boldsymbol{\alpha}_3.$$

而属于 -1 的全部特征向量为

$$k_1\boldsymbol{\beta}_1+k_2\boldsymbol{\beta}_2,$$

k_1,k_2 为 $\mathbb{R}$ 中任意不全为 0 的数.

将 $\lambda=5$ 代入齐次线性方程组

$$(\lambda\boldsymbol{E}-\boldsymbol{A})\begin{pmatrix}x_1\\ x_2\\ x_3\end{pmatrix}=\boldsymbol{0}$$

可求得基础解系为

$$\begin{pmatrix}1\\1\\1\end{pmatrix}.$$

属于 5 的一个线性无关的特征向量为

$$\boldsymbol{\beta}_3=\boldsymbol{\alpha}_1+\boldsymbol{\alpha}_2+\boldsymbol{\alpha}_3,$$

属于 5 的全部特征向量为 $k_3\boldsymbol{\beta}_3$，k_3 为非零的任意实数.

定理 6 设 $\sigma\in L(\mathbb{R}^n)$，则 σ 在 $\mathbb{R}^n$ 的某个基下的矩阵为对角形矩阵的充分必要条件是 σ 有 n 个线性无关的特征向量.

证 设 σ 在基 $\boldsymbol{\alpha}_1,\boldsymbol{\alpha}_2,\cdots,\boldsymbol{\alpha}_n$ 下的矩阵为

$$\begin{pmatrix}\lambda_1 & & & \\ & \lambda_2 & & \\ & & \ddots & \\ & & & \lambda_n\end{pmatrix},$$

则 $\sigma(\boldsymbol{\alpha}_1)=\lambda_1\boldsymbol{\alpha}_1$，$\sigma(\boldsymbol{\alpha}_2)=\lambda_2\boldsymbol{\alpha}_2,\cdots,\sigma(\boldsymbol{\alpha}_n)=\lambda_n\boldsymbol{\alpha}_n$. 因此 $\boldsymbol{\alpha}_1,\boldsymbol{\alpha}_2,\cdots,\boldsymbol{\alpha}_n$ 就是 σ 的 n 个线性无关的特征向量.

反过来，设 σ 有 n 个线性无关的特征向量 $\boldsymbol{\alpha}_1,\boldsymbol{\alpha}_2,\cdots,\boldsymbol{\alpha}_n$，则可取 $\boldsymbol{\alpha}_1,\boldsymbol{\alpha}_2,\cdots,\boldsymbol{\alpha}_n$ 为 $\mathbb{R}^n$ 的基，且 σ 在这个基下的矩阵是对角形矩阵.

习题 7.4

1. 设 $\mathbb{R}^4$ 上线性变换 σ 为

$$\sigma\begin{pmatrix}x_1\\x_2\\x_3\end{pmatrix}=\begin{pmatrix}x_1+x_2\\-x_1-x_2\\x_1+x_2+x_3\end{pmatrix}.$$

求 σ 的特征值与特征向量.

2. 设 $\mathbb{R}^4$ 上线性变换 σ 在基 $\boldsymbol{\alpha}_1,\boldsymbol{\alpha}_2,\boldsymbol{\alpha}_3,\boldsymbol{\alpha}_4$ 下矩阵为

$$\boldsymbol{A}=\begin{pmatrix}0&1&1&1\\1&0&1&1\\1&1&0&1\\1&1&1&0\end{pmatrix}.$$

求 σ 的特征值与特征向量.

3. 设 $\mathbb{R}^3$ 上线性变换 σ 在基 $\boldsymbol{\alpha}_1,\boldsymbol{\alpha}_2,\boldsymbol{\alpha}_3$ 下矩阵为 $\boldsymbol{A}$. 试问是否存在 $\mathbb{R}^3$ 的另一组基，使得 σ 在该基下的矩阵为对角矩阵. 若存在，请求出该基，及其相应的对角矩阵；若不存在，请说明理由.

(1)$\boldsymbol{A}=\begin{pmatrix}4&6&0\\-3&-5&0\\-3&-6&1\end{pmatrix}$；　(2)$\boldsymbol{A}=\begin{pmatrix}2&-1&0\\1&0&0\\1&0&3\end{pmatrix}$.

4. 设 σ 是 $\mathbb{R}^n$ 上的线性变换，且有 n 个两两不同的特征值. 证明：σ 在某组基下的矩阵为对角阵.

扫一扫，阅读拓展知识

第 7 章复习题

一、填空题

1. 设 $\mathbb{R}^4$ 上线性变换 σ 定义为 $\sigma\begin{pmatrix}x_1\\x_2\\x_3\end{pmatrix}=\begin{pmatrix}x_1-2x_2\\-x_1+x_2\\0\end{pmatrix}$，则 σ 在 $\mathbb{R}^3$ 的标准基下的矩阵为__________ .

2. 设 $\mathbb{R}^2$ 上线性变换 σ 在标准基下的矩阵为 $\begin{pmatrix}2&-1\\-1&0\end{pmatrix}$. 则 σ 在基 $\boldsymbol{\alpha}_1=\begin{pmatrix}1\\1\end{pmatrix}$，$\boldsymbol{\alpha}_2=\begin{pmatrix}-1\\1\end{pmatrix}$ 下的矩阵为________.

3. 设 $\mathbb{R}^3$ 上线性变换 σ 在基 $\boldsymbol{\alpha}_1,\boldsymbol{\alpha}_2,\boldsymbol{\alpha}_3$ 下的矩阵为 $\begin{pmatrix}3&0&-1\\1&2&0\\-1&0&1\end{pmatrix}$. 若 $\boldsymbol{\alpha}=\boldsymbol{\alpha}_1+\boldsymbol{\alpha}_2-2\boldsymbol{\alpha}_3$，则 $\sigma(\boldsymbol{\alpha})$ 在基 $\boldsymbol{\alpha}_1,\boldsymbol{\alpha}_2,\boldsymbol{\alpha}_3$ 的坐标为__________ .

4. 设 $\mathbb{R}^3$ 上线性变换 σ 在标准正交基 $\boldsymbol{\alpha}_1,\boldsymbol{\alpha}_2,\boldsymbol{\alpha}_3$ 下的矩阵为 $\begin{pmatrix}2&0&-1\\0&3&-1\\1&-2&1\end{pmatrix}$，$\boldsymbol{\alpha}=\boldsymbol{\alpha}_1-\boldsymbol{\alpha}_2$，$\boldsymbol{\beta}=\boldsymbol{\alpha}_2+\boldsymbol{\alpha}_3$. 则内积 $(\sigma(\boldsymbol{\alpha}),\sigma(\boldsymbol{\beta}))=$________.

5. 设 $\mathbb{R}^3$ 上线性变换 σ 有特征值 $1,-1,2$. 则 $\tau=\sigma^2-3\sigma$ 的特征值为________.

二、选择题

1. 设 σ 是 $\mathbb{R}^n$ 上线性变换，$\boldsymbol{\alpha}_1,\boldsymbol{\alpha}_2,\cdots,\boldsymbol{\alpha}_s\in\mathbb{R}^n$. 则下列说法正确的是（　　）.

(A) 若 $\boldsymbol{\alpha}_1,\boldsymbol{\alpha}_2,\cdots,\boldsymbol{\alpha}_s$ 线性无关，则 $\sigma(\boldsymbol{\alpha}_1),\sigma(\boldsymbol{\alpha}_2),\cdots,\sigma(\boldsymbol{\alpha}_s)$ 线性无关

(B) 若 $\boldsymbol{\alpha}_1,\boldsymbol{\alpha}_2,\cdots,\boldsymbol{\alpha}_s$ 线性相关，则 $\sigma(\boldsymbol{\alpha}_1),\sigma(\boldsymbol{\alpha}_2),\cdots,\sigma(\boldsymbol{\alpha}_s)$ 线性相关

(C) 若 $\sigma(\boldsymbol{\alpha}_1),\sigma(\boldsymbol{\alpha}_2),\cdots,\sigma(\boldsymbol{\alpha}_s)$ 线性无关，则 $\boldsymbol{\alpha}_1,\boldsymbol{\alpha}_2,\cdots,\boldsymbol{\alpha}_s$ 线性相关

(D) 若 $\sigma(\boldsymbol{\alpha}_1),\sigma(\boldsymbol{\alpha}_2),\cdots,\sigma(\boldsymbol{\alpha}_s)$ 线性相关，则 $\boldsymbol{\alpha}_1,\boldsymbol{\alpha}_2,\cdots,\boldsymbol{\alpha}_s$ 线相无关

2. 设 σ 是 $\mathbb{R}^n$ 上线性变换，且对任意 $\boldsymbol{\alpha}\in\mathbb{R}^n$，$\sigma(\boldsymbol{\alpha})=k\boldsymbol{\alpha}$，其中 k 为给定的常数. 则下列说法不正确的是（　　）.

(A) σ 在任意一组基下的矩阵为 $k\boldsymbol{E}$

(B)任一非零向量都是 σ 的特征向量

(C)存在 $\mathbb{R}^n$ 上线性变换 τ,使得 $\sigma\tau\neq\tau\sigma$

(D)σ 的特征值只有 k

3. 设 $\mathbb{R}^n$ 上线性变换 σ 在一组标准正交基下的矩阵为正交矩阵 $\boldsymbol{A}$. 则下列结论不正确的是(　　).

(A)σ 在任一组标准正交基下的矩阵都为正交矩阵

(B)对任意 $\boldsymbol{\alpha}\in\mathbb{R}^n$, $|\sigma(\boldsymbol{\alpha})|=|\boldsymbol{\alpha}|$

(C)对任意 $\boldsymbol{\alpha},\boldsymbol{\beta}\in\mathbb{R}^n$, $(\sigma(\boldsymbol{\alpha}),\sigma(\boldsymbol{\beta}))=(\boldsymbol{\alpha},\boldsymbol{\beta})$

(D)对任意 $\boldsymbol{\alpha},\boldsymbol{\beta}\in\mathbb{R}^n$, $(\boldsymbol{\alpha},\sigma(\boldsymbol{\beta}))=(\sigma(\boldsymbol{\alpha}),\boldsymbol{\beta})$

4. 设 σ 是 $\mathbb{R}^n$ 上线性变换,且在基 $\boldsymbol{\alpha}_1,\boldsymbol{\alpha}_2,\cdots,\boldsymbol{\alpha}_n$ 下的矩阵为 A. 若 $k\neq0$,则 σ 在基 $k\boldsymbol{\alpha}_1,k\boldsymbol{\alpha}_2,\cdots,k\boldsymbol{\alpha}_n$ 下的矩阵为(　　).

(A)$\boldsymbol{A}$　　(B)$k\boldsymbol{A}$　　(C) $k^2\boldsymbol{A}$　　(D)$k^n\boldsymbol{A}$

5. 设 σ 是 $\mathbb{R}^n$ 上线性变换,且在基 $\boldsymbol{\alpha}_1,\boldsymbol{\alpha}_2,\cdots,\boldsymbol{\alpha}_n$ 下的矩阵为 $\boldsymbol{A}$. 若 σ 在另一组基下的矩阵为对角矩阵,则下列说法不正确的是(　　).

(A)$\boldsymbol{A}$ 可对角化

(B)存在可逆矩阵 P 与对角矩阵 D ,使得 $PA=DP$

(C)σ 有 n 个线性无关的特征向量

(D)σ 有 n 个两两不同的特征值

三、计算题

1. 设 $\mathbb{R}^3$ 上线性变换 σ 定义为 $\sigma\begin{pmatrix}x_1\\x_2\\x_3\end{pmatrix}=\begin{pmatrix}-x_2+3x_3\\-2x_1+x_2\\x_2-x_3\end{pmatrix}$,

$$\boldsymbol{\alpha}_1=\begin{pmatrix}1\\1\\1\end{pmatrix},\boldsymbol{\alpha}_2=\begin{pmatrix}1\\1\\0\end{pmatrix},\boldsymbol{\alpha}_3=\begin{pmatrix}1\\0\\0\end{pmatrix}.$$

(1)求 σ 在基 $\boldsymbol{\alpha}_1,\boldsymbol{\alpha}_2,\boldsymbol{\alpha}_3$ 的矩阵;

(2)设 $\boldsymbol{\alpha}=2\boldsymbol{\alpha}_1-\boldsymbol{\alpha}_2+3\boldsymbol{\alpha}_3$,求 $\sigma(\boldsymbol{\alpha})$ 在基 $\boldsymbol{\alpha}_1,\boldsymbol{\alpha}_2,\boldsymbol{\alpha}_3$ 的坐标.

2. 给定 $\mathbb{R}^3$ 上的两个基

$$\boldsymbol{\alpha}_1=\begin{pmatrix}1\\0\\1\end{pmatrix},\boldsymbol{\alpha}_2=\begin{pmatrix}2\\1\\0\end{pmatrix},\boldsymbol{\alpha}_3=\begin{pmatrix}1\\1\\1\end{pmatrix};$$

$$\boldsymbol{\beta}_1=\begin{pmatrix}1\\2\\-1\end{pmatrix},\boldsymbol{\beta}_2=\begin{pmatrix}2\\2\\-1\end{pmatrix},\boldsymbol{\beta}_3=\begin{pmatrix}2\\-1\\-1\end{pmatrix}.$$

定义 $\mathbb{R}^3$ 上线性变换 $\sigma:\sigma(\boldsymbol{\alpha}_i)=\boldsymbol{\beta}_i,i=1,2,3$.

(1)求由基 $\boldsymbol{\alpha}_1,\boldsymbol{\alpha}_2,\boldsymbol{\alpha}_3$ 到基 $\boldsymbol{\beta}_1,\boldsymbol{\beta}_2,\boldsymbol{\beta}_3$ 的过渡矩阵;

(2)求 σ 在基 $\boldsymbol{\alpha}_1,\boldsymbol{\alpha}_2,\boldsymbol{\alpha}_3$ 下的矩阵;

(3)求 σ 在基 $\boldsymbol{\beta}_1,\boldsymbol{\beta}_2,\boldsymbol{\beta}_3$ 下的矩阵.

3. 设 σ 是 $\mathbb{R}^3$ 上线性变换，

$$\boldsymbol{\alpha}_1=\begin{pmatrix}-1\\0\\2\end{pmatrix},\boldsymbol{\alpha}_2=\begin{pmatrix}0\\1\\1\end{pmatrix},\boldsymbol{\alpha}_3=\begin{pmatrix}3\\-1\\-6\end{pmatrix}$$

为 $\mathbb{R}^3$ 的基，且

$$\sigma(\boldsymbol{\alpha}_1)=\begin{pmatrix}-1\\0\\1\end{pmatrix},\sigma(\boldsymbol{\alpha}_2)=\begin{pmatrix}0\\-1\\2\end{pmatrix},\sigma(\boldsymbol{\alpha}_3)=\begin{pmatrix}-1\\-1\\3\end{pmatrix}$$

(1)求 σ 在基 $\boldsymbol{\alpha}_1,\boldsymbol{\alpha}_2,\boldsymbol{\alpha}_3$ 下的矩阵；

(2)设 σ 在标准基 $\varepsilon_1,\varepsilon_2,\varepsilon_3$ 下的矩阵.

4. 设 $\mathbb{R}^3$ 上线性变换 σ 在基 $\boldsymbol{\alpha}_1,\boldsymbol{\alpha}_2,\boldsymbol{\alpha}_3$ 下的矩阵为 $\begin{pmatrix}5&-6&-6\\-1&4&2\\3&-6&-4\end{pmatrix}$.

(1)求 σ 的特征值与特征向量；

(2)求 $\mathbb{R}^3$ 的另一组基 $\boldsymbol{\beta}_1,\boldsymbol{\beta}_2,\boldsymbol{\beta}_3$，使得 σ 在基 $\boldsymbol{\beta}_1,\boldsymbol{\beta}_2,\boldsymbol{\beta}_3$ 下的矩阵为对角矩阵；

(3)求 σ^k 在基 $\boldsymbol{\alpha}_1,\boldsymbol{\alpha}_2,\boldsymbol{\alpha}_3$ 的矩阵.

5. 设 $\mathbb{R}^3$ 上线性变换 σ 在标准基下的矩阵为 $\begin{pmatrix}2&1&1\\1&2&1\\1&1&2\end{pmatrix}$. 求 $\mathbb{R}^3$ 的一组标准正交基 $\boldsymbol{\alpha}_1,\boldsymbol{\alpha}_2,\boldsymbol{\alpha}_3$，使得 σ 在基 $\boldsymbol{\alpha}_1,\boldsymbol{\alpha}_2,\boldsymbol{\alpha}_3$ 下的矩阵为对角矩阵.

四、证明题

1. 设 $\sigma:\mathbb{R}^n\to\mathbb{R}^m$ 是线性映射，记

$$\sigma^{-1}(0)=\{\boldsymbol{\alpha}\in\mathbb{R}^n\mid\sigma(\boldsymbol{\alpha})=0\},$$
$$\sigma(\mathbb{R}^n)=\{\sigma(\boldsymbol{\alpha})\mid\boldsymbol{\alpha}\in\mathbb{R}^n\}.$$

证明：$\sigma^{-1}(0)$ 是 $\mathbb{R}^n$ 的子空间，且 $\sigma(\mathbb{R}^n)$ 为 $\mathbb{R}^m$ 的子空间.

2. 设 σ 是 $\mathbb{R}^n$ 上的线性变换，且 $\sigma^2=\sigma$. 证明：σ 的特征值只可能为 0 或 1.

3. 设 λ_0 是 $\mathbb{R}^n$ 上线性变换 σ 的特征值. 证明：

(1)若 σ 可逆，则 $\lambda_0\neq0$，且 $\dfrac{1}{\lambda_0}$ 为 σ^{-1} 的特征值.

(2)对任意正整数 k，λ_0^k 为 σ^k 的特征值.

4. 设 σ 是 $\mathbb{R}^n$ 上的幂零线性变换，即存在正整数 k，使得 $\sigma^k=0$. 证明：若存在 $\mathbb{R}^n$ 的基，使得 σ 在该基下的矩阵为对角阵，则 σ 为零变换.

5. 设 σ,τ 都是 $\mathbb{C}^n$ 上线性变换，且 $\sigma\tau=\tau\sigma$. 证明：σ,τ 至少有一个公共的特征向量.

扫一扫，获取参考答案